钢结构工程关键岗位人员培训丛书

钢结构工程项目经理必读

魏　群　主　编

李新怀　魏定军
姜　华　黄立新　副主编

中国建筑工业出版社

图书在版编目（CIP）数据

钢结构工程项目经理必读/魏群主编. —北京：
中国建筑工业出版社，2010.11
（钢结构工程关键岗位人员培训丛书）
ISBN 978-7-112-12585-2

Ⅰ.①钢…　Ⅱ.①魏…　Ⅲ.①钢结构-建筑工程
Ⅳ.①TU391

中国版本图书馆 CIP 数据核字（2010）第 201151 号

　　本书为钢结构工程项目经理的培训用书及必备参考书，书中全面介绍了钢结构工程项目经理必须掌握的专业技术知识和管理知识。全书共 16 章，分别是：概述、项目管理的基本知识、项目管理组织、项目经理责任制、项目合同管理、项目采购管理、项目进度管理、项目质量管理、项目职业健康安全管理、项目环境管理、项目成本管理、项目资源管理、项目信息管理、项目风险管理、项目沟通管理、项目收尾管理。本书内容丰富，浅显实用，概念清晰，通俗易懂，既可作为钢结构工程项目经理的培训用书，也可作为钢结构工程其他项目管理人员参考用书。

* 　 * 　 *

责任编辑：范业庶
责任设计：赵明霞
责任校对：王　颖　关　健

钢结构工程关键岗位人员培训丛书
钢结构工程项目经理必读
魏　群　主编
李新怀　魏定军　姜　华　黄立新　副主编
*
中国建筑工业出版社出版、发行（北京西郊百万庄）
各地新华书店、建筑书店经销
北京千辰公司制版
北京市彩桥印刷有限责任公司印刷
*
开本：787×1092 毫米　1/16　印张：16½　字数：402 千字
2010 年 11 月第一版　　2010 年 11 月第一次印刷
定价：36.00 元
ISBN 978-7-112-12585-2
（19881）

《钢结构工程关键岗位人员培训丛书》
编写委员会

顾　问：姚　兵　　刘洪涛　　何　雄

主　编：魏　群

编　委：千战应　　孔祥成　　尹伟波　　尹先敏　　王庆卫　　王裕彪

　　　　邓　环　　冯志刚　　刘志宏　　刘尚蔚　　刘　悦　　刘福明

　　　　孙少楠　　孙文怀　　孙　凯　　孙瑞民　　张俊红　　李续禄

　　　　李新怀　　李增良　　杨小荟　　陈学茂　　陈爱玖　　陈　铎

　　　　陈　震　　周国范　　周锦安　　孟祥敏　　郑　强　　姚红超

　　　　姜　华　　秦海琴　　袁志刚　　贾鸿昌　　郭福全　　黄立新

　　　　靳　彩　　魏定军　　魏鲁双　　魏鲁杰

前　言

随着我国经济发展水平的不断提高，建筑业也得到迅速发展。国家对建筑设计、建筑结构、施工质量验收等一系列标准规范进行了大规模的修订。同时随着科学技术的不断发展，建筑施工新技术、新材料、新设备、新工艺广泛应用到实际生产中。城市建设对建筑业的施工管理要求越来越高。我国建筑企业只有全面提高从业人员的素质和科技水平，才能适应新形势的要求，才能在建筑市场中具有较强的竞争能力。

随着我国钢铁工业的发展，国家建筑技术政策由以往限制使用钢结构转变为积极合理推广应用钢结构，从而推动了建筑钢结构的快速发展。在施工第一线负责管理工作的项目经理是项目能否成功的最关键因素之一，他们管理能力、技术水平的高低直接关系到每个建设项目能否有序、高效率、高质量地完成。为了提高项目经理的技术素质，编者针对钢结构项目经理必须掌握的知识及施工管理中经常遇到的问题，用通俗的语言，编写了这本《钢结构工程项目经理必读》。

本书以《建设工程项目管理规范》（GB/T 50326—2006）为依据，介绍了钢结构工程项目经理的职责、权利、义务和基本知识，全书共分16章，主要有：钢结构工程项目经理概述、钢结构工程项目管理的基本知识、钢结构工程项目管理组织、钢结构工程项目经理责任制、钢结构工程项目合同管理、钢结构工程项目采购管理、钢结构工程项目进度管理、钢结构工程项目质量管理、钢结构工程项目职业健康安全管理、钢结构工程项目环境管理、钢结构工程项目成本管理、钢结构工程项目资源管理、钢结构工程项目信息管理、钢结构工程项目风险管理、钢结构工程项目沟通管理、钢结构工程项目收尾管理。编写时，力求内容简明扼要、浅显实用、讲清概念、联系实际、深入浅出、便于自学、文字通俗易懂。

在本书的编写过程中，参阅了大量的资料和书籍，并得到了出版社领导和有关人员的大力支持，在此谨表衷心感谢！由于水平有限，加上时间仓促，书中缺点在所难免，恳切希望读者提出宝贵意见。

本书可作为钢结构工程的项目经理、技术员、基建管理人员培训教材，亦可作为学习参考和自学读物。

目　录

1 钢结构工程项目经理概述

1.1 钢结构工程项目经理概述

工程项目是指建设领域中的项目，钢结构工程项目一般是指为某种特定的目的而进行投资建设并含有一定钢结构建筑或者钢结构建筑安装工程的建设项目。因此钢结构工程项目具有工程项目的一般特征。

工程项目一般具有以下六个特征：

（1）工程项目具有唯一性。工程项目具有明确的目标——提供特定的产品或服务。

（2）工程项目具有一次性。每个工程项目都有其确定的终点，所有工程项目的实施都将达到其终点。

（3）工程项目具有整体性。一个工程项目往往由多个单项工程项目和多个单位工程组成，彼此之间紧密联系，必须结合到一起才能发挥工程项目的整体功能。

（4）工程项目具有固定性。工程项目都含有一定的建筑或者建筑安装工程，都必须固定在一定的地点，都必须接受项目所在地的资源、气候、地质等条件限制，接受当地政府以及社会文化的干预和影响。

（5）工程项目具有不确定性。一个工程项目施工往往需要几年，有的甚至更长，而且建设过程中涉及面广，所以各种情况的变化带来的不确定因素多。

（6）工程项目具有不可逆转性。工程项目完成后，很难推倒重来，否则将会造成巨大的损失，因此工程项目具有不可逆转性。

而施工项目是建筑业企业完成一个建筑产品的施工过程及最终成果，也就是建筑业企业的生产对象。它可能是一个建设项目的施工及成果，也可能是其中的一个单项工程或单位工程的施工及成果。这个过程的起点是投标，终点是保修期满。施工项目一般具有如下特征：

（1）施工项目是建设项目或者其中的单项工程或单位工程的施工任务。

（2）施工项目作为一个管理整体，是以建筑业企业为管理主体的。

（3）施工项目任务的范围是由工程承包合同界定的。

（4）施工所形成的产品具有多样性、固定性、体积庞大的特点。

一个施工项目是一项整体任务，有统一的最高目标，按照管理学的基本原则，需要设定专人负责才能保证其目标的实现。这个负责人就是施工项目经理，简称项目经理。

1.2 钢结构工程项目经理的职责、权利和义务

1.2.1 项目经理的职责

项目经理在施工项目中的中心地位，决定了他对项目的成败具有关键作用。所谓"千

1

军易得，一将难求。"在钢结构项目中，项目经理就是施工项目的中心，在施工活动中占有举足轻重的地位。第一，项目经理是施工企业法人代表在项目上的代理人。施工企业是法人，企业经理是法人代表，一般情况下企业经理不会直接对每个建设单位负责，而是由施工项目经理在授权范围内对建设单位直接负责。第二，项目经理是施工项目全过程所有工作的主要负责人、企业项目承包责任者、项目动态管理的体现者、项目生产要素合理投入和优化组合的组织者。总之，施工项目经理是施工项目目标的全面实现者，既要对建设单位的成果性目标负主要责任，又要对施工企业的效率性目标负责，所以项目经理在实际的工作中的职责主要表现在如下六个方面：

(1) 确保项目目标实现，保证业主满意。

(2) 制订项目阶段性目标和项目总体控制计划。

(3) 组织精干的项目管理班子。

(4) 及时决策。

(5) 履行合同义务，监督合同执行，处理合同变更。

(6) 如实向上级反映情况。

1.2.2 项目经理的权利

项目经理是项目总体的组织管理者，即项目中人、财、物、技术、信息和管理等所有生产要素的组织管理者。如果没有必要的权力，项目经理就无法对工作负责，权力是确保项目经理能够承担起责任的条件与手段。作为钢结构工程项目经理，必须具备以下五个方面的权力：

(1) 生产指挥权。项目经理有权按工程承包合同的规定，根据项目随时出现的人、财、物等资源变化情况进行指挥调度，对于施工组织设计和网络计划，也有权在保证总目标不变的前提下进行优化和调整，以保证项目经理能对施工现场临时出现的各种变化应付自如。

(2) 人事权。项目班子成员的选择、考核、聘任和解聘，对班子成员的任职、奖惩、调配、指挥、辞退，在有关政策和规定的范围内选用和辞退劳务队伍等是项目经理的权力。

(3) 财权。项目经理必须拥有承包范围内的财务决策权，在财务制度允许的范围内，项目经理有权安排承包费用的开支，有权在工资基金范围内决定项目班子内部的计酬方式、分配方法、分配原则和方案，推行计件工资、定额工资、岗位工资和确定奖金分配。对风险应变费用、赶工措施费用等都有使用支配权。

(4) 技术决策权。主要是审查和批准重大技术措施和技术方案，以防止决策失误造成重大损失。必要时召集技术方案论证会或外请咨询专家，以防止决策失误。

(5) 设备、物资、材料的采购与控制权。在公司有关规定的范围内，决定机械设备的型号、数量和进场时间，对工程材料、周转工具、大中型机具的进场有权按质量标准检验后决定是否用于本项目，还可自行采购零星物资。但主要材料的采购权不宜授予项目经理，否则可能影响公司的效益，但由材料部门供应的材料必须按时、按质、按量保证供应，否则项目经理有权拒收或采取其他措施。

1.2.3 项目经理的义务

项目经理是施工承包企业法人代表在项目上的全权委托代理人，从企业内部看，项目经理是施工项目全过程所有工作的负责人，是项目的总责任者，是项目的动态管理的体现者，是项目生产要素合理投入和优化组合的组织者。从外部方面看，作为企业法人代表的企业经理，不直接对每个建设单位负责，而是由项目经理在授权范围内对建设单位负责，所以作为项目经理，必须要承担并执行以下六方面的义务：

（1）根据工程总承包企业规定程序确定组织形式，组建项目部。

（2）根据工程总承包合同和企业有关管理规定，确定项目部的管理范围和任务。

（3）确定项目部的职能和岗位设置。

（4）确定项目部的组成人员、职责和权限。

（5）由项目经理与企业签订"项目管理目标责任书"，并进行目标分解。

（6）组织编制项目部规章制度、目标责任制度和考核、奖惩制度。

2 钢结构工程项目管理的基本知识

2.1 钢结构工程项目管理规划

项目管理是指在一定的约束条件下为达到项目目标要求的质量而对项目所实施的计划、组织、指挥、协调和控制的过程。项目管理的目的就是保证项目目标的实现。项目管理的对象是项目，由于项目独特性的特点，因此管理要具有针对性、系统性、程序性和科学性。为此，在钢结构工程项目管理应做好以下规划。

（1）每个项目具有特定的管理程序和管理步骤。项目的独特性决定了每个项目都有其特定的目标，而项目管理的内容和方法要针对项目目标而定，项目目标的不同，决定了每个项目都有自己的管理程序和步骤。

（2）项目管理是以项目经理为中心的管理。由于项目管理具有较大的责任和风险，其管理涉及人力、技术、设备、材料、资金等多方面因素，为了更好地进行计划、组织、指挥、协调和控制，必须实施以项目经理为中心的管理模式，在项目实施过程中应授予项目经理较大的权力，以使其及时处理项目实施过程中出现的各种问题。

（3）应用现代管理方法和手段进行项目管理。现代项目的大多数属于先进科学的产物或者是一种涉及多学科的系统工程，要使项目圆满地完成，就必须综合运用现代化管理方法和科学技术，如决策技术、网络计划技术、价值工程、系统工程、目标管理及样板管理等。

（4）项目管理过程中实施动态控制。为了保证项目目标的实施，在项目实施过程中采用动态控制的方法，阶段性地检查实际完成值与计划目标值的差异，采取措施纠正偏差，制定新的计划目标值，使项目的实施结果逐步向目标靠近。

2.2 钢结构工程项目经理的工作内容与方法

2.2.1 项目经理的基本工作

项目经理的基本工作主要包括以下内容：

（1）确定项目目标

项目应该只有一个主要的目标，过多的目标会分散注意力。超过两个的主要目标，将会使项目组在以后的工作中难以分清工作重点，并且在某些目标不能实现时产生失落感。更重要的一点是，大家眼中的目标是否一致。在项目开始前一定要与公司领导和客户（如果与客户有关）就该问题达成绝对一致的看法，然后将这个信息传达到所有相关的人员。

（2）明确职责权限

明确管理的职责和权限。有些事是你能做的，有些是你愿做的，这里要明确哪些是你负责做的——具体的事情可能需要其他人协助或者授权给别人，但是责任还是你的。

作为管理者一定要明确你有哪些权利，而且要了解如何利用职权（可不是滥用职权），这样才能明确可以采取的策略。权利很大，可以更威严，但是要公证；权利很小，试试多一些的感情投资。

明确的文档也好，直接的交流也好，总之最好在项目开始前确定该做和能做的事。

（3）熟悉工作流程

通常公司会有对项目管理的规范，如 ISO9000 或 CMM 或其他既定的规范，应该使自己的项目过程符合规定。项目开始前就应该弄清楚你的一些习惯是否与公司规范有冲突。如果确实有些好的操作是规范以外的，可以在项目中将它们结合起来，或者提出来并修改规范，但不能作为违反规范的理由。

有时规范可以在许可的情况下进行裁减或调整，但前提是你要先了解规范是什么。你所理解的流程会在项目中得以贯彻，所以一开始就要让它是合乎要求的。

一般规范中都规定了需要产生的文档和其他提交项目，建议在项目开始的时候就将各环节需要的文档建立好（当然只有名字和目录），这样在需要时就不必到处找，也不会遗漏。

（4）掌握技术要点

通常项目经理可以不需要非常娴熟的技术能力，因为可以在项目组或公司层面配置技术专家，但是项目经理还是应该对需要使用的技术有一定的理解并掌握技术要点——这样可以理解其他专家或资深技术人员所描述的问题和解决方案，然后作出决策。

（5）了解人力状况

人员其实也是一种可用资源，之所以与其他资源分开考虑，是觉得这是最重要的要素。一般项目中人员的使用是分阶段的，但是需要什么样的人应该是开始就确定的，除非使用何种技术还没确定，那么人员确定也必定是阶段性的。

确定项目需要的人员技能，了解所有可用的人员信息，根据需求选择合适的人员组建项目组——这是理想状况。把这作为一个原则还是适用的。

首先对项目组进行角色组织，应综合考虑公司的规定、目前的技术能力、项目的时间要求等因素设计项目组的角色，确定各角色的职责和能力要求。实际上这也是凭经验而定，没有什么公式可用。

然后从人力资源部，各项目组了解可用人员的情况，如果人员是既定的，也可以在了解已定人员的信息后，多了解一些其他人员，毕竟可能还有其他的选择。

最后就是看人员是否能适用于项目组，这颇有些"按图索骥"的味道，不过不尽然，很多时候，不可能直接找到所有合适的人，所以现在不"完全合适"的人，不一定是不可用的。如果有差距，那么相应的培训计划、招聘计划就该列入考虑了。

当然，实际上远没有这么简单，人不同于零件——按照设计要求组装之后就可以用了，要使一个团队合理运作，发挥效益，是另外专门的课题了。

（6）把握内外资源

尽可能在项目早期明确需要的资源，除了上面提到的人力，还有资金、设备等。仅仅了解资源需求是不够的，要明确这些资源的提供者。不可能指望提交一份"资源需求清单"，就可以等着你要的资源在计划的时候出现，项目经理必须清楚通过什么途径获得这些资源。

特别注意，一般总是认为客户总是对项目提出要求的人，但是客户也往往是能够提供各种资源的人，比如测试环境、特殊设备等。

（7）制订项目计划

以上工作都完成后，可以开始完成项目计划了，实际项目计划就是这些信息的固化表示。之所以让每项工作都作为独立的任务去完成，而不包括在制订计划这一个工作中，是希望避免出现还没有完全了解状况就急于完成计划的状况。

就是因为计划很重要，所以更不要急于写出项目计划。

第一个原则是实际：计划要合理和可行，写出一个大家都感觉良好的计划，不一定是好事，应该充分考虑目前的运作能力，分析项目风险等因素后，制订出可操作的计划。第二个原则是分步明细：很难在一开始就将所有的阶段计划细化，可以先制订出阶段性的计划和细化计划的时机，然后只细化最近步骤的内容。第三个原则是描述清晰，没有歧义。

2.2.2 项目经理的日常工作

钢结构工程项目经理的日常工作主要包括以下内容：

（1）决策。项目经理对重大决策必须按照完整的科学方法进行。项目经理不需要包揽一切决策，只有如下两种情况要及时明确地作出决断：一是出现了例外性事件，例如特别的合同变更，对某种特殊材料的购买，领导重要指示的执行决策等；二是下级请示的重大问题，即设计项目目标的全局性问题，项目经理要及时明确地作出决断。项目经理可不直接回答下属问题，只直接回答下属建议。决策要及时明确，不可模棱两可。

（2）联系群众。项目经理要密切联系群众，经常深入实际，这样才能观察下情，发现问题，便于及时开展领导工作。要积极帮助群众解决实际问题，把关键工作做在最恰当的时候。

（3）实施合同。对合同中确定的各项目标的实现进行有效地协调与控制，协调各种关系，组织全体职工实现工期、质量、成本、安全、文明施工目标，提高经济利益。

（4）学习。项目管理涉及现代生产、科学技术、经营管理，它往往集中了这三者的最新成就。所以项目经理必须事先学习，主动学习。事实上，群众的水平在不断提高，项目经理如果不学习就不能很好地领导工程项目顺利进行。项目经理必须不断地抛弃老化的知识，学习新知识、新思想和新方法。要跟上新的形势，推进管理改革，使各项管理与国际接轨。

2.2.3 项目经理的工作方法

项目经理的工作千头万绪，其工作方法也因人而异，各有千秋。但是从国内外许多成功的项目经理的实践和体会来看，他们大多数强调"以人为本"，进行生产经营管理，实现对项目的有效领导。

1. 以人为本，领导就是服务

（1）领导就是服务，这是领导者的基本信条。作为一个项目经理也必须明白，只有我为人人，才能人人为我。

（2）精心营造小环境，努力协调好组织内部的人际关系，使各人的优缺点互补，各得其所，形成领导班子整体优势。

（3）领导首先不是管理职工的行为，而是赢得他们的心。要让企业的每一个成员都对企业有所了解，逐步增加透明度，培养群众意识、团队精神。

（4）要了解部属的需要，并尽力满足他们的合理要求，帮助他们实现自己的理想。

（5）要赢得部属的尊重，首先要尊重部属，要懂得领导的权威不在于手里的权力，而在于部属的信服和支持。

（6）设法不断强化部属的敬业精神，要知道没有工作热情，学历、知识和才能都等于零。

（7）不要以为自己拥有了目前的职位，便以为拥有了知识和才干，要虚心好学，不耻下问，博采部属之长。

（8）要平易近人，同职工打成一片。千万不要在部属面前叫苦叫累，这等于向大家宣布自己无能，还影响大家的情绪。

2. 发扬民主，科学决策

（1）切记独断专行的人迟早是要垮台的。

（2）既要集思广益，又要敢于决策，领导主要是拿主意、用人才，失去主见就等于失去领导地位。

（3）要善于倾听职工意见。

3. 要把问题解决在萌芽状态

（1）及时制止流言蜚语，阻塞小道消息，驳斥恶言中伤，促进组织成员彼此和睦团结。

（2）切莫迎合他人的不合理要求，对嫉贤妒能者坚决给予批评。

（3）对于既已形成的小集团，与其耗费很大精力去各个击破，倒不如正确引导，鼓励他们参与竞争，变消极因素为积极因素。

（4）用人要慎重，防止阿谀奉承者投机钻营。

（5）要有意疏远献媚者。考验一个人的情操，关键是看他如何对待他的同事和比他卑微的人，而不是看他对你如何。

4. 以身作则，思想领先

（1）要做到有言有信，言必行，行必果。不能办到的事千万不要许诺，切不可失信于人。

（2）有错误要大胆承认，不要推诿责任，寻找"替罪羊"。

（3）不要贪图小便宜，更不能损公肥私，这样会让人瞧不起，无法领导别人。公生明，廉生威。领导人的威信，来自清正廉明，在于身体力行。

（4）养成换位思考的习惯，经常提醒自己，如果我是那个人，我该怎么办。

（5）搞清工作的重点，弄清楚工作的轻重缓急。通过授权，把自己应该做但一时又做不了的事交代给下属去做。

（6）用自己的工作热情去感染身边的人。

（7）要不断学习。在当前知识快速更新的时代，不学习就要落伍，工作再忙也要挤出时间读书看报，学习如何提高领导的质量与效率。

2.3 钢结构工程项目管理的总框架图

钢结构工程项目管理是工程项目管理的一种，工程项目管理是项目管理的一个重要分支，它是指通过一定的组织形式，用系统工程的观点、理论和方法对工程建设项目生命周期内的所有工作，包括项目建议书、可行性研究、项目决策、设计、设备询价、施工、签证、验收等系统运动过程进行计划、组织、指挥、协调和控制，以达到保证工程质量、缩短工期、提高投资效益的目的。由此可见，工程项目管理是以工程项目目标控制（质量控制、进度控制和投资控制）为核心的管理活动。钢结构工程项目管理的总框架图见图 2-1。

工程项目管理在工程建设过程中具有十分重要的意义，它的任务即管理范围主要有以下几个方面：

（1）合同管理。建设工程合同是业主和参与项目实施各主体之间明确责任、权利关系的具有法律效力的协议文件，也是运用市场经济体制、组织项目实施的基本手段。从某种意义上讲，项目的实施过程就是建设工程合同订立和履行的过程。合同所赋予的一切责任、权利履行到位之日，也就是建设工程项目实施完成之时。

建设工程合同管理，主要是指对各类合同的依法订立过程和履行过程的管理，包括合同文本的选择，合同条件的协商、谈判，合同书的签署，合同履行、检查、变更和违约、纠纷的处理，总结评价等。

图 2-1　钢结构工程项目管理的总框架图

（2）组织协调。组织协调是实现项目目标必不可少的方法和手段。在项目实施过程中，各个项目参与单位需要处理和调整众多复杂的业务组织关系。

（3）目标控制。目标控制是项目管理的重要职能，它是指项目管理人员在不断变化的动态环境中为保证既定计划目标的实现而进行的一系列检查和调整活动。工程项目目标控制的主要任务就是在项目前期策划、勘察设计、施工、竣工交付等各个阶段采用规划、组织、协调等手段，从组织、技术、经济、合同等方面采取措施，确保项目总目标的顺利实现。

（4）风险管理。风险管理是一个确定和度量项目风险，以及制定、选择和管理风险处理方案的过程。其目的是通过风险分析，减少项目决策的不确定性，以便使决策更加科学，以及在项目实施阶段，保证目标控制的顺利进行，更好地实现项目质量、进度和投资目标。

（5）信息管理。信息管理是工程项目管理的基础工作，是实现项目目标控制的保证。

只有不断提高信息管理水平，才能更好地承担起项目管理的任务。

工程项目的信息管理主要是指对有关工程项目的各类信息的收集、储存、加工整理、传递与使用等一系列工作的总称。信息管理的主要任务是及时、准确地向项目管理各级领导、各参加单位及各类人员提供所需的综合程度不同的信息，以便在项目进展的全过程中，动态地进行项目规划，迅速、正确地进行各种决策，并及时检查决策执行结果，反映工程实施中暴露的各类问题，为项目总目标服务。

（6）环境保护。项目管理者必须充分研究和掌握国家和地区的有关环保法规和规定，对于环保方面有要求的工程建设项目在项目可行性研究和决策阶段，必须提出环境影响报告及其对策措施，并评估其措施的可行性和有效性，严格按建设程序向环保管理部门报批。在项目实施阶段，做到主体工程与环保措施工程同步设计、同步施工、同步投入运行。在工程施工承发包中，必须把依法做好环保工作列为重要的合同条件加以落实，并在施工方案的审查和施工过程中，始终把落实环保措施、克服建设公害作为重要的内容予以密切注视。

3 钢结构工程项目管理组织

3.1 项目经理部的职责与作用

1. 项目经理部的职责

项目经理部是在项目经理领导下的管理层，其职责是对施工项目实行全过程的综合管理。项目经理部是施工企业的一级经济组织，主要职责是管理施工项目的各种经济活动，同时也负责一定的政工管理，比如施工项目的思想政治工作。施工项目部的管理职责是综合的，包括计划、组织、控制、协调、指挥等多个方面。

2. 项目经理部的作用

项目经理部是施工项目管理工作班子，隶属项目经理的领导。为了充分发挥项目经理部在项目管理中的主体作用，必须对项目经理部的机构设置加以特别重视，设计好，组建好，运转好，从而发挥其应有功能。

（1）项目经理部在项目经理领导下，作为项目管理的组织机构，负责施工项目从开工到竣工的全过程施工生产经营的管理，是企业在其工程项目上的管理层，同时对作业层负有管理和服务的双重职能。作业层工作的质量取决于项目经理部的工作质量。

（2）项目经理部是项目经理的办事结构，为项目经理决策提供信息依据，当好参谋，同时又要执行项目经理的决策意图，向项目经理全面负责。

（3）项目经理部是一个组织体，其作用包括：完成企业所赋予的基本任务——项目管理和专业管理任务等。

（4）项目经理部是代表企业履行工程承包合同的主体，也是对最终建筑产品和业主全面、全过程负责的管理主体；通过履行主体与管理主体地位的体现，使工程项目经理部成为企业进行市场竞争的主体成员。

3.2 项目经理部的建立方法与原则

1. 项目经理部的建立方法

要建立一个项目经理部，首先要明确项目经理部的设置步骤：根据企业批准的项目管理规划大纲，确定项目经理部的管理任务和组织形式；确定项目经理部的层次，设立职能部门和工作岗位；确定人员、职责、权限；由项目经理根据项目管理目标责任书进行目标分解；组织有关人员制定规章制度和目标责任考核、奖惩制度。

项目经理部的部门设置和人员配备的指导思想是把项目建成企业领导的重心、成本核算的重心、代表企业履行合同的重心。

（1）小型施工项目，在项目经理的领导下，可设管理人员如下：工程师、经济员、技术员、料具员、总务员，不设专业部门。大中型施工项目经理部，可设专门部门，一般有以下五类部门：经营核算部门，主要负责预算、合同、索赔、资金收支、成本核算、劳动配置及劳动分配等工作；工程技术部门，主要负责生产调度、文明施工、技术管理、施工组织设计、计划统计等工作；物资设备部门，主要负责材料的询价、采购、计划供应、管理、运输，工具管理，机械设备的租赁配套使用等工作；监控管理部门，主要负责工作质量、安全管理、消防保卫、环境保护等工作；测试计量部门，主要负责计量、测量、试验等工作。

（2）人员规模可按下述岗位及比例配备：由项目经理、总工程师、总经济师、总会计师、政工师和技术、预算、劳资、定额、计划、质量、保卫、测试、计量以及辅助生产人员15～45人组成。一级项目经理部30～45人，二级项目经理部23～30人，三级项目经理部15～20人，其中专业职称设岗为：高级3%～8%，中级30%～40%，初级37%～42%，其他10%，实行一职多岗，全部岗位职责覆盖项目施工全过程的全面管理。

（3）条件许可，可设立项目管理委员会。为了充分发挥全体职工的主人翁责任感，项目经理部可设立项目管理委员会，由7～11人组成，由参与施工承包的劳务作业队全体职工选举产生。但项目经理、各劳务输入单位领导和各作业承包队长应为法定委员。项目管理委员会的主要职责是听取项目经理的工作汇报，参与有关生产分配会议，及时反映职工的建议和要求，帮助项目经理解决施工中出现的问题，定期评议项目经理的工作等。

2. 项目经理部的建立原则

（1）要根据设计的项目组织形式设置项目经理部。因为项目部组织形式与企业对施工项目的管理方式有关，与企业对项目经理部的授权有关。不同的组织形式对项目经理部的管理力量和管理职责提出了不同的要求，提供了不同的管理环境。

（2）要根据工程项目的规模、复杂程度和专业特点设置项目经理部。例如，大型项目管理部可以设职能部门、处；中型项目经理部可以设处、科；小型项目经理部一般只需要设职能人员即可。如果项目的专业性强，便可设置专业性强的职能部门。

（3）项目经理部是一个具有弹性的一次性施工生产组织，随工程任务的变化而进行调整，不应搞成一级固定性组织。在工程项目施工开始前建立，工程竣工交付使用后解体。项目经理部不应有固定的作业队伍，而是根据施工的要求，在企业内部或社会上吸收人员，进行优化组合和动态管理。

（4）项目经理部的人员配置应面向施工项目现场，满足现场的计划与调度、技术与质量、成本与核算、劳务与物资、职业健康安全与文明施工的需要。不应设置专管经营与咨询、研究与开发、政工与人事等非生产性部门。

（5）在项目管理机构建成以后，应建立有益于组织运转的工作制度。

3.3　项目经理部的运作机制

1. 项目经理部运作的原则

项目经理部的运作是公司整体运行的一部分，它应处理好与企业、主管部门、外部及其他各种关系。

（1）处理好与企业及主管部门的关系

项目经理部与企业主管部门的关系是：1）在行政管理上，两者是上下级行政级别关系，又是服从与服务、监督与执行的关系；2）在经济往来上，根据企业法人与项目经理签订的"项目管理目标责任状"，严格履约，以实计算，建立双方平等的经济责任关系；
3）在业务管理上，项目经理部作为企业内部工程项目的管理层，接受企业职能部门的业务指导和服务。

（2）处理好与外部的关系

协调总分包之间的关系，协调处理好与劳务作业层之间的关系，协调土建与安装分包的关系，重视公共关系。施工中要经常和建设单位、设计单位、监理单位以及政府主管行政部门取得联系，主动争取他们的支持和帮助，充分利用他们各自的优势为工程项目服务。

（3）取得公司的支持和指导

项目经理部的运行只有得到公司强有力的支持和指导，才会高水平地发挥作用。两者的关系应本着大公司、小项目的原则来建设。

2. 项目经理部运作的程序

建立有效的管理组织是项目经理的首要职责，它是一个持续的过程。项目经理部的运作需要按照以下程序进行。

（1）成立项目经理部。它应结构健全，包容项目管理的所有工作，选择合适的成员，他们的能力和专业知识应是互补的，形成一个工作的群体。

（2）项目经理的目标是要把人们的思想和力量集中起来，真正形成一个组织，使他们了解项目目标和组织规划，公布项目的工作范围、质量标准、预算及进度计划的标准和限度。

（3）明确和磋商经理部人员的安排，宣布对成员的授权，指出职权使用的限制和注意事项。对每个成员的职责及相互间的活动进行明确定义和分工，使各人知道，各岗位有什么责任，该做什么，该如何做，制定或宣布项目管理规范、各种管理活动的优先级关系、沟通渠道。

（4）随着项目目标和工作逐步明确，成员们开始执行分配到的任务，开始缓慢推进工作。由于任务比预计的更繁重、更困难，成本或者进度计划的限制可能比预计更紧张，会产生很多矛盾。项目经理要与成员们一起参与解决问题，共同作出决策，应能接受和容忍成员的任何不满，做好导向工作，积极解决矛盾，决不能希望通过压制来使矛盾自行消失。项目经理应创造并保持一种有利的工作环境，激励成员朝预定的目标共同努力，鼓励每个人都把工作做得很出色。

（5）随着项目工作的深入，各方面应互相信任，进行很好的沟通和公开的交流，形成和谐的相互依赖关系。

（6）项目经理部成员经常变化，过于频繁的流动不利于组织的稳定，没有凝聚力，从而造成组织摩擦大，效率低下。如果项目管理任务经常出现变化，尽管他们时间、形式不同，也应设置相对稳定的项目管理组织结构，才能较好地解决人力资源的分配问题，不断地积累项目工作经验，使项目管理工作专业化，而且项目组成员都为老搭档，彼此适应，协调方便，容易形成良好的项目文化。

（7）为了确保项目管理的需要，对管理人员应有一套招聘、安置、报酬、培训、提升、考评计划。应按照管理工作职责确定应做的工作内容，所需要的才能和背景知识，以此确定对人员的教育程度、知识和经验等方面的要求。如果预计到由于这种能力要求在招聘新人时会遇到困难，则应给予充分的准备时间进行培训。

3.4 项目经理部的结构组成

项目管理组织机构、企业管理体制是一种严密的、合理的、形同机器那样的社会组织，它具有熟练的专业劳动、明确的职权划分、严格的规章制度，以及金字塔式的等级服从关系等特征，从而使其成为一种系统的管理技术体系。项目经理部的结构组成详见图3-1。

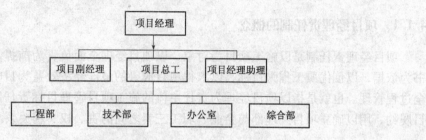

图 3-1　项目经理部的结构组成

4 钢结构工程项目经理责任制

4.1 项目经理责任制概述

4.1.1 项目经理责任制的概念

项目经理责任制是以施工项目为对象，以项目经理全面负责为前提，以项目目标责任书为依据，以创优质工程为目标，以求得项目成果的最佳经济效益为目的，实行一次性的全过程管理。也就是指以项目经理为责任主体的施工项目管理目标责任制度，用以确保项目履约，用以确立项目经理部与企业、职工三者之间的责、权、利关系。

4.1.2 项目经理责任制的特征

项目经理责任制与其承包经营制比较，有以下特征：

（1）主体直接性。项目经理责任制是实行经理负责、全员管理、指标考核、标价分离、项目核算，确保上缴集约增效、超额奖励的复合型指标责任制，重点突出了项目经理个人的主要责任。

（2）对象终一性。项目经理责任制以施工项目为对象，实行建筑产品形成过程的一次性全面负责，不同于过去企业的年度或阶段性承包。

（3）内容全面性。项目经理责任制是以保证工程质量，缩短工程周期，降低工程成本，保证工程安全和确定文明施工等各项目标为内容的全过程的目标责任制。它明显地区别于单项或利润指标承包。

（4）责任风险性。项目经理责任制充分体现了"指标突出，责任明确，利益直接，考核严格"的基本要求。其最终结果与项目经理部成员，特别是与项目经理的行政晋升、物质奖惩等个人利益直接挂钩，经济利益与责任风险同在。

4.1.3 项目经理责任制的作用

项目经理责任制在项目管理中的作用，具体如下：

（1）明确项目经理与企业和职工三者之间的责、权、利关系。
（2）有利于运用经济手段强化对施工项目的经营管理。
（3）有利于项目规范化、科学化管理，有利于提高产品质量。
（4）有利于促进和提高企业项目管理的经济效益和社会效益。

4.1.4 项目经理责任制的主体

项目管理的主体是项目经理个人全面负责，项目管理班子集体全员管理。施工项目管理的成功，必然是整个项目班子分工合作团结协作的结果。但是由于责任不同，承担的风险也不同，其中项目经理承担责任最大。所以，项目经理责任制的主体必然是项目经理。

项目经理责任制的重点在于管理。施工项目经理责任制的重点必须放在管理上。

4.1.5 项目经理责任制的实施

1. 项目经理责任制实施的条件

项目经理责任制的实施需要具备以下条件：

（1）项目任务落实，开工手续齐全，并且具有切实可行的项目管理规划大纲和施工组织总设计。

（2）组织了一个高效、科学的项目管理班子。

（3）各种工程技术资料、施工图纸、劳动力配备、施工机械设备、各种主要材料等能按计划供应。

（4）建立企业业务工作系统化管理。使企业具有为项目经理部提供人力资源、材料、资金、设备及生活设施等各项服务的功能。

2. 项目经理责任制实施的重点

施工企业项目经理责任制的实施，应着重抓好以下几点：

（1）按照相关规定，明确项目经理的职责，并对其职责具体化、制度化。

（2）按照相关规定，明确项目经理的管理权力，并在企业中进行具体落实，形成切实可行的制度，并确保责、权、利一致。

（3）必须明确项目经理与企业法定代表人是代理与被代理的关系。项目经理必须在企业法定代表人授权范围、内容和时间内行使职权，不得越权。

（4）项目经理承包责任制，是项目经理责任制的一种主要形式，它是指在工程项目建设过程中，用以确定项目承包者与企业、职工三者之间责权利关系的一种管理手段和方法。

4.1.6 项目经理责任制中各类人员责任制的建立

项目经理责任制是项目经理部集体承包，个人负责的一种承包制，从项目经理到各类人员都应有各负其责的承包责任制。

1. 项目经理对企业经理的承包责任制

项目经理产生后，项目经理作为工程项目全面负责人，必须同企业经理（法人代表）签订以下两项承包责任制文件：

（1）《工程项目承包合同》。这种合同具有项目经理的责任性质，其内容包括项目经理在工程项目从开工到竣工交付使用全过程期间的责任目标及其责权利的规定。合同的签订，须经双方同意才具有约束力。

（2）《年度项目经理承包经营责任状》。许多工程项目往往要跨年度甚至需要几年才能完成，项目经理还应按企业年度综合计划的要求，在上述《工程项目承包合同》的范围内，与企业经理签订《年度项目经理承包经营责任状》，其内容以公司当年统一下达给各项目经理部的各项生产经济技术指标及要求为依据，也可以作为企业对项目经理部年度检查的标准。

2. 项目经理与本部其他人员的责任制

这是项目经理内部实行的以项目经理为中心的群体责任制，它规定项目经理全面负责，各类人员按照各自的目标各负其责。主要包括以下内容：

（1）确定每一业务岗位的工作目标和职责。主要是在各个业务系统工作目标和职责的基础上，进一步把每一个岗位的工作目标和责任具体化、规范化。有的可采用《业务人员上岗合同书》的形式规定清楚。

（2）确定各业务岗位之间协作关系。主要明确各个业务人员之间的分工协作关系，协作内容，实行分工合作。有的可以采取《业务协作合同书》的形式规定清楚。

4.2 项目管理目标责任及考核

4.2.1 项目管理目标责任书的含义

项目管理目标体系的建立是实现项目经理责任制的重要内容，项目经理之所以能对工程项目承担责任，就是有自上而下的目标管理和岗位责任制作为基础。一个项目实施前，项目经理要与企业经理就工程项目全过程管理签订"项目管理目标责任书"。项目管理目标责任书是对施工项目全过程管理中重大问题的办理而事先形成的具有企业法规性的文件，也是项目经理的任职目标。

4.2.2 项目管理目标责任书的编制

项目管理目标责任书应在项目实施之前，由法定代表人或其授权人与项目经理协商制定。

1. 项目管理目标责任书的编制依据

编制项目管理目标责任书应依据下列资料：

（1）项目的合同文件。

（2）企业的项目管理规划大纲。

（3）项目管理规划大纲。

（4）企业的经营方针和目标。

2. 项目管理目标责任书的编制内容

项目管理目标责任书应包括下列内容：

（1）项目的进度、质量、成本、职业健康安全与环境目标。

（2）组织与项目部之间的责任、权限和利益分配。

（3）项目需要资源的供应方式。

（4）法定代表人向项目经理委托的特殊事项。

（5）项目经理部应承担的风险。

（6）项目管理目标评价的原则、内容和方法。

（7）对项目经理部进行奖惩的依据、标准和办法。

（8）项目经理解职和项目经理部解体的条件及方法。

3. 项目管理目标的制定原则

确定项目管理目标应遵循以下原则：

（1）满足合同的要求。

（2）考虑相关的风险。

（3）具有可操作性。

（4）便于考核。

4.2.3　项目管理目标责任书的考核

企业管理层应对项目的管理目标责任书的完成情况进行考核，根据考核结果和项目目标责任书的奖惩规定，提出奖惩意见，对项目经理部进行奖励或处罚。

1. 考核的内容

项目管理目标责任书考核评价的对象是项目经理部，包括对项目经理管理工作进行考核评价。项目经理部是企业内部相对独立核算的生产经营管理实体，其工作的目标就是确保经济效益和社会效益的提高。其考核内容主要围绕"两个效益"，全面考核并与单位工资总额和个人收入挂钩。工期、质量、安全等指标都要单独考核，奖惩和单位工资总额挂钩浮动。

2. 考核的指标

（1）考核的定量指标：工程质量等级；工程成本降低率；工期及提前率；职业健康安全考核指标。

（2）考核的定性指标：执行企业各项制度的情况；项目管理资料的收集整理情况；思想工作方法与效果；发包人及用户的评价；在项目管理中应用的新技术、新材料、新设备、新工艺；在项目管理中采用的现代管理方法和手段。

3. 考核的程序

项目管理责任书的考核应按以下程序进行：

（1）制定考核评价方案，经企业法定代表人审批后施行。

（2）听取项目经理部汇报，查看项目经理部的有关资料，对施工项目的管理层和作业层进行调查。

（3）考察已完工工程。

（4）对项目管理的实际运作水平进行评价考核。

（5）提出考核评价报告。

（6）向被评价的项目经理部公布评价意见。

4. 考核的方法

（1）企业成立专门的考核领导小组，由主管生产经营的领导负责，"三总师"及各生产经营管理部门领导参加。日常工作由公司经营管理部门负责。考核领导小组对整个考核结果审核并讨论通过，对个别特殊问题进行研究商定，最后报请企业经理办公会决定。

（2）考核周期。每月由经营管理部门按统计报表和文件规定，进行政审性考核。季度内考核按纵横考评结果和经济效益综合考核，预算工资总额，确定管理人员岗位效益工资档次。年末全面考核，进行工资总额结算和人员最终奖惩兑现。

4.3　项目经理的管理规范

4.3.1　项目经理的职责

由建设部颁发的《建设工程项目管理规范》（GB/T 50326—2006，以下简称《规范》）

中规定，项目经理对施工项目负有全面管理的责任，在承担工程项目管理过程中，履行下列职责：

（1）项目管理目标责任书规定的职责。

（2）主持编制项目管理实施规划，并对项目目标进行系统管理。

（3）对资源进行动态管理。

（4）建立各种专业管理体系并组织实施。

（5）进行利益分配。

（6）收集工程资料，准备结算资料，参与工程竣工验收。

（7）接受审计，处理项目经理部解体的善后工作。

（8）协助组织进行项目的检查、鉴定和评奖申报工作。

各施工承包企业都应制定本企业的项目经理管理办法，规定项目经理的职责，对上述的职责制定实施细则。

4.3.2 项目经理的权限

建设部在《规范》中对施工项目经理的管理权力作出了以下决定：

（1）参与项目招标、投标和合同签订。

（2）参与组建项目经理部。

（3）主持项目经理部工作。

（4）决定授权范围内的项目资金的投入和使用。

（5）制定内部计酬办法。

（6）参与选择并使用具有相应资质的分包人。

（7）参与选择物资供应单位。

（8）在授权范围内协调与项目有关的内、外部关系。

（9）法定代表人授予的其他权力。

各省、自治区、直辖市的建筑施工企业根据上述规定，结合本企业的实际，亦作出了相应的规定，现提供某企业规定项目经理的权限，供参考：

（1）项目经理有权以法人代表委托代理人的身份与建设单位签署有关业务性文件。

（2）项目经理对工程项目有经营决策和生产指挥权，对进入现场的人、财、物有统一调配使用权。

（3）项目经理在与有关部门协商的基础上，有聘任项目管理班子成员、选择施工队队长以及劳务输入单位的权力。

（4）项目经理有内部承包方式的选择权和工资、资金的分配权，以及按合同的有关规定对工地职工辞退、奖惩权。

（5）项目经理对公司经理和有关部门违反合同行为的摊派有权拒绝接受，并对施工违反经济合同所造成的经济损失有索赔权。

4.3.3 项目经理的利益与奖惩

项目经理最终的利益是项目经理行使权力和承担责任的结果，也是商品经济条件下责、权、利互相统一的具体体现。利益可分为两大类：一是物质兑现，二是精神奖励。目前许多企业在执行中采取了以下两种：

项目经理按规定标准享受岗位效益工资和月度奖金（奖金暂不发），年中各项指标和整个工程项目都达到承包合同（责任状）指标要求的，按合同奖惩一次性兑现。其年度奖励可为风险抵押金额的 2~3 倍。项目终审盈余时可按利润超额比例提成予以奖励。具体分配办法根据各部门各地区各企业有关规定执行。整个工程项目竣工，综合承包指标全面完成贡献突出的，按照项目承包合同兑现外，可晋升一级工资或授予优秀项目经理等荣誉称号。

如果承包指标未按合同要求完成，可根据年度工程项目承包合同奖罚条款扣减风险抵押金，直至月度奖金全部免除。如属个人直接责任致使工程项目质量粗糙，工期拖延，成本亏损或造成重大安全事故的，除全部没收风险抵押金和扣发奖金外，还有处以一次性罚款并下浮一级工资，性质严重者按有关规定追究责任。

需要注意的是，从行为可续的理论观点来看，对施工项目经理的利益兑现应在分析的基础上区别对待，满足其最迫切的需要，以真正通过激励调动其积极性。行为科学认为，人的需要由低层次到高层次分别为物质的、安全的、社会的、自尊的和理想的。如把前两种需要称为"物质的"，后三种则称为"精神的"。因此在进行激励之前，应分析该项目经理的最迫切需要，不能盲目地只讲物质激励，一定意义上说，精神激励的效果会更显著。

5 钢结构工程项目合同管理

5.1 钢结构工程项目合同管理概述

钢结构工程合同管理，指的是对于工程项目采用工程合同进行管理。这是工程管理的一项非常重要的内容，是统揽全局的管理，是渗透于项目实施过程中方方面面的约定的规矩，只有严格对合同履行和变更进行管理，才能保证工程合同的正常履行。

钢结构工程项目合同管理的主要内容：

（1）对合同履行情况进行监督检查。主要有：检查合同法及有关法规的贯彻执行情况，检查合同管理办法及有关规定的贯彻执行情况，检查合同签订及履行情况，减少和避免合同纠纷的发生。

（2）建立健全工程合同管理制度。包括项目合同归口管理制度、考核制度、合同用章管理制度及归档制度。

（3）对合同履行情况进行统计分析。包括工程合同造价、履约率、纠纷次数、原因、变更次数及原因等。

5.2 钢结构工程项目招标投标及合同评审

5.2.1 招标文件分析

1. 招标文件的作用及组成

招标文件是整个招标过程所遵循的基础性文件，是投标和评标的基础，也是合同的重要组成部分。一般情况下，招标人与投标人之间不进行或进行有限的面对面的交流，投标人只能根据招标文件的要求编写投标文件。因此，招标文件是联系沟通招标人与投标人的桥梁，能否编制出完整、严谨的招标文件，直接影响到招标的质量，也是招标成败的关键。

招标文件的内容大致可分为三类：

（1）关于编写和提交投标文件的规定。载入这些内容的目的是尽量减少承包商和供应商由于不明确如何编写投标文件而处于不利地位或其投标遭到拒绝的可能。

（2）关于投标人资格审查的标准及投标文件的评审标准和方法。这是为了提高招标过程中的透明度和公平性，所以非常重要，也是不可缺少的。

（3）关于合同的主要条款。其中主要是商务性条款，有利于投标人了解中标后签订合同的主要内容，明确双方的权利和义务。其中，技术要求、投标报价要求和主要合同条款等内容是招标文件的关键内容，统称实质性要求。

招标文件一般至少包括以下几项内容：

1）投标人须知。

2）招标项目的性质、数量。

3）技术规格。

4）投标价格的要求及其计算方法。

5）评价的标准和方法。

6）交货、竣工或提供服务的时间。

7）投标人应当提供的有关资格和资信证明。

8）投标保证金的数额或其他有关形式的担保。

9）投标文件的编制要求。

10）提供投标文件的方式、地点和截止时间。

11）开标、评标、定标的日程安排。

12）主要合同条款。

2. 招标文件分析的内容

（1）招标文件分析。分析的对象是投标人须知，通过分析不仅要掌握招标过程、评标的规则和各项要求，对投标报价工作作出具体安排，而且要了解投标风险，以确定投标策略。

（2）技术文件分析。主要是进行图纸会审，工程量复核，图纸和规范中的问题分析，从中了解承包商具体的工作范围、技术要求、质量标准。在此基础上进行施工组织设计，确定劳动力的安排，进行材料、设备的分析，制定实施方案，进行报价。

（3）合同文本分析。合同文本分析是一项综合性的、复杂的、技术性强的工作，分析对象主要是合同协议书和合同条件。合同文本分析主要包括可以下五个方面：承包合同的合法性分析；承包合同的完备性分析；承包合同双方责任和权益及其关系分析；承包合同条件之间的联系分析；承包合同实施的因果分析。

5.2.2 投标文件分析

1. 投标文件的内容

投标文件的内容，大致有以下几项：

（1）投标书。招标文件中通常有规定投标书的格式，投标者只需按规定的格式填写必要的数据和数字即可，以表明投标者对各项基本保证的确认：

1）确认投标者完全愿意按招标文件中的规定承担工程施工、建成、移交和维修等任务，并写明自己的总报价金额。

2）确认投标者接受的开工日期和整个施工期限。

3）确认在本投标被接手后，投标者愿意提供履约保证金（或银行保函），其金额符合招标文件规定等。

（2）有报价的工程量表。一般要求在招标文件所附的工程量表上填写单价和总价，每页均有小记，并有最后的汇总价。工程量表的每一个数字均需认真校核，并签字确认。

（3）业主可能要求递交的文件。如施工方案、特殊材料的样本和技术说明等。

（4）银行出具的投标保函。须按招标文件中所附的格式由业主同意的银行开出。

（5）原招标文件的合同条件、技术规范和图纸。如果招标文件有要求，则应按要求在某些招标文件的每页上签字并交回业主。这些签字表明投标商已阅读过，并承认了这些文件。

2. 投标文件分析的重要性

在投标文件分析中，应考虑承包商可能对项目有影响的所有方面。投标文件分析的内容通常包括：投标书的有效性分析；印章、授权委托书是否符合要求；投标文件的完整性。

5.3 钢结构工程项目合同实施计划

5.3.1 项目合同总体策划

1. 合同总体策划的基本概念

项目合同总体策划是指在项目的开始阶段，对那些带根本性和方向性的，对整个项目、整个合同实施有重大影响的问题进行确定。它的目标是通过合同保证项目目标和项目实施战略的实现。

2. 合同总体策划的内容

（1）工程承包方式和费用的划分。在项目合同总体策划过程中，首先需要根据项目的分包策划确定项目的承包方式和每个合同的工程范围。

（2）合同种类的选择。不同种类的合同，有不同的应用条件、不同的权力、责任的分配和不同的付款方式，对合同双方有不同的风险。所以，应按具体情况选择合同类型。

1）单价合同。单价合同是最常见的合同种类，适用范围广，如 FIDIC 工程施工合同。我国的建设工程施工合同也主要是这一类合同。

在这种合同中，承包商仅按合同规定承担报价的风险，即对报价（主要为单价）的正确性和适宜性承担责任；而工程量变化的风险由业主承担。由于风险分配比较合理，能够适应大多数工程，能调动承包商和业主双方的管理积极性。单价合同又分为固定单价和可调单价等形式。在单价合同中应明确编制工程量清单的方法和工程计量方法。

2）固定总合同。这种合同以一次包死的总价格委托，除了设计有重大变更，一般不允许调整合同价格。所以在这类合同中承包商承担了全部的工作量和价格风险。

在现代工程中，业主喜欢采用这种合同形式。在正常情况下，可以免除业主由于要追加合同价款、追加投资带来的麻烦。但由于承包商承担了全部风险，报价中不可预见风险费用较高。报价的确定必须考虑施工期间物价变化以及工程量变化。

3）成本加酬金合同。工程最终合同价格按承包商的实际成本加一定比率的酬金（间接费）计算。在合同签订时不能确定一个具体的合同价格，只能确定酬金的比率。由于合同价格按承包商的实际成本结算，承包商不承担任何风险，所以他没有成本控制的积极性，相反期望提高成本以提高自己工程的经济效益。

4）目标合同。它是固定总价合同和成本加酬金合同的结合和改进形式。在国外，它广泛使用于工业项目、研究和开发项目、军事工程项目中。

一般来说，目标合同规定，承包商对工程建成后的生产能力（或使用功能）、工程总成本、工期目标承担责任。

（3）招标方式的确定。项目招标方式，通常有公开招标、议标、选择性竞争招标三种，每种方式都有其特点及适用范围。

1）公开招标。在这个过程中，业主选择范围大，承包商之间充分地平等竞争，有利于降低报价，提高工程质量，缩短工期。但是，不限对象的公开招标会导致许多无效投标，许多承包商竞争一个标，除中标的一家外，其他各家的花费都是徒劳的。导致承包商经营费用的提高，最终导致整个市场上工程成本的提高。

2）议标。在这种招标方式中，业主直接与一个承包商进行合同谈判，由于没有竞争，承包商报价较高，工程合同价格自然很高。

3）选择性竞争招标（邀请招标）。业主根据工程的特点，有目标、有条件地选择几个承包商，邀请他们参加工程的投标竞争，这是国内外经常采用的招标方式。采用这种招标方式，业主的事务性管理工作较少，招标所用的时间较短，费用低，同时业主可以获得一个比较合理的价格。

（4）合同条件的选择。合同条件是合同文件中最重要的部分。在实际工程中，业主可以按照需要自己（通常委托咨询公司）起草合同协议书（包括合同条件），也可以选择标准的合同条件。可以通过特殊条款对标准文本作修改、限定或补充。

（5）重要合同条款的确定。在合同总体策划过程中，需要对以下重要的条款进行确定：

1）适用于合同关系的法律，以及合同争执仲裁的地点、程序等。

2）付款方式。

3）合同价格的调整条件、范围、方法。

4）合同双方风险的分担。

5）对承包商的激励措施。

6）设计合同条款，通过合同保证对工程的控制权力，并形成一个完整的控制体系。

7）为了保证双方诚实信用，必须有相应的合同措施。如保函，保险等。

（6）其他。在项目合同总体策划过程中，除了确定上述各项问题外，还需要对以下问题进行确定：

1）确定资格预审的标准和允许参加投标的单位的数量。

2）定标的标准。

3）标后谈判的处理。

5.3.2 项目分包策划

1. 分包策划的基本概念

项目的所有工作都是由具体的组织（单位或人员）来完成的，业主必须将它们委托出去。工程项目的分包策划就是决定将整个项目任务分为多少个"标"（或标段），以及如何划分这些标段。项目的分标方式，对承包商来说就是承包方式。

2. 项目分包方式

（1）分阶段分专业工程平行承包。这种分包方式是指业主将设计、设备供应、土建、电器安装、机械安装、装饰等工程施工分别委托给不同的承包商。各承包商分别与业主签订合同，向业主负责。

如果业主不是项目管理专家，或没有聘请得力的咨询（监理）工程师进行全过程的项目管理，则不能将项目分包太多。

（2）"设计—施工—供应"总承包。这种承包方式又称全包、统包、"设计—建造—交钥匙"工程等，即由一个承包商承包建筑工程项目的全部工作，包括设计、供应、各专业工程的施工以及管理工作，甚至包括项目前期筹划、方案选择、可行性研究。承包商向业主承担全部工程责任。

目前这种承包方式在国际上受到普遍欢迎。

（3）将工程委托给几个主要的承包商。这种方式是介于上述两者之间的中间形式，即将工程委托给几个主要的承包商，如设计总承包商、施工总承包商、供应总承包商等，在工程中是最为常见的。

5.3.3　项目合同实施保证体系

1. 做合同交底，分解合同责任，实行目标管理

在总承包合同签订后，具体的执行者是项目部人员。项目部从项目经理、项目班子成员、项目中层到项目各部门管理人员，都应该认真学习合同各条款，对合同进行分析、分解。项目经理、主管经理要向项目各部门负责人进行"合同交底"，对合同的主要内容及存在的风险作出解释和说明。项目各部门负责人要向本部门管理人员进行较详细的"合同交底"，实行目标管理。

2. 建立合同管理的工作程序

在工程实施过程中，合同管理的日常事务性工作很多，要协调好各方面关系，使总承包合同的实施工作程序化、规范化，按质量保证体系进行工作。订立如下工作程序：

（1）制定定期或不定期的协商会议制度。在工程过程中，业主、工程师和各承包商之间，承包商和分包商之间以及承包商的项目管理职能人员和各工程小组负责人之间都应有定期的协商会议。通过会议可以解决以下问题：

1）检查合同实施进度和各种计划落实情况。

2）协调各方面的工作，对后期工作作安排。

3）讨论和解决目前已经发生的和以后可能发生的各种问题，并作出相应的决议。

4）讨论合同变更问题，作出合同变更决议，落实变更措施，决定合同变更的工期和费用补偿数量等。

另外，对工程中出现的特殊问题可不定期地召开特别会议讨论解决方法，保证合同实施一直得到很好的协调和控制。

（2）建立特殊工作程序。对于一些经常性工作应订立工作程序，使大家有章可循，合同管理人员也不必进行经常性的解释和指导，如图纸批准程序，工程变更程序，分包商的索赔程序，分包商的账单审查程序，材料、设备、隐蔽工程、已完工程的检查验收程序，工程进度付款账单的审查批准程序，工程问题的请示报告程序等。

3. 建立文档系统

建立文档系统的具体工作应包括以下几个方面：

（1）各种数据、资料的标准化，如各种文件、报表、单据等应有规定的格式和规定的数据结构要求。

（2）将原始资料收集整理的责任落实到人，由其对资料负责。资料的收集工作必须落实到工程现场，必须对工程小组负责人和分包商提出具体要求。

（3）各种资料的提供时间。

（4）准确性要求。

（5）建立工程资料的文档系统等。

4. 建立报告和行文制度

总承包商和业主、监理工程师、分包商之间的沟通都应该以书面形式进行，或以书面形式为最终依据。这既是合同的要求，也是经济法律的要求，更是工程管理的需要。这些内容包括：

（1）定期的工程实施情况报告，如日报、周报、旬报、月报等。应规定报告内容、格式、报告方式、时间以及负责人。

（2）工程过程中发生的特殊情况及其处理的书面文件（如特殊的气候条件、工程环境的变化等）应有书面记录，并由监理工程师签署。

（3）工程中所有涉及双方的工程活动，如材料、设备、各种工程的检查验收，场地、图纸的交接，各种文件（如会议纪要，索赔和反索赔报告，账单）的交接，都应有相应的手续，应有签收证据。

5.4 钢结构工程项目合同实施控制

5.4.1 项目合同实施控制基础知识

1. 合同实施控制的概念

合同实施控制是指承包商为保证合同所约定的各项义务的全面完成及各项权利的实现，以合同分析的成果为基准，对整个合同实施过程的全面监督、检查、对比、引导及纠正的管理活动。

2. 合同实施控制的办法

由于项目控制的方式和方法的不同，合同实施控制的方法可分为多种类型。归纳起来，控制可分为两大类：主动控制与被动控制。

（1）主动控制

合同实施的主动控制就是预先分析目标偏离的可能性，并拟订和采取各项预防措施，以使计划目标得以实现。它是一种面对未来的控制，它可以解决传统控制过程中存在的时滞影响，尽最大可能改变偏差已成为事实的被动局面，从而使控制更为有效。

为了正确地分析和预测目标偏离的可能状况，采取有效的预防措施防止目标偏离，在合同实施的主动控制过程中往往采用以下的办法：

1）详细调查并分析外部环境条件，以确定那些影响目标实现和计划运行的各种有利和不利因素，并将它们考虑到计划和其他管理职能当中。

2）用科学的方法制订计划，做好计划可行性分析，清除那些造成资源不可行、技术不可行、经济不可行和财务不可行的各种错误和缺陷，保证工程的实施能够有足够的时间、空间、人力、物力和财力，并在此基础上力求计划优化。

3）高质量地做好组织工作，使组织与目标和计划高度一致；把目标控制的任务与管理职能落实到适当的机构和人员，做到职权与职责明确，使全体成员能够通力协作，为实现共同目标而努力。

4）识别风险，努力将各种影响目标实现和计划执行的潜在因素都揭示出来，为风险分析和管理提供依据，并在计划实施过程中做好风险管理工作。

5）制定必要的应急备用方案，以对付可能出现的影响目标或计划实现的情况。一旦发生这些情况，则有应急措施作保障，从而减少偏离量，或避免发生偏离。

6）计划应有松弛有度，即"计划应留有余地"。这样，可以避免那些经常发生、又不可避免的干扰对计划的不断影响，减少"例外"情况产生的数量，使管理人员处于主动地位。

7）沟通信息流通渠道，加强信息收集、整理和研究工作，为预测工程未来发展提供全面、及时、可靠的信息。

（2）被动控制

在合同实施的被动控制过程中往往采用以下办法：

1）应用现代化方法、手段、仪器追踪、测试、检查项目实施过程的数据，发现异常情况及时采取措施。

2）建立项目实施过程中人员控制组织，明确控制责任，发现情况及时处理。

3）建立有效的信息反馈系统，及时将偏离计划目标值向有关人员反馈，以使其及时采取措施。

3. 合同实施控制的日常工作

（1）参与落实合同实施计划。合同管理人员与项目的其他职能人员一起落实合同实施计划，为各工程小组、分包商的工作提供必要的保证，如施工现场的安排、人工、材料、机械等计划的落实，工序间的搭接关系和安排及其他一些必要的准备工作。

（2）协调各方关系。在合同范围内协调业主、工程师、项目管理各职能人员、所属的各工程小组和分包商之间的工作关系，解决相互之间出现的问题。如合同责任界面之间的争执、工程活动之间时间上和空间上的不协调。合同责任界面争执是工程实施中很常见的。承包商与业主、与业主的其他承包商、与材料和设备供应商、与分包商，以及承包商的分包商之间、工程小组与分包商之间常常互相推卸一些合同中或合同事件表中未明确划定的工程活动的责任，这会引起内部和外部的争执，对此合同管理人员必须做好判定和调解工作。

（3）指导合同落实工作。合同管理人员应对各工程小组和分包商进行工作指导，做好经常性的合同解释，使各工程小组都有全局观念，对工程中发现的问题提出意见、建议或警告。合同管理人员在工程实施中起"漏洞工程师"的作用，但他不是寻求与业主、工程师、各工程小组、分包商的对立，他的目标不仅仅是索赔和反索赔，而是将各方面在合同关系上联系起来，防止漏洞和弥补损失，更完善地完成工程。例如，促使工程师放弃不适当、不合理的要求（指令），避免对工程的干扰、工期的延长和费用的增加；协助工程师工作，弥补工程师工作的漏洞，如及时提出对图纸、指令、场地等的申请，尽可能提前通知工程师，让工程师有所准备，使工程更为顺利。

（4）参与其他合同控制工作。会同项目管理的有关职能人员每天检查、监督各工程小组和分包商的合同实施情况，对照合同要求的数量、质量、技术标准和工程进度，发现问题并及时采取对策措施。对已完工程做最后的检查核对，对未完成的工程，或有缺陷的工程指令限期采取补救措施，防止影响整个工期。按合同要求，会同业主及工程师等对工程所用材料和设备开箱检查或做验收，看是否符合质量、图纸和技术规范等的要求，进行隐蔽工程和已完工程的检查验收，负责验收文件的起草和验收的组织工作，参与工程结算，会同造价工程师对向业主提出的工程款账单和分包商提交来的收款账单进行审查和确认。

（5）合同实施情况的跟踪与诊断。

（6）负责工程变更管理。

（7）负责工程索赔管理。

（8）负责工程文档管理。向分包商的任何指令，向业主的任何文字答复、请示，都必须经合同管理人员审查，并记录在案。

（9）参与争议处理。承包商与业主、与总（分）包商的任何争议的协商和解决都必须有合同管理人员的参与；并对解决结果进行合同和法律方面的审查、分析和评价。这样不仅保证工程施工一直处于严格的合同控制中，而且使承包商的各项工作更有预见性，更能及早地预测行为的法律后果。

5.4.2 项目合同分解与交底

1. 合同分解

（1）合同分解的规则

1）保证合同条件的系统性和完整性。合同条件分解的结果应包含所有的合同要素，这样才能保证应用这些分解结果时能等同于应用合同条件。

2）保证各分解单元间界限清晰、意义完整、内容大体上相当，这样才能保证分解结果明确、有序且各部分工作量相当。

3）易于理解和接受，便于应用，即要充分尊重人们已形成的概念、习惯，只在不违背施工合同原则的情况下才作出更改。

4）便于按照项目的组织分工落实合同工作和合同责任。

（2）合同分解的内容

1）工程项目的结构分解，即工程活动的分解和工程活动逻辑关系的安排。

2）技术会审工作。

3）细化总体计划、施工组织计划、工程实施方案。

4）工程详细的成本计划。

5）合同详细分析，不仅针对承包合同，而且包括与承包合同同级的各个合同的协调，包括各个分包合同的工作安排和各分包合同之间的协调。

2. 合同交底

合同交底是指承包商合同管理人员在对合同的主要内容作出解释和说明的基础上，通过组织项目管理人员和各工程小组负责人学习合同条文和合同总体分析结果，使大家熟悉合同中的主要内容、各种规定、管理程序，了解承包商的合同责任和工程范围、各种行为的法律后果等，使大家都树立全局观念，避免在执行中的违约行为，同时使大家的工作协调一致。

合同管理人员应将各种合同事件的责任分解落实到各工程小组或分包商。应分解落实如下合同和合同分析文件：合同事件表（任务单、分包合同）、图纸、设备安装图纸、详细的施工说明等。合同交底主要包括如下几方面内容：

（1）工程的质量、技术要求和实施中的注意点。

（2）工期要求。

（3）消耗标准。

（4）相关事件之间的搭接关系。

（5）各工程小组（分包商）责任界限的划分。

5.4.3 项目合同跟踪及诊断

1. 合同跟踪

（1）合同跟踪的作用

1）通过合同实施情况分析，找出偏离情况，以便及时采取措施，调整合同实施过程，达到合同总目标。所以合同跟踪是决策的前导工作。

2）在整个工程过程中，能使项目管理人员一直清楚地了解合同实施情况，对合同实施现状、趋向和结果有一个清醒的认识，这是非常重要的。有些管理混乱、管理水平低的工程常常到工程结束时才能发现实际损失，这时已无法挽回。

（2）合同跟踪的依据

在工程实施过程中，对合同实施情况进行跟踪时，主要有如下几个方面的依据：

1）合同和合同分析的结果，如各种计划、方案、合同变更文件等，它们是比较的基础，是合同实施的目标和方向。

2）各种实际的工程文件，如原始记录、各种工程报表、报告、验收结果、量方结果等。

3）工程管理人员每天对现场情况的直观了解，如通过施工现场的巡视、与各种人谈话、召集小组会议、检查工程质量，通过报表、报告等。

（3）合同跟踪的对象

1）具体的合同事件。对照合同事件表的具体内容，分析该事件的实际完成情况。

现以设备安装事件为例进行分析说明：

① 安装质量。如标高、位置、安装精度、材料质量是否符合合同要求，安装过程中设备有无损坏。

② 工程数量。如是否全都安装完毕，有无合同规定以外的设备安装，有无其他附加工程。

③ 工期。是否在预定期限内施工，工期有无延长，延长的原因是什么，该工程工期变化原因可能是：业主未及时交付施工图纸；或生产设备未及时运到工地；或基础土建施工拖延；或业主指令增加附加工程；或业主提供了错误的安装图纸，造成工程返工；或工程师指令暂停工程施工等。

④ 成本的增加和减少。将上述内容在合同事件表上加以注明，这样可以检查每个合同事件的执行情况。对一些有异常情况的特殊事件，即实际和计划存在大的偏离的事件，可以列特殊事件分析表，做进一步的处理。

2）工程小组或分包商的工程和工作。一个工程小组或分包商可能承担许多专业相同、工艺相近的分项工程或许多合同事件，所以必须对其实施的总情况进行检查分析。在实际工程中常常因为某一工程小组或分包商的工作质量不高或进度拖延而影响整个工程施工。合同管理人员在这方面应给他们提供帮助，如协调他们之间的工作，对工程缺陷提出意见、建议或警告，责成他们在一定时间内提高质量、加快工程进度等。

作为分包合同的发包商，总承包商必须对分包合同的实施进行有效的控制，这是总承包商合同管理的重要任务之一。

3）业主和工程师的工作。业主和工程师是承包商的主要工作伙伴，对他们的工作进行监督和跟踪是十分重要的。

① 业主和工程师必须正确、及时地履行合同责任，及时提供各种工程实施条件，如及时发布图纸、提供场地，及时下达指令、作出答复，及时支付工程款等。这常常是承包商推卸工程责任的托词，所以要特别重视。在这里，合同工程师应寻找合同中以及对方合同执行中的漏洞。

② 在工程中承包商应积极主动地做好工作，如提前催要图纸、材料，对工作事先通知。这样不仅可以让业主和工程师及时准备，建立良好的合作关系，保证工程顺利实施，而且可以推卸自己的责任。

③ 有问题及时与工程师沟通，多向他汇报情况，及时听取他的指示（书面的）。

④ 及时收集各种工程资料，对各种活动、双方的交流做好记录。

⑤ 对有恶意的业主提前防范，并及时采取措施。

4）工程总实施状况中存在的问题。

对工程总的实施状况的跟踪可以就如下几方面进行：

① 工程整体施工秩序状况。如果出现以下情况，合同实施必然有问题：例如现场混乱、拥挤不堪。承包商与业主的其他承包商、供应商之间协调困难。合同事件之间和工程小组之间协调困难。出现事先未考虑到的情况和局面。发生较严重的工程事故等。

② 已完工程没通过验收、出现大的工程质量问题、工程试生产不成功或达不到预定的生产能力等。

③ 施工进度未达到预定计划，主要的工程活动出现拖期，在工程周报和月报上计划和实际进度出现大的偏差。

④ 计划和实际的成本曲线出现大的偏离。在工程项目管理中，工程累计成本曲线对合同实施的跟踪分析起很大作用。计划成本累计曲线通常在网络分析、各工程活动成本计划确定后得到。在国外，它又被称为工程项目的成本模型。而实际成本曲线由实际施工进度安排和实际成本累计得到，两者对比即可分析出实际和计划的差异。

2. 合同诊断

（1）合同诊断的内容

1）合同执行差异的原因分析。通过对不同监督和跟踪对象的计划和实际的对比分析，不仅可以得到差异，而且可以探索引起这个差异的原因。原因分析可以采用鱼刺图、因果关系分析图（表），成本量差、价差分析等方法定性地或定量地进行。

2）合同差异责任分析。即这些原因由谁引起，该由谁承担责任，这常常是索赔的理由。一般只要原因分析详细，有根有据，则责任自然清楚。责任分析必须以合同为依据，按合同规定落实双方的责任。

3）合同实施趋向预测。分别考虑不采取调控措施和采取调控措施以及采取不同的调控措施情况下，合同的最终执行结果：

① 最终的工程状况，包括总工期的延误，总成本的超支，质量标准，所能达到的生产能力（或功能要求）等。

② 承包商将承担什么样的后果，如被罚款，被清算，甚至被起诉，对承包商资信、企业形象、经营战略造成的影响等。

③ 最终工程经济效益（利润）水平。

（2）合同实施偏差的处理措施

经过合同诊断之后，根据合同实施偏差分析的结果，承包商应采取相应的调整措施。调整措施有如下四类：

1）组织措施。例如增加人员投入，重新计划或调整计划，派遣得力的管理人员。

2）技术措施。例如变更技术方案，采用新的更高效率的施工方案。

3）经济措施。例如增加投入，对工作人员进行经济激励等。

4）合同措施。例如进行合同变更，签订新的附加协议、备忘录，通过索赔解决费用超支问题等。

合同措施是承包商的首选措施，该措施主要由承包商的合同管理机构来实施。承包商采取合同措施时通常应考虑以下问题：

① 如何保护和充分行使自己的合同权利，例如通过索赔以降低自己的损失。

② 如何利用合同使对方的要求降到最低，即如何充分限制对方的合同权利，找出业主的责任。

5.4.4 合同变更管理

1. 合同变更

合同变更是指依法对原来合同进行的修改和补充，即在履行合同项目的过程中，由于实施条件或相关因素的变化，而不得不对原合同的某些条款作出修改、订正、删除或补充。合同变更一经成立，原合同中的相应条款就应解除。

2. 合同变更的影响

合同内容频繁变更是工程合同的特点之一。一个工程，合同变更的次数、范围和影响的大小与该工程招标文件（特别是合同条件）的完备性、技术设计的正确性，以及实施方案和实施计划的科学性直接相关。

合同的变更通常不能免除或改变承包商的合同责任，但对合同实施影响很大，主要表现在如下几方面：

（1）导致设计图纸、成本计划和支付计划、工期计划、施工方案、技术说明和适用的规范等定义工程目标和工程实施情况的各种文件作相应的修改和变更。当然，相关的其他计划也应作相应调整，如材料采购计划、劳动力安排、机械使用计划等。它不仅引起与承包合同平行的其他合同的变化，而且会引起所属的各个分合同，如供应合同、租赁合同、分包合同的变更。有些重大的变更会打乱整个施工部署。

（2）引起合同双方、承包商的工程小组之间、总承包商和分包商之间合同责任的变化。如工程量增加，则增加了承包商的工程责任，增加了费用开支和延长了工期。

（3）有些工程变更还会引起已完工程的返工，现场工程施工的停滞，施工秩序打乱，已购材料的损失等。

3. 合同变更的范围

合同变更的范围很广，一般在合同签订后所有工程范围、进度、工程质量要求、合同条款内容、合同双方责权利关系的变化等都可以被看做是合同变更。最常见的变更有两种：

（1）涉及合同条款的变更。合同条件和合同协议书所定义的双方责权利关系或一些重大问题的变更。这是狭义的合同变更，以前人们定义合同变更即为这一类。

（2）工程变更。即工程的质量、数量、性质、功能、施工次序和实施方案的变化。

4. 合同变更的原则

项目合同的变更应遵守以下原则：

（1）合同双方都必须遵守合同变更程序，依法进行，任何一方都不得单方面擅自更改合同条款。

（2）合同变更要经过有关专家（监理工程师、设计工程师、现场工程师等）的科学论证和合同双方的协商。在合同变更具有合理性、可行性，而且由此而引起的进度和费用变化得到确认和落实的情况下方可实行。

（3）合同变更的次数应尽量减少，变更的时间亦应尽量提前，并在事件发生后的一定时限内提出，以避免或减少给工程项目建设带来的影响和损失。

（4）合同变更应以监理工程师、发包人和承包商共同签署的合同变更书面指令为准，并以此作为结算工程价款的凭据。紧急情况下，监理工程师的口头通知也可接受，但必须在 48h 内，追补合同变更书。承包人对合同变更若有不同意见，可在 7～10d 内书面提出，但发包人决定继续执行的指令，承包商应继续执行。

（5）合同变更所造成的损失，除依法可以免除的责任外，如由于设计错误，设计所依据的条件与实际不符，图与说明不一致，施工图有遗漏或错误等，应由责任方负责赔偿。

5. 合同变更责任分析

在合同变更中，量最大、最频繁的是工程变更。它在工程索赔中所占的份额也最大。工程变更的责任分析是工程变更起因与工程变更问题处理，是确定赔偿问题的桥梁。工程变更中有两大类变更，即设计变更和施工方案变更。

（1）设计变更。设计变更会引起工程量的增加、减少，新增或删除工程分项，工程质量和进度的变化，实施方案的变化。一般工程施工合同赋予发包人（工程师）这方面的变更权力，可以直接通过下达指令，重新发布图纸或规范实现变更。

（2）施工方案变更。施工方案变更的责任分析有时比较复杂。

1）在投标文件中，承包商在施工组织设计中提出比较完备的施工方案，但施工组织设计不作为合同文件的一部分。对此有如下问题应注意：

① 施工方案虽不是合同文件，但它也有约束力。发包人向承包商授标就表示对这个方案的认可。

② 施工合同规定，承包商应对所有现场作业和施工方法的完备、安全、稳定负全部责任。这一责任表示在通常情况下由于承包商自身原因（如失误或风险）修改施工方案所造成的损失由承包商负责。

③ 承包商对决定和修改施工方案具有相应的权利，即发包人不能随便干预承包商的

施工方案；为了更好地完成合同目标（如缩短工期），或在不影响合同目标的前提下承包商有权采用更为科学和经济合理的施工方案，发包人不得随便干预。当然承包商承担重新选择施工方案的风险和机会收益。

④ 在工程中，承包商采用或修改实施方案都要经过工程师的批准或同意。

2）重大的设计变更常常会导致施工方案的变更。如果设计变更由发包人承担责任，则相应的施工方案的变更也由发包人负责；反之，则由承包商负责。

3）对不利的异常的地质条件所引起的施工方案的变更，一般作为发包人的责任。一方面，这是一个有经验的承包商无法预料的现场气候条件除外的障碍或条件；另一方面，发包人负责地质勘察和提供地质报告，应对报告的正确性和完备性承担责任。

4）施工进度的变更。施工进度的变更是十分频繁的：在招标文件中，发包人给出工程的总工期目标；承包商在投标书中有两个总进度计划（一般以横道图形式表示）；中标后承包商还要提出详细的进度计划，由工程师批准（或同意）；在工程开工后，每月都可能有进度的调整。通常只要工程师（或发包人）批准（或同意）承包商的进度计划（或调整后的进度计划），则新进度计划就产生约束力。如果发包人不能按照新进度计划完成按合同应由发包人完成的责任，如及时提供图纸、施工场地、水电等，则属发包人的违约，应承担责任。

6. 合同变更中应注意的事项

（1）对工程变更条款的合同分析。对工程变更条款的合同分析应特别注意：工程变更不能超过合同规定的工程范围，如果超过这个范围，承包商有权不执行变更或坚持先商定价格后再进行变更。发包人和工程师的认可权必须限制。发包人常常通过工程师对材料的认可权提高材料的质量标准、对设计的认可权提高设计质量标准、对施工工艺的认可权提高施工质量标准。如果合同条文规定比较含糊或设计不详细，则容易产生争执。但是，如果这种认可权超过合同明确规定的范围和标准，承包商应争取发包人或工程师的书面确认，进而提出工期和费用索赔。

此外，承包商与发包人、与总（分）包之间的任何书面信件、报告、指令等都应经合同管理人员进行技术和法律方面的审查，这样才能保证任何变更都在控制中，不会出现合同问题。

（2）促成工程师提前作出工程变更。在实际工作中，变更决策时间过长和变更程序太慢会造成很大的损失。通常有两种现象：一种现象是施工停止，承包商等待变更指令或变更会谈决议；另一种现象是变更指令不能迅速作出，而现场继续施工，造成更大的返工损失。这就要求变更程序尽量快捷，故即使仅从自身出发，承包商也应尽早发现可能导致工程变更的种种迹象，尽可能促使工程师提前作出工程变更。

施工中发现图纸错误或其他问题，需进行变更，首先应通知工程师，经工程师同意或通过变更程序再进行变更。否则，承包商可能不仅得不到应有的补偿，而且会带来麻烦。

（3）识别工程师发出的变更指令。特别在国际工程中，工程变更不能免去承包商的合同责任。对已收到的变更指令，特别对重大的变更指令或在图纸上作出的修改意见，应予以核实。对超出工程师权限范围的变更，应要求工程师出具发包人的书面批准文件。对涉及双方责、权、利关系的重大变更，必须有发包人的书面指令、认可或双方签署的变更协议。

（4）迅速、全面落实变更指令。变更指令作出后，承包商应迅速、全面、系统地落实变更指令。承包商应全面修改相关的各种文件，例如有关图纸、规范、施工计划、采购计划等，使它们一直反映和包容最新的变更。承包商应在相关的各工程小组和分包商的工作中落实变更指令，并提出相应的措施，对新出现的问题作出解释和对策，同时又要协调好各方面工作。

（5）分析工程变更产生的影响。工程变更是索赔机会，应在合同规定的索赔有效期内完成对它的索赔处理。在合同变更过程中就应记录、收集、整理所涉及的各种文件，如图纸、各种计划、技术说明、规范和发包人或工程师的变更指令，以作为进一步分析的依据和索赔的证据。

在工程变更中，特别应注意因变更造成返工、停工、窝工、修改计划等引起的损失，注意这方面证据的收集。在变更谈判中应对此进行商谈，保留索赔权。在实际工程中，人们常常会忽视这些损失证据的收集，而最后提出索赔报告时往往因举证和验证困难而被对方否决。

5.5 钢结构工程项目索赔管理

5.5.1 项目索赔管理概述

1. 索赔的概念

索赔是当事人在合同实施过程中，根据法律、合同规定及惯例，对不应由自己承担责任的情况造成的损失，向合同的另一方当事人提出给予赔偿或补偿要求的行为。

建设工程索赔通常是指在工程合同履行过程中，合同当事人一方因非自身因素或对方不履行或未能正确履行合同而受到经济损失和权利损害时，通过一定的合法程序向对方提出经济或时间补偿的要求。索赔是一种正当的权利要求，它是发包方、监理工程师和承包方之间一项正常的、大量发生而且普遍存在的合同管理业务，是一种以法律和合同为依据的、合情合理的行为。

建设工程索赔包括狭义的建设工程索赔和广义的建设工程索赔。

狭义的建设工程索赔，是指人们通常所说的工程索赔或施工索赔，工程索赔是指建设工程承包商在由于发包人的原因或发生承包商和发包人不可控制的因素而遭受损失时，向发包人提出的补偿要求。这种补偿包括补偿损失费用和延长工期。

广义的建设工程索赔，是指建设工程承包商由于合同对方的原因，或合同双方不可控制的原因而遭受损失时，向对方提出的补偿要求。这种补偿可以是损失费用索赔，也可以是索赔实物。它不仅包括承包方向发包人提出的索赔，而且还包括承包商向保险公司、供货商、运输商、分包商等提出的索赔。

2. 索赔的特征

从索赔的基本概念可以看出，索赔具有以下基本特征：

（1）索赔是要求给予补偿（赔偿）的一种权利、主张。

（2）索赔的依据是法律法规、合同文件及工程建设惯例，但主要是合同文件。

（3）索赔是因非自身原因导致的，要求索赔一方没有过错。

（4）与合同相比较，已经发生了额外的经济损失或工期损害。

（5）索赔必须有切实有效的证据。

（6）索赔是单方行为，双方没有达成协议。

3. 索赔的分类

索赔从不同的角度、按不同的方法和不同的标准，可以有多种分类方法。

（1）按索赔的目的分类

1）工期索赔。由于非承包人责任的原因而导致施工进程延误，要求批准顺延合同工期的索赔，称之为工期索赔。一旦获得批准合同工期顺延后，承包人不仅免除了承担拖期违约赔偿费的严重风险，而且可能提前工期得到奖励，最终仍反映在经济收益上。

2）费用索赔。费用索赔的目的是要求经济补偿。当施工的客观条件改变导致承包人增加开支，要求对超出计划成本的附加开支给予补偿，以挽回不应由其承担的经济损失。

（2）按索赔当事人分类

1）承包商与发包人间索赔。这类索赔大都是有关工程量计算、变更、工期、质量和价格方面的争议，也有中断或终止合同等其他违约行为的索赔。

2）承包商与分包商间索赔。其内容与前一种大致相似，但大多数是分包商向总包商索要付款和赔偿及承包商向分包商罚款或扣留预付款等。

3）承包商与供货商间索赔。其内容多系商贸方面的争议，如货品质量不符合技术要求、数量短缺、交货拖延、运输损坏等。

（3）按索赔的原因分类

1）工程延误索赔。因发包人未按合同要求提供施工条件，如未及时交付设计图纸、施工现场、道路等，或因发包人指令工程暂停或不可抗力事件等原因造成工期拖延的，承包商对此提出索赔。

2）工程范围变更索赔。工程范围变更的索赔是指发包人和承包商对合同中规定工作理解的不同而引起的索赔。其责任和损失不如延误索赔那么容易确定，如某分项工程所包含的详细工作内容和技术要求、施工要求很难在合同文件中用语言描述清楚，设计图纸也很难对每一个施工细节的要求都说得清清楚楚。另外，设计的错误和遗漏，或发包人和设计者主观意志的改变都会导致向承包商发布变更设计的命令。

3）施工加速索赔。施工加速索赔经常是延期或工作范围索赔的结果，有时也被称为"赶工索赔"。而加速施工索赔与劳动生产率的降低关系极大，因此又可称为劳动生产率损失索赔。

4）不利现场条件索赔。不利的现场条件是指合同的图纸和技术规范中所描述的条件与实际情况有实质性的不同或合同中未作描述，但也是一个有经验的承包商无法预料的。一般是地下的水文地质条件，但也包括某些隐藏着的不可知的地面条件。

（4）按索赔的合同依据分类

1）合同内索赔。此种索赔是以合同条款为依据，在合同中有明文规定的索赔，如工期延误、工程变更、工程师提供的放线数据有误、发包人不按合同规定支付进度款等等。这种索赔由于在合同中有明文规定，往往容易成功。

2）合同外索赔。此种索赔在合同文件中没有明确的叙述，但可以根据合同文件的某些内容合理推断出可以进行此类索赔，而且此索赔并不违反合同文件的其他任何内容。例如在国际工程承包中，当地货币贬值可能给承包商造成损失，对于合同工期较短的，合同条件中可能没有规定如何处理。当由于发包人原因使工期拖延，而又出现汇率大幅度下跌时，承包商可以提出这方面的补偿要求。

3）道义索赔（又称额外支付）。道义索赔是指承包商在合同内或合同外都找不到可以索赔的合同依据或法律根据，因而没有提出索赔条件和理由，但承包商认为自己有要求补偿的道义基础，而对其遭受的损失提出具有优惠性质的补偿要求，即道义索赔。道义索赔的主动权在发包人手中，发包人在下面四种情况下，可能会同意并接受这种索赔：

① 若另找其他承包商，费用会更大。

② 为了树立自己的形象。

③ 出于对承包商的同情和信任。

④ 谋求与承包商更理解或更长久的合作。

5.5.2 项目索赔的处理原则

1. 索赔工作的特点

与工程项目的其他管理工作不同，索赔的处理工作具有如下特点：

（1）对一特定干扰事件的索赔没有预定的统一的标准解决方式。要达到索赔的目的需要许多条件。

（2）索赔和律师打官司相似，索赔的成败常常不仅在于事件本身的实情，而且在于能否找到有利于自己的书面证据，能否找到为自己辩护的法律（合同）条文。

（3）对干扰事件造成的损失，承包商只有"索"，发包人才有可能"赔"，不"索"则不"赔"。如果承包商自己放弃索赔机会，例如没有索赔意识，不重视索赔，或不懂索赔，不精通索赔业务，不会索赔，或对索赔缺乏信心，怕得罪发包人，失去合作机会，或怕后期合作困难，不敢索赔，任何发包人都不可能主动提出赔偿，一般情况下，工程师也不会主动要求承包商向发包人索赔。所以索赔完全在于承包商自己，承包商必须有主动性和积极性。

（4）索赔是以利益为原则，而不是以立场为原则，不以辨明是非为目的。承包商追求的是通过索赔（当然也可以通过其他形式或名目）使自己的损失得到补偿，获得合理的收益。由于索赔要求只有最终获得工程师或调解人、仲裁人等的认可才有效，最终获得赔偿才算成功，索赔的技巧和策略极为重要。

（5）合同管理注重实务，所以对案例的研究是十分重要的。在国际工程中，许多合同条款的解释和索赔的解决要符合通常大家公认的一些案例，甚至可以直接引用过去典型案例的解决结果作为索赔理由。但对索赔事件的处理和解决又要具体问题具体分析，不可盲目照搬以前的案例或一味凭经验办事。

2. 索赔工作的程序

索赔工作程序是指从索赔事件产生到最终处理全过程所包括的工作内容和工作步骤。由于索赔工作实质上是承包商和业主在分担工程风险方面的重新分配过程，涉及双方的众多经济利益，因而是一项繁琐、细致、耗费精力和时间的过程。因此，合同双方必须严格按照合同规定办事，按合同规定的索赔程序工作，才能获得成功的索赔。

程序通常分为以下几个步骤（见图5-1）。

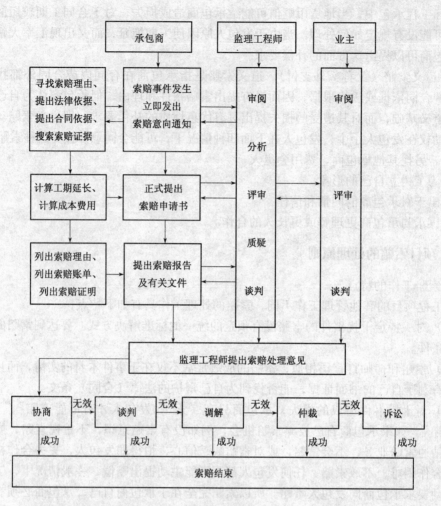

图 5-1　施工索赔程序流程图

（1）发出索赔意向通知

索赔事件发生后，承包商应在合同规定的时间内向发包人或工程师书面提出索赔意向通知，亦即向发包人或工程师就某一个或若干个索赔事件表示索赔愿望、要求或声明保留索赔的权利。索赔意向的提出是索赔工作程序中的第一步，其关键是抓住索赔机会，及时提出索赔意向。

我国建设工程施工合同条件规定：承包商应在索赔事件发生后的28d内，将其索赔意向通知工程师。反之，如果承包商没有在合同规定的期限内提出索赔意向或通知，承包商则会丧失在索赔中的主动和有利地位，发包人和工程师也有权拒绝承包商的索赔要求，这是索赔成立的有效和必备条件之一。因此，在实际工作中，承包商应避免合理的索赔要求由于未能遵守索赔时限的规定而导致无效。

施工合同要求承包商在规定期限内首先提出索赔意向，是基于以下考虑：

1）提醒发包人或工程师及时关注索赔事件的发生、发展等全过程。

2）为发包人或工程师的索赔管理做好准备，如进行合同分析、搜集证据。

3）如属发包人责任引起索赔，发包人有机会采取必要的改进措施，防止损失的进一步扩大。

4）对于承包商来讲，意向通知也可以起到保护作用，使承包商避免"因被称为'志愿者'而无权取得补偿"的风险。

在实际的工程承包合同中，对索赔意向提出的时间限制不尽相同，只要双方经过协商达成一致并写入合同条款即可。

一般索赔意向通知仅仅是表明意向，应写得简明扼要，涉及索赔内容但不涉及索赔数额。通常包括以下几个方面的内容：

1）事件发生的时间和情况的简单描述。

2）合同依据的条款和理由。

3）有关后续资料的提供，包括及时记录和提供事件发展的动态。

4）对工程成本和工期产生的不利影响的严重程度，以期引起工程（发包人）的注意。

（2）准备资料

监理工程师和发包人一般都会对承包商的索赔提出质疑，要求承包商作出解释或出具有力的证明材料。因此，承包商在提交正式的索赔报告之前，必须尽力准备好与索赔有关的一切详细资料，以便在索赔报告中使用，或在监理工程师和发包人要求时出示。承包商应该准备和提交的索赔账单和证据资料主要如下：

1）施工日志。应指定有关人员现场记录施工中发生的各种情况，包括天气、出工人数、设备数量及使用情况、进度情况、质量情况、安全情况，监理工程师在现场有什么指示、进行了什么试验、有无特殊干扰情况、遇到了什么不利的现场条件、多少人员参观了现场等等。这种现场记录有利于及时发现和正确分析索赔，可能成为索赔的重要证明材料。

2）来往信件。对于监理工程师、发包人和有关政府部门、银行、保险公司的来往信函，必须认真保存，并注明发送和收到的详细时间。

3）气象资料。在分析进度安排和施工条件时，天气是应考虑的重要因素之一，因此，要保存一份真实、完整、详细的天气情况记录，包括气温、风力、湿度、降雨量、暴风雪、冰雹等。

4）备忘录。承包商对监理工程师和发包人的口头指示和电话应随时用书面记录，并请签字给予书面确认。事件发生和持续过程中的重要情况都应有记录。

5）会议纪要。承包商、发包人和监理工程师举行会议时要做好详细记录，对其主要问题形成会议纪要，并由会议各方签字确认。

6）工程照片和工程声像资料。这些资料都是反映工程客观情况的真实写照，也是法律承认的有效证据，对重要工程部位应拍摄有关资料并妥善保存。

7）工程进度计划。承包商编制的经监理工程师或发包人批准同意的所有工程总进度、年进度、季进度、月进度计划都必须妥善保管。任何有关工期延误的索赔中，进度计划都是非常重要的证据。

8）工程核算资料。所有人工、材料、机械设备使用台账，工程成本分析资料，会计报表，财务报表，货币汇率，现金流量，物价指数，收付款票据，都应分类装订成册，这些都是进行索赔费用计算的基础。

9）工程报告。包括工程试验报告、检查报告、施工报告、进度报告、特别事件报告等。

10）工程图纸。工程师和发包人签发的各种图纸，包括设计图、施工图、竣工图及其相应的修改图，承包商应注意对照检查和妥善保存。对于设计变更索赔，原设计计图和修改图的差异是索赔最有力的证据。

11）招投标阶段有关现场考察和编标的资料。各种原始单据（工资单，材料设备采购单），各种法规文件，证书证明等，都应积累保存，它们都有可能是某项索赔的有力证据。

由此可见，高水平的文档管理信息系统，对索赔的资料准备和证据提供是极为重要的。

（3）编写索赔报告

索赔报告是承包商在合同规定的时间内向监理工程师提交的要求发包人给予一定经济补偿和延长工期的正式书面报告。索赔报告的水平与质量如何，直接关系到索赔的成败与否。

编写索赔报告时，应注意以下几个问题：

1）索赔报告的基本要求：

① 必须说明索赔的合同依据，即基于何种理由有资格提出索赔要求，一种是根据合同某条某款规定，承包商有资格因合同变更或追加额外工作而取得费用补偿和（或）延长工期；一种是发包人或其代理人如果违反合同规定给承包商造成损失，承包商有权索取补偿。

② 索赔报告中必须有详细准确的损失金额及时间的计算。

③ 要证明客观事实与损失之间的因果关系，说明索赔事件前因后果的关联性，要以合同为依据，说明发包人违约或合同变更与引起索赔的必然性联系。如果不能有理有据说明因果关系，而仅在事件的严重性和损失的巨大上花费过多的笔墨，对索赔的成功都无济于事。

2）索赔报告必须准确。编写索赔报告是一项比较复杂的工作，须有一个专门的小组和各方的大力协助才能完成。索赔小组的人员应具有合同、法律、工程技术、施工组织计划、成本核算、财务管理、写作等各方面的知识，进行深入的调查研究，对较大的、复杂的索赔需要向有关专家咨询，对索赔报告进行反复讨论和修改，写出的报告不仅有理有据，而且必须准确可靠。应特别强调以下几点：

① 责任分析应清楚、准确。在报告中所提出索赔的事件的责任是对方引起的，应把全部或主要责任推给对方，不能有责任含混不清和自我批评式的语言。要做到这一点，就必须强调索赔事件的不可预见性，承包商对它不能有所准备，事发后尽管采取能够采取的措施也无法制止；指出索赔事件使承包商工期拖延、费用增加的严重性和索赔值之间的直接因果关系。

② 索赔值的计算依据要正确，计算结果要准确。计算依据要用文件规定的和公认合理的计算方法，并加以适当的分析。数字计算上不要有差错，一个小的计算错误可能影响到整个计算结果，容易使人对索赔的可信度产生不好的印象。

③ 用词要婉转和恰当。在索赔报告中要避免使用强硬的不友好的抗议式的语言。不

能因语言而伤害了和气和双方的感情。切忌断章取义，牵强附会，夸大其词。

3）索赔报告的内容。在实际承包工程中，索赔报告通常包括三个部分：

① 承包商或其授权人致发包人或工程师的信。信中简要介绍索赔的事项、理由和要求，说明随函所附的索赔报告正文及证明材料情况等。

② 索赔报告正文。针对不同格式的索赔报告，其形式可能不同，但实质性的内容相似，一般主要包括：

a. 题目。简要地说明针对什么提出索赔。

b. 索赔事件陈述。叙述事件的起因，事件经过，事件过程中双方的活动，事件的结果，重点叙述我方按合同所采取的行为，对方不符合合同的行为。

c. 理由。总结上述事件，同时引用合同条文或合同变更和补充协议条文，证明对方行为违反合同或对方的要求超过合同规定，造成了该项事件，有责任对此造成的损失作出赔偿。

d. 影响。简要说明事件对承包商施工过程的影响，而这些影响与上述事件有直接的因果关系。重点围绕由于上述事件原因造成的成本增加和工期延长。

e. 结论。对上述事件的索赔问题作出最后总结，提出具体索赔要求，包括工期索赔和费用索赔。

③ 附件。该报告中所列举事实、理由、影响的证明文件和各种计算基础、计算依据的证明文件。

索赔报告正文该编写至何种程度，需附上多少证明材料，计算书该详细到和准确到何种程度，这都根据监理工程师评审索赔报告的需要而定。对承包商来说，可以用过去的索赔经验或直接询问工程师或发包人的意图，以便配合协调，有利于施工和索赔工作的开展。

（4）递交索赔报告

索赔意向通知提交后的 28d 内，或工程师可能同意的其他合理时间，承包人应递送正式的索赔报告。

如果索赔事件的影响持续存在，28d 内还不能算出索赔额和工期展延天数时，承包人应按工程师合理要求的时间间隔（一般为 28d），定期陆续报出每一个时间段内的索赔证据资料和索赔要求。在该项索赔事件的影响结束后的 28d 内，报出最终详细报告，提出索赔论证资料和累计索赔额。

（5）索赔审查

索赔的审查，是当事双方在承包合同基础上，逐步分清在某些索赔事件中的权利和责任以使其数量化的过程。作为发包人或工程师，应明确审查的目的和作用，掌握审查的内容和方法，处理好索赔审查中的特殊问题，促进工程的顺利进行。

1）工程师审核承包人的索赔申请。接到承包人的索赔意向通知后，工程师应建立自己的索赔档案，密切关注事件的影响，检查承包人的同期记录时，随时就记录内容提出不同意见或希望应予以增加的记录项目。

2）判定索赔成立的原则：

① 与合同相对照，事件已造成了承包人施工成本的额外支出或总工期延误。

② 造成费用增加或工期延误的原因，按合同约定不属于承包人应承担的责任，包括

行为责任和风险责任。

③ 承包人按合同规定的程序提交了索赔意向通知和索赔报告。

上述三个条件没有先后主次之分，应当同时具备。只有工程师认定索赔成立后，才处理应给予承包人的补偿额。

3）审查索赔报告：

① 事态调查。通过对合同实施的跟踪、分析，了解事件经过、前因后果，掌握事件详细情况。

② 损害事件原因分析。即分析索赔事件是由何种原因引起，责任应由谁来承担。在实际工作中，损害事件的责任有时是多方面原因造成，故必须进行责任分解，划分责任范围，按责任大小承担损失。

③ 分析索赔理由。主要依据合同文件判明索赔事件是否属于未履行合同规定义务或未正确履行合同义务导致，是否在合同规定的赔偿范围之内。只有符合合同规定的索赔要求才有合法性，才能成立。

④ 实际损失分析。即分析索赔事件的影响，主要表现为工期的延长和费用的增加。如果索赔事件不造成损失，则无索赔可言。损失调查的重点是分析、对比实际和计划的施工进度，工程成本和费用方面的资料，在此基础上核算索赔值。

⑤ 证据资料分析。主要分析证据资料的有效性、合理性、正确性，这也是索赔要求有效的前提条件。如果在索赔报告中提不出证明其索赔理由、索赔事件的影响、索赔值的计算等方面的详细资料，索赔要求是不能成立的。如果工程师认为承包人提出的证据不能足以说明其要求的合理性时，可以要求承包人进一步提交索赔的证据资料。

4）工程师可根据自己掌握的资料和处理索赔的工作经验就以下提出质疑：

① 索赔事件不属于发包人和监理工程师的责任，而是第三方的责任。

② 事实和合同依据不足。

③ 承包商未能遵守意向通知的要求。

④ 合同中的开脱责任条款已经免除了发包人补偿的责任。

⑤ 索赔是由不可抗力引起的，承包商没有划分和证明双方责任的大小。

⑥ 承包商没有采取适当措施避免或减少损失。

⑦ 承包商必须提供进一步的证据。

⑧ 损失计算夸大。

⑨ 承包商以前已明示或暗示放弃了此次索赔的要求等。

在评审过程中，承包商应对工程师提出的各种质疑作出圆满的答复。

（6）索赔的解决

从递交索赔文件到索赔结束是索赔的解决过程。工程师经过对索赔文件的评审，与承包商进行了较充分地讨论后，应提出对索赔处理决定的初步意见，并参加发包人和承包商之间的索赔谈判，根据谈判达成索赔最后处理的一致意见。

如果索赔在发包人和承包商之间未能通过谈判得以解决，可将有争议的问题进一步提交工程师决定。如果一方对工程师的决定不满意，双方可寻求其他友好解决方式，如中间人调解、争议评审团评议等。友好解决无效，一方可将争端提交仲裁或诉讼。

一般合同条件规定争端的解决程序如下：

1）合同的一方就其争端的问题书面通知工程师，并将一份副本提交对方。

2）工程师应在收到有关争端的通知后，在合同规定的时间内作出决定，并通知发包人和承包商。

3）发包人和承包商在收到工程师决定的通知后，均未在合同规定的时间内发出要将该争端提交仲裁的通知，则该决定视为最后决定，对发包人和承包商均有约束力。若一方不执行此决定，另一方可按对方违约提出仲裁通知，并开始仲裁。

4）如果发包人或承包商对工程师的决定不同意，或在要求工程师作决定的书面通知发出后，未在合同规定的时间内得到工程师决定的通知，任何一方可在其后按合同规定的时间内就其所争端的问题向对方提出仲裁意向通知，将一份副本送交工程师。在仲裁开始前应设法友好协商解决双方的争端。

工程项目实施中会发生各种各样、大大小小的索赔、争议等问题，应该强调，合同各方应该争取在最早的时间、最低的层次，尽最大可能以友好协商的方式解决索赔问题，不要轻易提交仲裁。因为对工程争议的仲裁往往是非常复杂的，要花费大量的人力、物力、财力和精力，对工程建设也会带来不利，有时甚至是严重的影响。

3. 索赔证据的收集

索赔证据的收集是关系到索赔成败的重要文件之一，在索赔过程中应注意证据的收集。否则即使抓住了合同履行中的索赔机会，但拿不出索赔证据或证据不充分，则索赔要求往往难以成功或被大打折扣，又或者拿出的证据漏洞百出，前后自相矛盾，经不起对方的推敲和质疑，不仅不能促进自方索赔要求的成功，反而会被对方作为反索赔的证据，使承包商在索赔问题上处于极为不利的地位。因此，收集有效的证据是搞好索赔管理中不可忽视的一部分。

（1）有效索赔证据的特征。有效的索赔证据是顺利成功地解决索赔争端的关键。有效的索赔证据都具有以下几个特征：

1）及时性：即干扰事件已发生，又意识到需要索赔，就应在有效时间内提出索赔意向。在规定的时间内报告事件的发展影响情况，在规定的时间内提交索赔的详细额外费用计算账单，对发包人或工程师提出的疑问及时补充有关材料。如果拖延太久，将增加索赔工作的难度。

2）真实性：索赔证据必须是在实际工程过程中产生，完全反映实际情况，能经得住对方的推敲。使用不实或虚假证据是违反商业道德甚至法律的。

3）全面性：所提供的证据应能说明事件的全过程。索赔报告中所涉及的事件、索赔理由、影响、索赔值等都应有相应的证据，不支离破碎，否则，发包人将退回索赔报告，要求重新补充证据。这会拖延索赔的解决，损害承包商在索赔中的有利地位。

4）法律证明效力：索赔证据必须有法律证明效力，特别对准备递交仲裁的索赔报告更要注意这一点。

① 证据必须是当时的书面文件，一切口头承诺、口头协议无效。

② 合同变更协议必须由双方签署，或以会谈纪要的形式确定，且为规定性决议。一切商讨性、意向性的意见或建议都无效。

③ 工程中的重大事件、特殊情况的记录应由工程师签署认可。

（2）索赔证据的资料来源。索赔的证据主要来源于施工过程中的信息和资料。承包商只有平时经常注意这些信息资料的收集、整理和积累，存档于计算机内，才能在索赔事件发生时，快速地调出真实、准确、全面、有说服力、具有法律效力的索赔证据来。

可以直接或间接作为索赔证据的资料很多，详见表 5-1。

索赔证据资料

表 5-1

施工记录方面	财务记录方面
（1）施工日志	（1）施工进度款支付申请单
（2）施工检查员的报告	（2）工人劳动计时卡
（3）逐月分项施工纪要	（3）工人分布记录
（4）施工工长的日报	（4）材料、设备、配件等的采购单
（5）每日工时记录	（5）工人工资单
（6）同发包人代表的往来信函及文件	（6）付款证据
（7）施工进度及特殊问题的照片或录像	（7）收款证据
（8）会议记录或纪要	（8）标书中财务部分的章节
（9）施工图纸	（9）工地的施工概算
（10）发包人或其代表的电话记录	（10）工地开支报告
（11）投标时的施工进度表	（11）会计日报表
（12）修正后的施工进度表	（12）会计总账
（13）施工质量检查记录	（13）批准的财务报告
（14）施工设备使用记录	（14）会计往来信函及文件
（15）施工材料使用记录	（15）通用货币汇率变化表
（16）气象报告	（16）官方的物价指数、工资指数
（17）验收报告和技术鉴定报告	（17）其他证据

5.5.3 项目索赔值的计算方法

1. 工期索赔计算

工期索赔的目的是取得发包人对于合理延长工期的合法性的确认。

在工期索赔中，首先要确定索赔事件发生对施工活动的影响及引起的变化，其次再分析施工活动变化对总工期的影响。常用的计算工期索赔的方法有如下四种：

（1）网络图分析法

网络图分析法是利用进度计划的网络图，分析其关键线路，如果延误的工作为关键工作，则延误的时间为索赔的工期；如果延误的工作为非关键工作，当该工作由于延误超过时差限制而成为关键工作时，可以索赔延误时间与时差的差值；若该工作延误后仍为非关键工作，则不存在工期索赔的问题。

可以看出，网络图分析法要求承包人切实使用网络技术进行进度控制，才能依据网络计划提出工期索赔。这是一种科学合理的计算方法，容易得到认可，适用于各类工期索赔。

（2）对比分析法

对比分析法比较简单，适用于索赔事件仅影响单位工程或分部分项工程的工期，需由此计算对总工期的影响。计算公式为：

$$总工期索赔 = 原合同总工期 \times \frac{额外或新的工程量价格}{原合同总价} \qquad (5\text{-}1)$$

（3）劳动生产率降低计算法

在索赔事件干扰正常施工导致劳动生产率降低，而使工期拖延时，可按下式计算：

$$索赔工期 = 计划工期 \times \frac{(预期劳动生产率 - 实际劳动生产率)}{预期劳动生产力} \qquad (5\text{-}2)$$

（4）施工过程中，由于恶劣气候、停电、停水及意外风险造成全面停工而导致工期拖延时，可以一一列举各种原因引起的停工天数，累加结果，即可作为索赔天数。应该注意的是，由多项索赔事件引起的总工期索赔，最好用网络图分析法计算索赔工期。

2. 经济索赔计算

（1）经济损失索赔及其费用项目构成

经济损失索赔是施工索赔的主要内容。承包人通过费用损失索赔，要求发包人对索赔事件引起的直接损失和间接损失给予合理的经济补偿。费用项目构成、计算方法与合同报价中基本相同，但具体的费用构成内容却因索赔事件性质不同而有所不同。

（2）经济损失索赔额的计算

1）总费用法和修正的总费用法。总费用法又称总成本法，就是计算出该项工程的总费用，再从这个已实际开支的总费用中减去投标报价时的成本费用，即为要求补偿的索赔费用额。

总费用法并不十分科学，但仍被经常采用，原因是对于某些索赔事件，难于精确地确定它们导致的各项费用增加额。

一般认为在具备以下条件时采用总费用法是合理的：

① 已开支的实际总费用经过审核，认为是比较合理的；

② 承包人的原始报价是比较合理的；

③ 费用的增加是由于对方原因造成的，其中没有承包人管理不善的责任；

④ 由于该项索赔事件的性质和现场记录的不足，难于采用更精确的计算方法。

修正总费用是指对难以用实际总费用进行审核的，可以考虑是否能计算出与索赔事件有关的单项工程的实际总费用和该单项工程的投标报价。若可行，可按其单项工程的实际费用与报价的差值来计算其索赔的金额。

2）分项法。分项法是将索赔的损失费用分项进行计算，其内容如下：

① 人工费索赔。人工费索赔包括额外雇用劳务人员、加班工作、工资上涨、人员闲置和劳动生产率降低的工时所花费的费用。

对于额外雇佣劳务人员和加班工作，用投标时人工单价乘以工时数即可，对于人员闲置费用，发包人通常认为不应计算闲置人员奖金、福利等报酬，所以折扣余数一般为0.75，工资上涨是指由于工程变更，使承包人的大量人力资源的使用从前期推到后期，而后期工资水平上调，因此应得到相应的补偿。

有时监理工程师指令进行计日工，则人工费按计日工表中的人工单价计算。

对于劳动生产率降低导致的人工费索赔，一般有以下两种计算方法：

a. 实际成本和预算成本比较法。这种方法是对受干扰影响工作的实际成本进行比较，索赔其差额。这种方法需要有正确合理的估价体系和详细的施工记录。这样的索赔，只要预算成本和实际成本计算合理，成本的增加确属发包人的原因，其索赔成功的把握性是很大的。

b. 正常施工期与受影响期比较法。这种方法是在承包人的正常施工受到干扰，生产率下降，通过比较正常条件下的生产率和干扰状态下的生产率，得出生产率降低值，以此为基础进行索赔。

② 材料费索赔。材料费索赔主要包括材料消耗量和材料价格的增加而增加的费用。追加额外工作、变更工程性质、改变施工方案等，都可能造成材料用量的增加或使用不同的材料。材料价格增加的原因包括材料价格上涨，手续费增加，运输费用增加可能是运距加长，二次倒运等原因。仓储费增加可能是因为工作延误，使材料储存的时间延长导致费用增加。

材料费索赔需要提供准确的数据和充分的证据。

③ 施工机械费索赔。机械索赔包括增加台班数量、机械闲置或工作效率降低、台班费率上涨等费用。通常有以下两种方法：

a. 采用公布的行业标准的租赁费率。承包人采用租赁费率是基于以下两种考虑：一是如果承包商的自有设备不用于施工，他可将设备出租而获利；二是虽然设备是承包人自有，他却要为该设备的使用支出一笔费用，这费用应与租用某种设备所付出的代价相等。因此在索赔计算中，施工机械的索赔费用的计算表达如下：

$$机械索赔费 = 设备额外增加工时（包括闲置）×设备租赁费率 \qquad (5-3)$$

这种计算，发包人往往会提出不同的意见，他认为承包人不应得到使用租赁费率中所得到的附加利润。因此一般将租赁费率打一折扣。

b. 参考定额标准进行计算。在进行索赔计算中，采用标准定额中的费率或单价是一种能为双方所接受的方法。对于监理工程师指令实施的计日工作，应采用计日工作表中机械设备单价进行计算。对于租赁的设备，均采用租赁费率。在处理设备闲置的单价时，一般都建议对设备标准费率中的不变费用和可变费用分别扣除50%和25%。

④ 现场管理费索赔。现场管理费包括工地的临时设施费、通信费、办公费、现场管理人员和服务人员的工资等。

现场管理费索赔计算的一般公式为：

$$现场管理费索赔值 = 索赔的直接成本费用×现场管理费率 \qquad (5-4)$$

现场管理费率的确定选用下面的方法：

a. 合同百分比法，即管理费比率在合同中规定。

b. 行业平均水平法，即要采用公开认可的行业标准费率。

c. 原始估价法，即采用承包报价时确定的费率。

d. 历史数据法，即采用以往相似工程的管理费率。

⑤ 公司管理费索赔。公司管理费是承包人的上级部门提取的管理费，如公司总部办公楼折旧费，总部职员工资、交通差旅费，通信、广告费等。公司管理费是无法直接计入某具体合同或某项具体工作中，只能按一定比例进行分摊的费用。

公司管理费与现场管理费相比，数额较为固定。一般仅在工程延期和工程范围变更时才允许索赔公司管理费。目前在国外应用得最多的公司管理费索赔的计算方法是埃尺利

（Eichialy）公式。该公式可分为两种形式，一是用于延期索赔计算的日费率分摊法，二是用于工作范围索赔的工程总直接费用分摊法。

a. 日费率分摊法。在延期索赔中采用，计算公式为：

$$\genfrac{}{}{0pt}{}{\text{延期合同应}}{\text{分摊的管理费}(A)} = \frac{\text{延期合同额}}{\text{同期公司所有合同额之和}} \times \text{同期公司总计划管理费} \qquad (5\text{-}5)$$

$$\text{单位时间（日或周）管理费率}(B) = \frac{(A)}{\text{计划合同工期（日或周）}} \qquad (5\text{-}6)$$

$$\text{管理费索赔值}(C) = (B) \times \text{延期时间（日或周）} \qquad (5\text{-}7)$$

b. 总直接费分摊法。在工作范围变更索赔中采用，计算公式为：

$$\text{合同分摊管理费}(A_1) = \frac{\text{被索赔合同原计划直接费}}{\text{同期公司所有合同直接费总和}} \times \text{同期公司计划管理费总和} \qquad (5\text{-}8)$$

$$\text{每元直接费包含管理费率}(B_1) = \frac{A_1}{\text{被索赔合同原计划直接费}} \qquad (5\text{-}9)$$

$$\text{应索赔的公司管理费}(C_1) = (B_1) \times \text{工作范围变更索赔的直接费} \qquad (5\text{-}10)$$

埃尺利（Eichialy）公式最适用的情况是：承包人应首先证明由于索赔事件出现确实引起管理费用的增加。在工程停工期间，确实无其他工程可干；对于工作范围索赔的额外工作的费用不包括管理费，只计算直接成本费。如果停工期间短，时间不长，工程变更的索赔费用中已包括了管理费，埃尺利公式将不再适用。

⑥ 融资成本、利润与机会利润损失的索赔。融资成本又称资金成本，即取得和使用资金所付出的代价，其中最主要的是支付资金供应者利息。

由于承包人只有在索赔事件处理完结以后一段时间内才能得到其索赔费用，所以承包人不得不从银行贷款或以自有资金垫付，这就产生了融资成本问题，主要表现在额外贷款利息的支付和自有资金的机会利润损失，可以索赔利息的有以下两种情况：

a. 发包人推迟支付工程款和保留金，这种金额的利息通常以合同约定的利率计算。

b. 承包人借款或动用自有资金来弥补合法索赔事项所引起的现金流量缺口。在这种情况下，可以参照有关金融机构的利率标准，或者假定把这些资金用于其他工程承包可得到的收益来计算索赔费用，后者实际上是机会利润损失。

利润是完成一定工程量的报酬，因此在工程量增加时可索赔利润。不同的国家和地区对利润的理解和规定不同，有的将利润归入公司管理费中，则不能单独索赔利润。

机会利润损失是由于工程延期或合同终止而使承包人失去承揽其他工程的机会而造成的损失。在某些国家和地区，是可以索赔机会利润损失的。

5.5.4　项目合同反索赔的要点和策略

1. 反索赔的概述

（1）反索赔的意义

反索赔对合同双方有同等重要的意义，主要表现在：

1）减少和防止损失的发生。如果不能进行有效的反索赔，不能推卸自己对干扰事件的合同责任，则必须满足对方的索赔要求，支付赔偿费用，致使己方蒙受损失。由于合同双方利益不一致，索赔和反索赔又是一对矛盾，所以一个索赔成功的案例，常常又是反索赔不成功的案例。

2）避免被动挨打的局面。不能进行有效的反索赔，处于被动挨打的局面，会影响工程管理人员的士气，进而影响整个工程的施工和管理。工程中常常有这种情况，由于不能进行有效的反索赔，自己会处于被动地位，在双方交往时丧失主动权。而许多承包人也常用这个策略，在工程刚开始就抓住时机进行索赔，以打掉对方管理人员的锐气和信心，使他们受到心理上的挫折，这是应该防止的。对于苛刻的对手必须针锋相对，丝毫不让。

3）不能进行有效的反索赔，同样也不能进行有效的索赔。承包人的工作漏洞百出，对对方的索赔无法反击，则无法避免损失的发生，也无力追回损失，索赔的谈判通常有许多回合，由于工程的复杂性，对干扰事件常常双方都有责任，所以索赔中有反索赔，反索赔中又有索赔，形成一种错综复杂的局面。不同时具备攻防本领是不能取胜的。这里不仅要对对方提出的索赔进行反驳，而且要反驳对方对己方索赔的反驳。

所以索赔和反索赔是不可分离的。人们必须同时具备这两个方面的本领。

（2）反索赔的原则

反索赔的原则是，以事实为根据，以合同和法律为准绳，实事求是地认可合理的索赔要求，反驳、拒绝不合理的索赔要求，按合同法原则公平合理地解决索赔问题。

（3）反索赔的主要步骤

在接到对方索赔报告后，就应着手进行分析、反驳。反索赔与索赔有相似的处理过程。通常对对方提出的重大的或总索赔的反驳处理过程，详见图5-2。

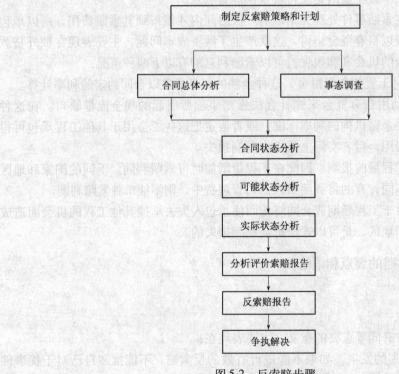

图5-2 反索赔步骤

2. 索赔防范

（1）防止对方提出索赔

在合同实施中进行积极防御，"先为不可胜"（《孙子兵法·形篇》），使自己处于不能被索赔的地位，这是合同管理的主要任务。积极防御通常表现在：防止自己违约，使自己完全按合同办事。但在实际工程中干扰事件常常双方都有责任，许多承包人采取先发制人的策略，首先提出索赔。

（2）反击对方的索赔要求

为了避免和减少损失，必须反击对方的索赔要求。对承包商而言，对方的索赔要求可能来自发包人、总（分）包商、合伙人、供应商等。最常见的反击对方索赔要求的措施有：

1）用己方提出的索赔对抗（平衡）对方的索赔要求，最终双方都作让步，互不支付。

在工程过程中干扰事件的责任常常是双方面的，对方也有违约和失误的行为，也有薄弱的环节，抓住对方的失误，提出索赔，在最终索赔解决中双方都作让步。这是"攻"对"攻"，攻对方的薄弱环节。用索赔对索赔，是常用的反索赔手段。

在国际工程中发包人常常用这个措施对待承包人的索赔要求，如找出工程中的质量问题，承包人管理不善之处加重处罚，以对抗承包人的索赔要求，达到少支付或不付的目的。

2）反驳对方的索赔报告，找出理由和证据，证明对方的索赔报告不符合事实，不符合合同规定，计算不准确，以推卸或减轻自己的赔偿责任，使自己不受或少受损失。

在实际工程中，这两种措施都很重要，常常同时使用，索赔和反索赔同时进行，即索赔报告中既有反索赔，也有索赔。攻守手段并用会达到很好的索赔效果。

3. 索赔反驳

（1）索赔事件的真实性

不真实、不肯定、没有根据或仅出于猜测的事件是不能提出索赔的。事件的真实性可以从两个方面证实：

1）对方索赔报告后面的证据。不管事实如何，只要对方索赔报告上未提出事件经过的有力证据，我方即可要求对方补充证据，或否定索赔要求。

2）我方合同跟踪的结果。从其中寻找对对方不利的，构成否定对方索赔要求的证据。

（2）索赔理由分析

反索赔和索赔一样，要能找到对自己有利的法律条文，推卸自己的合同责任；或找到对对方不利的法律条文，使对方不能推卸或不能完全推卸自己的合同责任。这样可以从根本上否定对方的索赔要求。例如，对方未能在合同规定的索赔有效期内提出索赔，故该索赔无效。

（3）干扰事件责任分析

干扰事件和损失是存在的，但责任不在我方。通常有：

1）责任在于索赔者自己，由于他疏忽大意、管理不善造成损失，或在干扰事件发生后未采取有效措施降低损失等，或未遵守监理工程师的指令、通知等。

2）干扰事件是其他方面引起的，不应由我方赔偿。

3）合同双方都有责任，则应按各自的责任分担损失。

（4）干扰事件的影响分析

分析索赔事件和影响之间是否存在因果关系。可通过网络计划分析和施工状态分析两方面得到其影响范围。如在某工程中，总承包人负责的某种安装设备配件未能及时运到工地，使分包人安装工程受到干扰而拖延，但拖延天数在该工程活动的时差范围内，不影响工期。且总包已事先通知分包，而施工计划又允许人力作调整，则不能对工期和劳动力损失作出索赔。

（5）证据分析

1）证据不足，即证据还不足以证明干扰事件的真相、全过程或证明事件的影响，需要重新补充。

2）证据不当，即证据与本索赔事件无关或关系不大。证据的法律证明效力不足，使索赔不能成立。

3）片面的证据，即索赔者仅出具对自己有利的证据，如合同双方在合同实施过程中，对某问题进行过两次会谈，做过两次不同决议，则按合同变更次序，第二次决议（备忘录或会谈纪要）的法律效力应优先于第一次决议。如果在该问题相关的索赔报告中仅出具第一次会谈纪要作为双方决议的证据，则它是片面的、不完全的，片面的证据，索赔是不成立的。

4）尽管对某一具体问题合同双方有过书面协商，但未达成一致，或未最终确定，或未签署附加协议，则这些书面协商无法律约束力，不能作为证据。

（6）索赔值审核

如果经过上面的各种分析、评价仍不能从根本上否定该索赔要求，则必须对最终认可的合情合理合法的索赔要求进行认真细致的索赔值审核。因为索赔值的审核工作量大，涉及资料多，过程复杂，要花费许多时间和精力，这里还包含许多技术性工作。

实质上，经过我方在事态调查和收集、整理工程资料的基础上进行合同状态、可能状态、实际状态分析，已经很清楚地得到对方有理由提出的索赔值，按干扰事件和各费用项目整理，即可对对方的索赔值计算进行对比、审查与分析，双方不一致的地方也一目了然。对比分析的重点在于：

1）各数据的准确性。

对索赔报告中所涉及的各个计算基础数据都必须作审查、核对，以找出其中的错误和不恰当的地方。例如：工程量增加或附加工程的实际量方结果；工地上劳动力、管理人员、材料、机械设备的实际使用量；支出凭据上的各种费用支出；各个项目的"计划—实际"量差分析；索赔报告中所引用的单价；各种价格指数等。

2）计算方法的合情合理合法性。

尽管通常都用分项法计算，但不同的计算方法对计算结果影响很大。在实际工程中，这方面争执常常很大，对于重大的索赔，须经过双方协商谈判才能对计算方法达到一致。例如：公司管理费的分摊方法；工期拖延的计算方法；双方都有责任的干扰事件，如何按责任大小分摊损失。

5.6 钢结构工程项目合同终止与评价

5.6.1 项目合同终止

1. 合同终止的基本概念

工程项目合同终止是指在工程项目建设过程中，承包商按照施工承包合同约定的责任范围完成了施工任务，圆满地通过竣工验收，并与业主办理竣工结算手续，将所施工的工程移交给业主使用和照管，业主按照合同约定完成工程款支付工作后，合同效力及作用的结束。

2. 合同终止的条件

合同终止的条件，通常有以下几种：

（1）满足合同竣工验收条件。竣工交付使用的工程必须符合下列基本条件：

1）完成建设工程设计和合同约定的各项内容。

2）有完整的技术档案和施工管理资料。

3）有工程使用的主要建筑材料，建筑构配件和设备的进场试验报告。

4）有勘察、设计、施工、工程监理等单位分别签署的质量合格文件。

5）有施工单位签署的工程保修书。

（2）已完成竣工结算。

（3）工程款全部回收到位。

（4）按合同约定签订保修合同并扣留相应工程尾款。

3. 竣工结算

竣工结算是指承包商完成合同内工程的施工并通过了交工验收后，所提交的竣工结算书经过业主和监理工程师审查签证，然后由银行办理拨付工程价款的手续。

（1）竣工结算程序

1）承包人递交竣工结算报告。工程竣工验收报告经发包人认可后，承发包双方应当按协议书约定的合同价款及专用条款约定的合同价款调整方式，进行工程竣工结算。

工程竣工验收报告经发包人认可后28d，承包人向发包人递交竣工结算报告及完整的结算资料。

2）发包人的核实和支付。发包人自收到竣工结算报告及结算资料后28d内进行核实，给予确认或提出修改意见。发包人认可竣工结算报告后，及时办理竣工结算价款的支付手续。

3）移交工程。承包人收到竣工结算价款后14d内将竣工工程交付发包人，施工合同即告终止。

（2）合同价款的结算

1）工程款结算方式。合同双方应明确工程款的结算方式是按月结算、按形象进度结算，还是竣工后一次性结算。

①按月结算。这是国内外常见的一种工程款支付方式，一般在每个月末，承包人提交已完工程量报告，经工程师审查确认，签发月度付款证书后，由发包人按合同约定的时间支付工程款。

② 按形象进度结算。这是国内一种常见的工程款支付方式，实际上是按工程形象进度分段结算。当承包人完成合同约定的工程形象进度时，承包人提交已完工程量报告，经工程师审查确认，签发付款证书后，由发包人按合同约定的时间付款。如专用条款中可约定：当承包人完成基础工程施工时，发包人支付合同价款的 20%，完成主体结构工程施工时，支付合同价款的 50%，完成装饰工程施工时，支付合同价款的 15%，工程竣工验收通过后，再支付合同价款的 10%，其余 5% 作为工程保修金，在保修期满后返还给承包人。

③ 竣工后一次性结算。当工程项目工期较短、合同价格较低时，可采用工程价款每月月中预支、竣工后一次性结算的方法。

④ 其他结算方式。合同双方可在专用条款中约定经开户银行同意的其他结算方式。

2）工程款的动态结算。我国现行的结算基本上是按照设计预算价值，以预算定额单价和各地方定额站不定期公布的调价文件为依据进行的。在结算中，对通货膨胀等因素考虑不足。

实行动态结算，要按照协议条款约定的合同价款，在结算时考虑工程造价管理部门规定的价格指数，即要考虑资金的时间价值，使结算大体能反映实际的消耗费用。常用的动态结算方法有：

① 实际价格结算法：对钢材、木材、水泥三大材的价格，有些地区采取按实际价格结算的办法，施工承包单位可凭发票据实报销。此法方便而准确，但不利于施工承包单位降低成本。因此，地方基建主管部门通常要定期公布最高结算限价。

② 调价文件结算法：施工承包单位按当时的预算价格承包，在合同工期内，按照造价管理部门调价文件的规定，进行抽料补差（在同一价格期内，按所完成的材料用量乘以价差）。有的地方定期（通常是半年）发布一次主要材料供应价格和管理价格，对这一时期的工程进行抽料补差。

③ 调值公式法：调值公式法又称动态结算公式法。根据国际惯例，对建设项目已完投资费用的结算，一般采用此法。在一般情况下，承包双方在签订合同时，就规定了明确的调值公式。

3）工程款支付的程序和责任。在计量结果确认后 14 天内，发包人应向承包人支付工程款。同期用于工程的发包人供应的材料设备价款，以及按约定时间发包人应扣回的预付款，与工程款同期结算。合同价款调整、设计变更调整的合同价款及追加的合同价款、发包人或工程师同意确认的工程索赔款等，也应与工程款同期调整支付。

发包人超过约定的支付时间不支付工程款，承包人可向发包人发出要求付款的通知，发包人收到承包人通知后仍不能按要求付款，可与承包人协商签订延期付款协议，经承包人同意后可延期支付。协议应明确延期支付的时间和从计量结果确认后第 15 天起计算应付款的贷款利息。发包人不按合同约定支付工程款，双方又未达成延期付款协议，导致施工无法进行，承包人可停止施工，由发包人承担违约责任。

5.6.2 项目合同评价

1. 合同评价

合同评价是指在合同实施结束后，将合同签订和执行过程中的利弊得失、经验教训总结出来，提出分析报告，作为以后工程合同管理借鉴。

2. 合同签订情况评价

项目在正式签订合同前，所进行的工作都属于签约管理，签约管理质量直接制约着合同的执行过程，因此，签约管理是合同管理的重中之重。评价项目合同签订情况时，主要参照以下几个方面：

（1）招标前，对发包人和建设项目是否进行了调查和分析，是否清楚、准确。例如，施工所需的资金是否已经落实，工程的资金状况直接影响后期工程款的回收；施工条件是否已经具备、初步设计及概算是否已经批准等等，直接影响后期工程施工进度。

（2）投标时，是否依据公司整体实力及实际市场状况进行报价，对项目的成本控制及利润收益有明确的目标，心中有数，不至于中标后难以控制费用支出，为避免亏本而骑虎难下。

（3）中标后，即使使用标准合同文本，也要逐条与发包人进行谈判，既要通过有效的谈判技巧争取较为宽松的合同条件，又要避免合同条款不明确，造成施工过程中的争议，使索赔工作难以实现。

（4）做好资料管理工作，签约过程中的所有资料都应经过严格的审阅、分类、归档，因为前期资料既是后期施工的依据，也是后期索赔工作的重要依据。

3. 合同执行情况评价

在合同实施过程中，应当严格按照施工合同的规定，履行自己的职责，通过一定有序的施工管理工作对合同进行控制管理，评价控制管理工作的优劣主要是评价施工过程中工期目标、质量目标、成本目标完成的情况和特点。

（1）工期目标评价。主要评价合同工期履约情况和各单位（单项）工程进度计划执行情况；核实单项工程实际开、竣工日期，计算合同建设工期和实际建设工期的变化率；分析施工进度提前或拖后的原因。

（2）质量目标评价。主要评价单位工程的合格率、优良率和综合质量情况。

1）计算实际工程质量的合格品率、实际工程质量的优良品率等指标，将实际工程质量指标与合同文件中规定的、或设计规定的、或其他同类工程的质量状况进行比较，分析变化的原因。

2）评价设备质量。分析设备及其安装工程质量能否保证投产后正常生产的需要。

3）计算和分析工程质量事故的经济损失，包括计算返工损失率、因质量事故拖延建设工期所造成的实际损失，以及分析无法补救的工程质量事故对项目投产后投资效益的影响程度。

4）工程安全情况评价。分析有无重大安全事故发生，分析其原因和所带来的实际影响。

4. 成本目标评价

主要评价物资消耗、工时定额、设备折旧、管理费等计划与实际支出的情况，评价项目成本控制方法是否科学合理，分析实际成本高于或低于目标成本的原因。

（1）主要实物工程量的变化及其范围。

（2）主要材料消耗的变化情况，分析造成超耗的原因。

（3）各项工时定额和管理费用标准是否符合有关规定。

5. 合同管理工作评价

合同管理工作评价是对合同管理本身，如工作职能、程序、工作成果的评价，主要内容包括：

（1）合同管理工作对工程项目的总体贡献或影响。

（2）合同分析的准确程度。

（3）在投标报价和工程实施中，合同管理子系统与其他职能的协调中的问题，需要改进的地方。

（4）索赔处理和纠纷处理的经验教训等。

6. 合同条款评价

是对本项目有重大影响的合同条款进行评价，主要内容包括：

（1）本合同的具体条款，特别对本工程有重大影响的合同条款的表达和执行利弊得失。

（2）本合同签订和执行过程中所遇到的特殊问题的分析结果。

（3）对具体的合同条款如何表达更为有利等。

6 钢结构工程项目采购管理

6.1 钢结构工程项目采购管理概述

6.1.1 项目采购的定义

项目采购的含义不同于一般概念上的商品购买，它包含着以不同的方式通过努力从系统外部获得货物、工程和服务的整个采办过程。因此，世界银行贷款中的采购不仅包括采购货物，而且还包括雇佣承包商来实施工程和聘用咨询专家来从事咨询服务。

6.1.2 项目采购的原则与方式

1. 项目采购的原则

（1）经济性和效率性。项目采购的实施，包括所需货物和钢结构工程的采购，需要讲求经济性和效率性。

采购是项目实施或执行阶段的关键环节和主要内容，所以这里对项目采购的经济和效率性特别予以强调。而货物（包括设备）和钢结构工程这两项采购额，按世界银行的统计，大约占其总支付额的90%，其中货物约占70%，材料约占20%，服务约占10%。采购要在经济上有效，也就是说，所采购的工程、货物、服务应具有优良的质量，以及在合理的、较短的时间内完成采购，以满足项目工期的要求。

（2）均等的竞争机会。世界银行作为一个国际合作性机构，愿意给予所有来自发达国家和发展中国家的合格投标人一个竞争的机会，以提供银行贷款项目所需的货物和钢结构工程及咨询服务。

要在采购中给予合格竞争者均等的机会，就是要使所有来自世界银行合格货源国，即世界银行成员国和瑞士的公司都可以参加世界银行贷款项目的资格预审、投标、报价；所提供的货物、服务和与之相关的配套服务也必须来源于合格货源国；所有来自合格货源国的厂商的资格预审申请、投标文件和报价都必须受到公正对待。但是，新《世界银行借款人使用咨询专家的指南》（以下简称《指南》）对合格国家又有新的规定：一个会员国的公司或在一个会员国制造的货物，如果属于下列情况，则可以被排除在外：第一，如果根据法律或官方规定，借款国禁止与该国的商业往来，但前提是要使银行满意地认为该排除不会妨碍在采购所需货物或土建工程时的有效竞争；第二，为相应联合国安理会根据联合国宪章第七章作出的决议，借款国禁止从该国进口任何货物或该国的个人或实体进行任何付款。

（3）促进借款国承包业和制造业的发展。世界银行作为一个国际开发机构，愿意促进借款国的承包业和制造业的发展。

鼓励借款国厂商单独或与外国合格厂商联合、合作。借款国可以通过世行规定的评标中的优惠政策，赢得更多的中标机会，以促进本国经济的发展。规定符合以下条件的借款国厂商可以受到评标中的国内优惠。

设备评标的国内优惠。1995年开始实行的这种评标优惠，将原《指南》的条件作了一定程度的提高，即：在国际竞争性招标的前提下，对于提供在借款国内生产的货物的投标，只要其生产成本至少有相当于30%出厂价的金额是在借款国内构成的（原为20%），就可以在评标过程中享受15%的国内优惠。

（4）透明度。强调采购过程中的透明度的重要性，这是在以前的《指南》中指出的经济有效、机会平等和发展国内产业的三项原则上，新近加上的一条重要的要求。虽然以前的《指南》也强调了透明的公共采购过程，但如今的着重强调更有利于提高采购过程的客观性，也是对《指南》第二章中的国际竞争性招标（ICB）的各项要求的一种支持。一些新增条款，都是增加透明度的具体措施。

2. 项目采购的方式

（1）公开招标。公开招标采购是指招标机关或其委托的代理机构（统称招标人）以招标公告的方式邀请不特定的供应商（统称投标人）参加投标的采购方式。公开招标是项目采购的主要采购方式。

（2）邀请招标。邀请招标采购是指招标人以投标邀请书的方式邀请规定人数以上的供应商参加投标的采购方式。通常情况下，邀请招标需要具备一定的条件：首先，具有特殊性，只能从有限范围的供应商处采购的；其次，采用公开招标方式的费用占政府采购项目总价值的比例过大的。

（3）竞争性谈判。竞争性谈判采购是指采购机关直接邀请规定人数（政府采购法规定3人）以上的供应商就采购事宜进行谈判的采购方式。例如，《中华人民共和国政府采购法》规定符合下列情形之一的货物或服务，可以采用竞争性谈判方式进行采购：

1）招标后没有供应商投标或者没有合格标的或者重新招标未能成立的。

2）技术复杂或者性质特殊，不能确定详细规格或者具体要求的。

3）采用招标方式所需时间不能满足用户紧急需要的。

4）不能事先计算出价格总额的。

（4）单一来源采购。单一来源采购是指采购机关向供应商直接购买的采购方式。例如，《中华人民共和国政府采购法》规定符合下列情形之一的货物或服务，可以采用单一来源方式进行采购：

1）只能从唯一供应商处采购的。

2）发生了不可预见的紧急情况不能从其他供应商处采购的。

3）必须保证原有采购项目一致性或者服务配套的要求，需要继续从原供应商处添购，且添购资金总额不超过原合同采购金额10%的。

（5）询价采购。询价采购是指对特定数量（政府采购规定3家以上）的供应商提供的报价进行比较，以确保价格具有竞争性的采购方式。《中华人民共和国政府采购法》规定：对于货物规格、标准统一，现货货源充足，且价格变化幅度小的政府采购项目，可以采用询价采购方式。

因此，公开招标为项目采购的首选方式，也是最为主要的采购方式。

（6）其他采购方式。在世界银行贷款项目的采购中，除采用招标采购方式之外，还可根据项目需要采用其他非招标采购方式，通常采用的此类方式有：国际或国内询价采购、直接采购、自营工程等。以下对这几种采购方式分别予以介绍。

1）国际和国内询价采购。国际询价采购和国内询价采购也称之为"货比三家"，是在比较几家国内外厂家（通常至少 3 家）报价的基础上进行的采购，这种方式只适用于采购现货或价值较小的标准规格设备，或者适用于小型、简单的工程。

询价采购不需正式的招标文件，只需向有关的运货厂家发出询价单，让其报价，然后在各家报价的基础上进行比较，最后确定并签订合同。

在贷款协定中，通常对国际或国内采购的范围，总金额及单项货物或服务的金额等，都作了明确的规定。国际或国内询价采购方式的确定是根据项目采购的内容、合同金额（通常单个合同在 20 万美元以下，累计合同金额不超过 500 万美元）的大小，即询价采购的金额占贷款采购量的比例等考虑因素而确定的。

在具体实施过程中，应按照贷款协定中写明的限额和有关规定执行，如果有必要突破，要及时向世界银行通报情况，以争取修改协定和原写明的限额；若自行改变，世界银行将视为"采购失误"而不予支付。

国际或国内询价采购的有关资料是否送世界银行审查，要根据贷款协定的规定。

2）直接采购或称直接签订合同。不通过竞争的直接签订合同的方式，可以适用于下述情况：

① 对于已按照世界银行同意的程序授标并签约，而且正在实施中的工程或货物合同，在需要增加类似的工程量或货物量的情况下，可通过这种方式延续合同。

② 考虑与现有设备配套的设备或设备的标准化方面的一致性，可采用此方式向原来的供货厂家增购货物。在这种情况下，原合同货物应是适应要求的；增加购买的数量应少于现有货物的数量，价格应当合理。

③ 所需设备具有专营性，只能从一家厂商购买。

④ 负责工艺设计的承包人要求从指定的一家厂商购买关键的部件，以此作为保证达到设计性能或质量的条件。

⑤ 在一些特殊情况下，如抵御自然灾害，或需要早日交货，可采用直接签订合同方式进行采购，以免由于延误而花费更多。此外，在采用了竞争性招标方式而未能找到一家承包人或供货商能够以合理价格来承担所需工程或提供货物的特殊情况下，也可以采用直接签订合同方式来洽谈合同，但是要经世界银行同意。

3）自营工程。这是土建工程中采用的一种采购方式。它是指借款人或项目业主不通过招标或其他采购方式而直接使用自己国内、省（区）内的施工队伍来承建的土建工程。自营工程用于下列情况：

① 工程量的多少事先无法确定。

② 工程的规模小而分散，或所处地点比较偏远，使承包商要承担过高的动员调遣费用。

③ 必须在不干扰正在进行中的作业的情况下进行施工，并完成工程。

④ 没有一个承包商感兴趣的工程。

⑤ 如果工程不可避免地要出现中断，在此情况下，其风险由借款人或项目业主承担，比由承包人承担要更为妥当。

6.1.3 项目采购的程序

采购工作开始于项目选定阶段，并贯穿于整个项目周期。项目采购与项目周期需要相互协调。在实际执行时，项目采购与项目周期两者之间的进度配合并不一定都能与理想的情况完全协调一致，为了尽量保持项目采购与项目周期两者之间的协调一致，在项目准备与预评估阶段尽快确定采购方式、合同标段划分等，尽早编制资格预审文件、进行资格预审、编制招标文件等，做到在项目评估结束、贷款生效之前，完成招标、评标工作。一旦贷款生效，即可签订合同。这样既加快了采购进度，也提高了资金的效益。项目周期与采购程序之间的关系如图6-1所示。

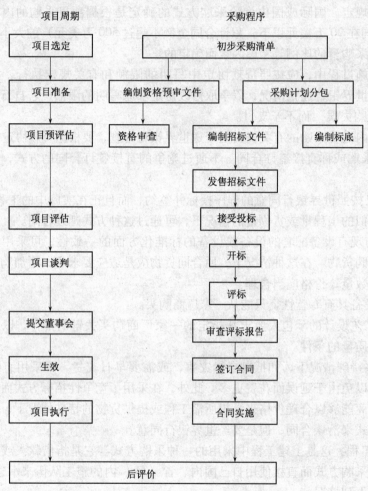

图6-1 项目周期与采购程序之间的关系

6.2 钢结构工程项目采购计划

6.2.1 项目采购计划基础知识

1. 项目采购计划的概念

采购计划是根据市场需求、企业的生产能力和采购环境容量等确定采购的时间、采购的数量以及如何采购的作业。项目采购计划是建筑企业年度计划与目标的一部分。而制订

56

项目采购计划是整个采购管理工作的第一步。

施工企业制订项目采购计划主要是为了指导采购部门的实际采购工作，保证产销活动的正常进行和企业的经营效益。因此，一项合理、完善的采购计划应达到以下目的：

（1）避免物料储存过多，积压资金。库存实质上是一种闲置资源，不仅不会在生产经营中创造价值，反而还会因占用资金而增加产品的成本。也正因为如此，准时生产（JIT）和零库存管理成为一种先进的生产运作和管理模式。在企业的总资产中，库存资产一般要占到20%～40%。物料储存过多会造成大量资金的积压，影响到资金的正常周转，同时还会增加市场风险，给企业经营带来负面影响。

（2）预估物料或商品需用的时间和数量，保证连续供应。在企业的生产活动中，生产所需的物料必须能够在需要的时候可以获得，而且能够满足需要。因此，采购计划必须根据企业的生产计划、采购环境等估算物流需用的时间和数量，在恰当的时候进行采购，保证生产的连续进行。

（3）使项目采购部门事先准备，选择有利时机购入物料。在瞬息万变的市场上，要抓住有利的采购时机并不容易，只有事先制定完善、可行的采购计划，才能使项目采购人员做好充分的采购准备，在适当的时候购入物料，而不至于临时抱佛脚。

（4）确立物料耗用标准，以便管制物料采购数量以及成本。通过以往经验及对市场的预测，采购计划能够较准确地确立所要物料的规格、数量、价格等标准，这样可以对采购成本、采购数量和质量进行控制。

（5）配合企业生产计划与资金调度。项目采购活动与建筑企业生产活动是紧密关联的，是直接服务于生产活动的。因此，项目采购计划一般要依据生产计划来制订，确保采购适当的物料满足生产的需要。

2. 项目采购计划编制依据

项目采购计划的编制依据如下：

（1）项目合同。

（2）设计文件。

（3）采购管理制度。

（4）项目管理实施规划（含进度计划）。

（5）工程材料需求或备料计划。

3. 项目采购计划的内容

产品的采购应按计划内容实施，在品种、规格、数量、交货时间、地点等方面应与项目计划相一致，以满足项目需要。项目采购计划应包括以下内容：

（1）项目采购工作范围、内容及管理要求。

（2）项目采购信息，包括产品或服务的数量、技术标准和质量要求。

（3）检验方式和标准。

（4）供应方资质审查要求。

（5）项目采购控制目标及措施。

6.2.2 项目采购需求分析

研究项目采购需求是整个采购运作的第一步，也是进行其他采购工作的基础。因此，采购需求分析的目的就是要弄清楚需要采购什么、采购多少的问题。采购管理人员应当分析需求的变化规律，根据需求变化规律，主动地满足施工工地需要。即不需施工队长自己申报，项目采购管理部门就能知道施工现场什么时候需要什么品种、需要多少，因而可以主动地制定采购计划。

作为采购工作第一步的需求分析是制订订货计划的基础和前提，只要企业知道所需的物资数量，就可能适时适量地进行物资供应。

6.2.3 项目采购计划的编制

1. 项目采购计划编制的目的

编制采购计划是整个采购管理进行运作的第一步，采购计划制订得是否合理、完善，直接关系到整个项目采购运作的成败。

项目采购计划是根据市场需求、建筑企业的生产能力和采购环境容量等确定采购的时间、采购的数量以及如何采购的作业。

一般建筑企业制订采购计划主要是为了指导采购部门的实际采购工作，保证施工活动的正常进行和企业的经营效益。因此，一项合理、完善的采购计划应达到以下目的：

（1）预计材料需用时间与数量，防止供应中断，影响产销活动。

（2）避免材料储存过多，积压资金，以及占用存放的空间。

（3）配合企业生产计划与资金调度。

（4）使采购部门事先准备，选择有利时机购入材料。

（5）确立材料耗用标准，以便管制材料采购数量及成本。

项目采购计划的目的要与企业的经营方针、经营目标、发展计划、利益计划等相符合，见表6-1。

项目采购计划的主要内容　　　　　　　　　　　　　　　　　　表 6-1

部　　　分	目　　　的
计划概要	对拟定的采购计划予以扼要的综述，便于管理部门快速浏览
目前采购状况	提供有关物料、市场、竞争以及宏观环境的相关背景资料
机会与问题分析	确定机会、优势、劣势和采购面临的主要问题
计划目标	确定计划在采购成本、市场份额和利润等领域所完成的目标
采购战略	提供用于实现计划目标的主要手段
行动方案	谁去做？什么时候去做？费用多少
控制	指明如何监控计划

2. 编制项目采购计划

（1）如何制订合理、完善的采购计划

市场的瞬息万变、采购过程的繁杂，采购部门要制订一份合理、完善、有效指导采购管理工作的采购计划并不容易。采购计划好比采购管理这盘棋的一颗重要棋子，采购计划做好了，采购管理就十有八九会成功。但如果这一颗棋子走错了，可能导致满盘皆输。因此，采购部门应对采购计划工作给予高度的重视，它不仅要拥有一批经验丰富、具有战略眼光的采购计划人员，还必须抓住关键的两点：知己知彼，群策群力。

1）广开言路，群策群力。许多采购单位在制订采购计划时，常常仅由采购经理来制订，没有相关部门和基层采购人员的智慧支持，而且缺乏采购人员的普遍共识，致使采购计划因不够完善而影响采购运作的顺利进行。因此，在编制采购计划时，不应把采购计划作为一家的事情，应当广泛听取各部门的意见，吸收采纳其合理和正确的意见和建议。在计划草拟成文之后，还需要反复征询各方意见，以使采购计划真正切入企业的实际，适应市场变化。

2）认真分析企业自身情况。在做采购计划之前，必须要充分分析企业自身实际情况，如企业在行业中的地位、现有供应商的情况、生产能力等等，尤其要把握企业长远发展计划和发展战略。企业发展战略反映着企业的发展方向和宏观目标，采购计划如果没有贯彻、落实企业的发展战略，可能导致采购管理与企业的发展战略不相协调甚至冲突，造成企业发展中的"南辕北辙"，而且脱离企业发展战略的采购计划，就如同无根浮萍，既缺乏根据，又可能使采购部门丧失方向感。因此，只有充分了解了企业自身的情况，制订出的采购计划才最可能是切实可行的。

3）进行充分的市场调查，收集翔实的信息。在制订采购计划时，应对企业所面临的市场进行认真地调研，调研的内容应包括经济发展形势、与采购有关的政策法规、行业发展状况、竞争对手的采购策略以及供应商的情况等。否则，制订的计划无论理论上多合理，都可能经不起市场的考验，要么过于保守造成市场机会的丧失和企业可利用资源的巨大浪费，要么过于激进导致计划不切实际，无法实现而成为一纸空文。

（2）编制和执行采购计划时注意的问题

采购计划是指项目中整个采购工作的总体安排。采购计划包括项目或分项采购任务的采购方式、时间安排、相互衔接以及组织管理协调安排等内容。

1）在制订采购计划时，要把货物、工程和咨询服务分开。编制采购计划时应注意的问题有：

① 采购设备、工程或服务的规模和数量，以及具体的技术规范与规格，使用性能要求。

② 采购时分几个阶段或步骤，哪些安排在前面，哪些安排在后面，要有先后顺序，且要对每批货物或工程从准备到交货或竣工需要多长时间作出安排；一般应以重要的控制日期作为里程碑式的横道图或类似图表，如开标、签约日、开工日、交货日、竣工日等，并应定期予以修正。

③ 货物和工程采购中的衔接。

④ 如何进行分包/分段，分几个包/合同段，每个包/合同段中含哪些具体工程或货物品目。对一个规模大、复杂、工期有限的项目，准备阶段一定要慎重研究并将整个项目划分成几个合理的合同段，分别招标和签订合同。在招标时对同时投两个标的标价要求提出一个折减百分比，可以节省筹备费（调遣费、临时工程费），也使同时对这一项目投几个标的公司中标的机会加大，对业主的花费（付出的总标价）较少，双方都有利。

如，我国南方某水电站，将输水洞单独进行国际竞争性招标；京津塘高速公路将全线公路和中小桥分成三个合同段招标，高架桥为一个合同段，全线交通工程设施为一个合同段，共分五个合同招标。这样既便于使承包商可以同时投几个标，增加夺标的机会，也便于使不同内容的标的可以根据需要在不同的时间招标。目前，国内建设项目业主，为了使更多的施工单位得到工程，倾向于把标段划分得偏小，但是世界银行要考虑对国际大承包商的投标商的吸引力，总是倾向于把合同规模划分得大些，这就需要在具体项目上具体分析和商定，即做项目采购计划时应注意分包与分段的问题。

⑤ 采购工作如何进行组织协调等。采购工作时间长、敏感性强、支付量大、涉及面广，比如工程采购中业主的征地拆迁工作，配套资金的到位等都与各级政府部门关系密切；与设计部门、监理部门的协调工作，合同管理工作，也占很大比重。组织协调工作的好坏，对项目的实施有很大影响。

2）实际工作中应该注意的有关事项：

① 为更好地组织好采购工作，要建立强有力的管理机构，并保持领导班子的稳定性和连续性。切实加强领导，保证项目采购工作的顺利进行。

② 要根据市场结构、供货能力或施工力量，以及潜在的竞争性来确定采购批量安排、打捆分包及合同段划分。工程合同在采用 ICB 方式招标时，规模过小则不利于吸引国际上实力雄厚的承包商和供货商投标，合同太多、太小也不便于施工监理和合同管理。

③ 在确定采购时间表时，要根据项目实施安排，权衡贷款成本，采购过早、提前用款，要支付利息；过迟会影响项目执行。因此，项目采购部门及采购人员要权衡利弊，作出统筹安排。

3）及早做好采购准备工作。根据采购周期以及项目周期和招标采购安排的要求，一般来说，在采购计划制订完毕之后，下一步要做的工作就是编制招标文件（包括在此之前的资格预审文件），进入正式采购阶段。通常，最理想的安排是，在项目准备和评估阶段就要开始准备招标文件，同时进行资格预审，到贷款协议生效之前，就完成开标、评标工作，待协议一生效就可以正式签订合同。这样做可以避免因采购前期准备工作不充分，而影响采购工作如期进行。世界银行曾指出，采购进度的快慢主要取决于项目前期准备阶段采购计划和合同的详细程度。同时，尽早编写招标文件，也对采购进度有相当大的促进作用。

4）选择合适的采购代理机构。采购代理机构的选择要根据项目采购的内容、采购方式以及国家的有关规定来确定。通常，属于国际竞争性招标的，要选择国家批准的有国际招标资格的公司承担。对属于询价采购、国内竞争性招标、直接采购的，要视情况而定，可以选择国际招标公司，也可以选择外贸公司作为代理，还可以由项目单位自行组织采购。

在世界银行项目中选择采购代理机构，既是国家有关部门的明文规定，也是我国现行体制决定的，在绝大多数项目中，业主往往只是接触自己一个项目，几乎所有的工作都是从头开始，而采购代理机构则介入了许多项目，对世界银行各方面的规定和程序都有深刻的了解，实践证明，业主完全可以借此加快项目进度，并避免产生不必要的错误。

项目单位在选择和确定采购代理机构时，要认真评比选择那些人员素质高、内部管理严密、服务态度好的，真正能够为项目单位工作和服务的代理机构，要签订明确的代理或委托协议书，规定双方的权利和义务。代理公司的确定最好能够在项目准备阶段确定，最迟也应在评估之前完成，以便能让代理公司尽早参与项目采购准备工作，同时项目单位还可以得到一些必要的帮助，以便共同完成采购工作。

6.3 钢结构工程项目采购控制

6.3.1 项目采购计价

1. 项目采购单价计价

（1）单价计价适用条件

单价计价适用条件是：当准备发包的项目的内容一时不能确定，或设计深度不够（如初步设计）时，工程内容或工程量可能出入较大，则采用单价计价形式为宜。

（2）单价计价分类

1）单价与包干混合式计价类型。采用单价与包干混合式计价类型时，以单价计价类型为基础，但对其中某些不易计算工程量的分项工程（如施工导流、小型设备购置与安装调试）采用包干办法，而对能用某种单位计算工程量的条目，则采用单价方式。

2）纯单价计价类型。当设计单位还来不及提供设计图纸，或在虽有设计图纸但由于某些原因不能比较准确地计算工程量时，宜采用纯单价计价类型。文件只向投标人给出各分项工程内的工作项目一览表、工程范围及必要的说明，而不提供工程量，承包商只要给出表中各项目的单价即可，将来施工时按实际净工程量计算。

3）估计工程量单价计价类型。采用估计工程量单价计价类型时，业主在准备此类计价类型的文件时，委托咨询单位按分部分项工程列出工程量表及估算的工程量，承包商投标时在工程量表中填入各项的单价，据之计算出计价类型总价作为投标报价之用。

有些计价类型规定，当某一分项（条目）的实际净工程量与文件规定的工程量相差一定百分比（如±25%）时，根据计价类型规定调整单价。单价调整的基本原则是：调整前后保持管理费和利润总和不变。这种形式对双方风险都不大，因此是比较常见的一种形式。

（3）价款支付

对于采用包干报价的项目，一般在计价类型条件中规定，在开工后数周内，由承包商向工程师递交一份包干项目分析表，在分析表中将包干项目分解为若干子项，列出每个子项的合理价格。该分析表经工程师批准后即可作为包干项目实施时支付的依据。对于单价报价项目，按月支付。

2. 项目采购总价计价

（1）总价计价分类

1）固定总价计价类型。

采用固定总价计价类型时，承包商的报价以准确的设计图纸及计算为基础，并考虑一些费用的上升因素。如果图纸及工程要求不变动，则总价固定；如果施工中图纸或工程质量要求发生变化，或工期要求提前，则总价应作相应的调整。采用这种计价类型，承包商将承担全部风险，将为许多不可预见的因素付出代价，因此报价较高。

这种计价类型适用于工期较短（一般不超过1年）、对项目要求十分明确的项目。

2）固定工程量总价计价类型。

采用固定工程量总价计价类型时，业主要求投标人在投标时分别填报分项工程单价，并按照工程量清单提供的工程量计算出工程总价。原定项目全部完成后，根据计价类型总价付款给承包商。

如果改变设计或增加新项目，则用计价类型中已确定的费率计算新增工程量那部分价款，并调整总价。这种方式适用于工程量变化不大的项目。

（2）总价计价类型适用条件

采用总价计价类型时，要求投标人按照文件的要求报一个总价，据之完成文件中所规定的全部项目。对业主而言，采用总价计价类型比较简便，评标时易于确定报价最低的承包商，业主按计价类型规定的方式分阶段付款，在施工过程中可集中精力控制工程质量和进度。但采用这种计价类型时，一般应满足下列三个条件：

1）必须详细而全面地准备好设计图纸（一般要求施工详图）和各项说明，以便投标人能准确地计算工程量。

2）工程风险不大，技术不太复杂，工程量不太大，工期不太长，一般在2年以内。

3）在计价类型条件允许范围内，向承包商提供各种方便。

（3）管理费总价计价类型

业主雇用某一公司的管理专家对发包计价类型的项目进行施工管理和协调，由业主付给一笔总的管理费用。采用这种计价类型时要明确具体工作范畴。

3. 项目采购成本补偿计价

（1）成本补偿计价分类

1）成本加固定费用计价类型。采用成本加固定费用计价类型时，根据双方讨论同意的估算成本，来考虑确定一笔固定数目的报酬金额作为管理费及利润。如果工程变更或增加新项目，即直接费用超过原定估算成本的某一百分比时，固定的报酬费也要增加。在工程总成本一开始估计不准，可能发生较大变化的情况下，可采用此形式。

2）成本加定比费用计价类型。采用成本加定比费用计价类型时，工程成本中的直接费加一定比例的报酬费，报酬部分的比例在签订计价类型时由双方确定。这种方式报酬费随成本加大而增加，不利于缩短工期和降低成本，因而较少采用。

3）成本加奖金计价类型。采用成本加奖金计价类型时，奖金标准是根据报价书中成本概算指标制定的。计价类型中对这个概算指标规定了一个"底点"和一个"顶点"。承包商在概算指标的"顶点"之下完成工程则可得到奖金，超过"顶点"则要对超出部分支付罚款，如果成本控制在"底点"之下，则可加大酬金值或酬金百分比。这种方式通常规定，当实际成本超过"顶点"对承包商进行罚款时，最大罚款限额不超过原先议定的最高酬金值。

当设计图纸、规范等准备不充分，不能据以确定计价类型价格，而仅能制定一个概算指标时，可采用这种形式。

4）工时及材料计价类型。采用工时及材料计价类型时，人工按综合的时费率进行支付，时费率包括基本工资、保险、纳税、工具、监督管理、现场及办公室各项开支以及利润等；材料则以实际支付材料费为准支付费用。这种形式一般用于聘请专家或管理代理人等。

5）成本加保证最大酬金计价类型。采用成本加保证最大酬金计价类型即成本加固定奖金计价类型时，双方协商一个保证最大酬金，业主偿付给承包商实际支出的直接成本，但最大限度不得超过成本加保证最大酬金。这种形式适用于设计已达到一定深度、工作范围已明确的工程。

（2）成本补偿计价类型适用条件

成本补偿计价类型也称成本加酬金计价类型，即业主向承包商支付实际工程成本中的直接费，按事先协议好的某一种方式支付管理费以及利润的一种方式。

成本补偿计价类型的适用条件是：对工程内容及其技术经济指标尚未完全确定而又急于上马的工程，或是完成崭新的工程，以及施工风险很大的工程可采用这种方式。其缺点是发包单位对工程总造价不易控制，而承包商在施工中也不注意精打细算。

6.3.2 项目采购订单

1. 实施项目采购订单计划

发出采购订单是为了实施订单计划，从采购环境中购买材料项目，为生产市场输送合格的原材料和配件，同时对供应商群体绩效表现进行评价反馈。订单的主要环节有：订单准备、选择供应商、签订合同、合同执行跟踪、物料检验、物料接收、付款操作和供应评估。

2. 项目采购订单操作规范

项目采购订单的具体操作规范如下：

（1）确认项目质量需求标准。订单人员日常与供应商的接触有时大大多于认证人员，如供应商实力发生变化，决定前一订单的质量标准是否需要调整时，订单操作作为认证环节的一个监督部门应发挥应有的作用。即实行项目采购质量需求标准确认。

（2）确认项目的需求量。订单计划的需求量应等于或小于采购环境订单容量。

（3）价格确认。项目采购人员在提出"查订单"及"估价单"时，为了决定价格，应汇总出"决定价格的资料"。同时，为了了解订购经过，采购人员也应制作单行簿。决定价格之后，应填列订购单、订购单兼收据、入货单、验收单及接受检查单、货单等。

此外，在交货日期的右栏，应填入交货记录，并保管订购单，以及将订购单交给订购对象。

（4）查询采购环境。订单人员在完成订单准备之后，要查询采购环境信息系统，以寻找适应本次项目采购的供应商群体。认证环节结束后会形成公司物料项目的采购环境，其中，对小规模的采购，采购环境可能记录在认证报告文档上；对于大规模的采购，采购环境则使用信息系统来管理。一般来说，一项项目采购有 3 家以上的供应商，特殊情况下也会出现一家供应商，即独家供应商。

（5）制定订单说明书。订单说明书主要内容包括说明书，即项目名称、确认的价格、确认的质量标准、确认的需求量、是否需要扩展采购环境容量等方面，另附有必要的图纸、技术规范、检验标准等。

（6）与供应商确认订单。在实际采购过程中，采购人员从主观上对供应商的了解需要得到供应商的确认，供应商组织结构的调整、设备的变化、厂房的扩建等都影响供应商的订单容量；项目采购人员有时需要进行实地考察，尤其注意谎报订单容量的供应商。

（7）发放订单说明书。既然确定了项目采购供应商，就应该向他们发放相关技术资料，一般来说采购环境中的供应商应具备已通过认证的物料生产工艺文件，那么，订单说明书就不要包括额外的技术资料。供应商在接到技术资料并分析后，即向订单人员作出"接单"还是"不接单"的答复。

（8）制作合同。拥有采购信息管理系统的工程企业，项目采购订单人员就可以直接在信息系统中生成订单，在其他情况下，需要订单制作者自行编排打印。

订购单内容特别侧重交易条件、交货日期、运输方式、单价、付款方式等。根据用途不同，订购单的第一联为厂商联，作为厂商交货时之凭证；第二联是回执联，由厂商签认后寄回；第三联为物料联，作为控制存量及验收的参考；第四联是请款联，可取代请购单第二联或验收单；第五联是承办联，制发订购单的单位自存。

另外，在订购单的背面，常有附加条款的规定，其主要内容包括：

（1）品质保证。保证期限，无偿或有偿条件等规定。

（2）交货方式。新品交货，附带备用零件、交货时间与地点等规定。

（3）验收方式。检验设备、检验费用、不合格品之退换等规定，超交或短交数量的处理。

（4）履约保证。按合同总价百分之几，退还或没收的规定。

（5）罚则。迟延交货或品质不符之扣款，处分或取消合同的规定。

（6）仲裁或诉讼。买卖双方之纷争，仲裁的地点或诉讼的法院。

（7）其他。例如，卖方保证买方不受专利权侵害的控诉。

6.3.3 项目采购付款操作

1. 准备付款申请单据

对国内供应商付款，项目采购人员应拟制付款申请单，并附合同、物料检验单据、物料入库单据、发票。作为付款人员要注意：五份单据（付款申请单据、合同、物料检验单据、物料入库单据、发票）中的合同编号、物料名称、数量、单价、总价、供应商必须一致。

2. 付款审批

由管理办公室或者财务部专职人员进行，审核内容包括以下三个方面：

（1）单据的匹配性。即以上五份单据在六个方面（合同编号、物料名称、数量、单价、总价、供应商）的一致性及正确性。

（2）单据的规范性。特别是发票，其次是付款申请单，要求格式标准、统一。

（3）单据的真实性。鉴别发票的真假，检验入库单等单据的真假等。

3. 资金平衡

如果企业拥有足够的资金，那么本环节可以省略。但是在大多数情况下，企业需要合理利用资金，特别是在资金紧缺的情况下，要综合考虑物料的重要性、供应商的付款周期等因素，以确定首先向谁付款。对于不能及时付款的物料，要充分与供应商进行沟通，征得供应商的谅解和同意。

4. 向供应商付款

企业财务出纳部，接到付款申请单及通知后，即可向供应商付款，并提醒供应商注意收款。

6.3.4 项目采购进货控制

1. 项目采购实物与信息流程控制

采购进货，是项目采购活动中一个重要的环节，是最后实现采购成果，完成采购任务的关键阶段，也是大量物资从供应商处转移到购买方手中的环节，能不能够实现物资的安全转移就全靠采购进货管理这个环节了。

项目采购控制要处理工作内容包括：入库作业处理、库存控制、采购管理系统、应付账款系统及信息流程等。在整个作业过程中，实物与信息是同步控制的。所谓实物就是建筑企业所采购的原材料或设备等，信息就是有关账款和动态的库存数据等。如果实物和信息两者不同步控制，就会有浪费、暗箱操作、数量与需求不符合等问题发生。所以，项目采购内部控制的关键是信息控制。

完善的项目采购控制系统要能够为采购人员提供快速而准确的信息，以使采购人员能向供应商适时、适量地开立采购单，使商品能在出货前准时入库，并且杜绝库存不足或积压过多等情况的发生。采购控制系统包括四个子系统：采购预警系统、供应商管理系统、采购单据打印系统、采购稽催系统。

当库存控制系统建立采购时间文件后，库管人员应检索供应商报价数据、以往交货记录、交货质量等信息作为采购参考。系统所提供的报表通常可以是商品供应商报价分析报表、供应商交货报表等。

根据上述报表，库管人员可按项目采购需求向供应商下达采购单。此时，库管人员需要输入商品数据、供应商名称、采购数量、商品等级等数据，并由系统自动获取日期来建立采购数据库。系统可以打印出采购单以供配送中心对外采购时使用。当配送中心与供应商通过电子订货系统采购商品时，系统还需具备计算机网络数据接收、转换与传送功能。

项目采购单发出后，库管人员可用采购稽催系统打印预定入库报表及已购未入库商品报表，执行商品入库稽催或商品入库日期核准等作业。系统不需要再输入特殊数据，只需要选择欲打印报表的名称，而后由系统根据当日日期与采购数据库进行比较，打印未入库数据。采购系统最好具备材料结构数据，在组合产品采购时可据此计算各商品需求量。采购单可由单笔或多笔商品组成，且允许有不同进货日期。

项目采购物品抵达后，接着就是入库作业。入库作业处理系统包括预定入库数据处理和实际入库作业。预定入库数据处理为入库月台调度及为机器设备资源调配提供参考。其数据信息主要来自：采购单上的预定入库日期、入库商品、入库数量，供应商预先通告的进货日期、商品及入库数量。实际入库作业则发生在厂商交货之时，输入数据包括采购单号、厂商名称、商品名称、商品数量等。可以输入采购单号来查询商品名称、内容及数量是否符合采购内容并用以确定入库月台，然后由仓管人员指定卸货地点及摆放方式。仓管人员检验后将修正入库数据输入，包括修正采购单并转入库存入库数据库。退货入库的商品也须检验，只有可用品方可入库。

商品入库后，采购数据即由采购数据库转入应付账款数据库。会计管理人员为供应商开立发票时即可使用此系统，按供应商做应付款数据登录，并更改应付账款文件内容。高层主管人员可由此系统制作应付账款一览表、应付账款、已付款统计报表等。商品入库后系统可用随即过账的功能，使商品随入库变化而过入总账。

2. 项目采购进货过程与管理

（1）进货过程

项目采购进货过程，是将同供应商订货成交的货物从供应商手中安全转移到自己需求地的过程。主要表现在三个方面：

1）物流过程，是大量物资实体转移的过程，中间要经过包装、装卸、搬运、运输、储存、流通加工等各种物流活动，从供应地转移到需求地。每一种物流活动，如果不认真操作，都会造成物资的损坏、丢失或错乱。如果物流方式的选择、物流路径的选择不合理，就会造成费用的升高。

2）大量物资资金的转移过程，所有这些物资，都是货币的载体，占用着流动资金，这些流动资金的占用，在银行要付银行利息。

3）大量物资的所有权的实质性的转移过程。如果在交接时，项目采购部门不认真验收，会造成数量欠缺、质量不好、物资破损，最终变成建筑企业的损失。

（2）进货管理

所谓项目采购进货管理，是对采购进货过程的计划、组织、指挥、协调和控制。整个进货管理过程是一个系统工程，涉及多种因素，必须对整个过程进行认真地策划和计划，妥善组织各种资源，进行统一的指挥、协调和控制。

由于进货过程非常复杂、影响因素多，风险大，所以，进货管理不但非常必要，也非常重要。

1）进货涉及大批量物资，大笔的物资资金，如果不认真进行进货管理，就有可能不但造成重大财产损失，而且会影响企业正常生产所需的物资供应。

2）进货费用、采购费用、订货费用再加上物资的购买费用，构成了生产成本的绝大部分，如果项目采购部门不认真进行进货管理和控制，不但会增加进货费用，甚至会使这次采购的所有采购费用、订货费用、购买费用付诸东流。

3）进货时间控制是按时到货满足企业生产需要的保证，如果我们不认真进行进货管理，使得进货超过预定交货期，不但增加了进货费用，更重要的是有可能影响企业正常生产。

4）进货过程面对的因素很多、环境复杂，不认真进行进货管理，不但会影响进货的正常进行，甚至给社会造成损失或危害。例如，运输事故，可能造成人员伤亡，公共设施破坏，环境污染等。

所以，项目采购进货管理非常重要，企业一定要重视进货管理、认真进行进货管理，要仔细策划、冷静思考、认真处理，把每一个环节、每一种因素都处理好，做到万无一失，才能保证把进货物资安全无误地运进自己的仓库。

3. 项目采购合同控制

（1）与供应商签订合同。首先，项目采购部门应该和供应商签订合同，这个合同就是订货合同。在与供应商签订订货合同时，要明确写明进货条款，明确确定所购货物的进货方式，进货承担方和责任人。在选择进货方式时，项目采购部门最好是选择由供应商包送方式。这种方式对项目采购部门最有利，省去了很多进货环节中繁琐的事务，可以不承担任何责任和风险，把进货责任和风险推给供应商。如果供应商不想自己送货，希望委托运输送货、由他们去委托运输商、由他们去和运输商签订运输合同，项目采购部门可以不管，这也是有利于项目采购部门的。

（2）与运输商签订合同。如果供应商不想送货，只能由项目采购部门来办理进货时，项目采购部门最好是采用进货业务外包的方式，把进货任务外包给第三方物流公司或其他运输商承担。这样采购方也可以免除繁琐的进货业务处理，避免进货风险。

把进货任务外包给运输商也有两种方式：一是供应商先将所购货物交给项目采购部门，由项目采购部门再交给运输商运输，运输商将货物运到购买方家里时，再将货物交给项目采购部门；二是由运输商直接向供应商提货，运输商将货物运到项目采购部门指定的地点。对项目采购部门来说，两种方式中，第二种比较好，节省了与供应商的货物交接与货物检验工作。

在将进货任务外包给运输商时，要和运输商签订一份正式的运输合同。对运输过程中有关事项进行明确规定，规定双方的责任和义务，还要规定违约的处理方法。这样，项目采购部门可以约束和控制运输商的行为。

（3）与作业人员签订合同。如果是项目采购部门承担进货任务，但是租车进行运输或者是本单位派司机带车进行运输时，如果路途遥远、路况复杂、货物贵重时，为了慎重，也要和作业人签订合同，或者签订运输责任状，规定作业人的责任和义务。

合同是一种重要的约束和控制手段，可以减少风险。对方一旦违约，给购买方造成损失，则可以根据合同条款，向对方获取赔偿。

为了更加保险，项目采购部门除了合同之外，还应买运输保险，这样，在途中一旦出事，可以找保险公司赔偿，也可以降低运输风险。

4. 项目采购作业控制

（1）选用有经验、处理问题能力强、活动能力强、身体好的人担任此项工作。这项工作要处理各种各样的问题，项目采购人员要接触各种各样的人，要熟悉运输部门的业务和各种规章制度，没有一定能力难以胜任此项工作。要进行周密策划和计划，对各种可能出现的情况制定应对措施，要制定切实可行的物料进度控制表。对整个过程实行任务控制。

（2）做好货物发送中的控制工作。包括发货、运输控制、货物中转等工作。

（3）做好货物的交接工作。其中包括购买方与运输方的交接、进货责任人与仓库保管员的入库交接。其中入库交接是采购中最实质性的一环，它是采购物资的实际接受关。

至此，项目采购进货管理工作宣告结束。进货管理人员的物料控制进度表和商业记录应当存档以备工作总结、取证查询之用。

5. 项目采购进料验收作业办法

（1）目的

物料的验收以及入库作业有所依循。

（2）范围

供应商送料、外协加工送货。

（3）工作内容

1）待收料：物料管理收料人员在接到项目采购部门转来已核准的"订购单"时，按供应商、物料交货日期分别依序排列存档，并于交货前安排存放的库位以方便收料作业。

2）收料：

① 内购收料：材料进入施工现场后，收料人员必须依"订购单"的内容，并核对供

应商送来的物料名称、规格、数量和送货单及发票并清查数量无误后，将到货日期及实收数量填记于"请购单"办理收料；如发觉所送来的材料与"订购单"上所核准的内容不符时，应及时通知项目采购部门处理，原则上非"订购单"上所核准的材料不予接受，如采购部门要收下该等材料时，收料人员应告知主管，并于单据上注明实际收料状况，并会签采购部门。

② 外购收料：材料进入施工现场后，物料管理收料人员即会同检验单位依"装箱单"及"订购单"开柜（箱）核对材料名称、规格并清点数量，并将到货日期及实收数量填入"订购单"。开柜（箱）后，如发觉所载的材料与"装箱单"或"订购单"所记载的内容不同时，通知办理进货人员及采购部门处理；当发觉所装载的物料有异常时，经初步计算损失将超过 5000 元以上者（含 5000 元），收料人员即时通知采购人员联络公证处前来公证或通知代理商前来处理，并尽可能维持其状态以利公证作业，如未超过 5000 元者，则依实际的数量、接受收料，并于"采购单"上注明损失数量及情况；对于由公证或代理商确认，物料管理收料人员开立"索赔处理单"呈主管核实后，送会计部门及采购部门督促办理。

3）材料待验：进入施工现场待验的材料，必须于物品的外包装上贴材料标签并详细注明料号、品名规格、数量及进入施工现场日期，且与已检验者分开储存，并规划"待验区"作为分区，收料后，收料人员应将每日所收料品汇总填入"进货日报表"作为入账清单的依据。

4）超交处理：交货数量超过"订购量"部分应于退回，但属买卖惯例，以重量或长度计算的材料，其超交量的 3% 以下，由物料管理部门于收料时，在备注栏注明超交数量，经请购部门主管同意后，始得收料，并通知采购人员。

5）短交处理：交货数量未达订购数量时，以补足为原则，但经请购部门主管同意者，可免补交，短交如需补足时，物料管理部门应通知项目采购部门联络供应商处理。

6）急用品收料：紧急材料在厂商交货时，若货仓部门尚未收到"请购单"时，收料人员应先洽询项目采购部门，确认无误后，依收料作业办理。

7）材料验收规范：为利于材料检验收料的作业，品质管理部门就材料重要性及特性等，适时召集使用部门及其他有关部门，依所需的材料品质研究制定"材料验收规范"，作为项目采购及验收的依据。

8）材料检验结果的处理：

① 检验合格的材料，检验人员在外包装上贴合格标签，以示区别，物料管理人员再将合格品入库定位。

② 不合验收标准的材料，检验人员在物品包装贴不合格的标签，并在"材料检验报告表"上注明不良原因，经主管核实处理对策并转项目采购部门处理及通知请购单位，再送回，物料管理凭此办理退货，如果是特殊采购则办理收料。

9）退货作业：对于检验不合格的材料退货时，应开立"材料交运单"并附有关的"材料检验报告表"，呈主管签认后，凭此办理材料退场（厂）。

7 钢结构工程项目进度管理

7.1 钢结构工程项目进度管理概述

7.1.1 项目进度管理的概念

项目进度管理是根据工程项目的进度目标，编制经济合理的进度计划，并据以检查工程项目进度计划的执行情况，若发现实际执行情况与计划进度不一致，应及时分析原因，并采取措施对原工程进度计划进行调整或修正的过程。工程项目进度管理的目的就是为了实现最优工期，多快好省地完成任务。

项目进度管理是一个动态、循环、复杂的过程，也是一项效益显著的工作。

进度计划控制的一个循环过程，包括计划、实施、检查、调整四个小过程。计划是指根据施工项目的具体情况，合理编制符合工期要求的最优计划；实施是指进度计划的落实与执行；检查是指在进度计划的落实与执行过程中，跟踪检查实际进度，并与计划进度对比分析，确定两者之间的关系；调整是指根据检查对比的结果，分析实际进度与计划进度之间的偏差对工期的影响，采取切合实际的调整措施，使计划进度符合新的实际情况，在新的起点上进行下一轮控制循环，如此循环进行下去，直到完成施工任务。

通过进度计划控制，可以有效地保证进度计划的落实与执行，减少各单位和部门之间的相互干扰，确保施工项目工期目标以及质量、成本目标的实现。

7.1.2 项目进度管理的原理

建设工程项目进度管理是以现代科学管理原理作为其理论基础的，主要有系统控制原理、动态控制原理、弹性原理、封闭循环原理和信息反馈原理等。

1. 系统控制原理

该原理认为，建设工程项目施工进度管理本身是一个系统工程，它包括项目施工进度计划系统和项目施工进度实施系统两部分内容。项目经理必须按照系统控制原理，强化其控制全过程。

（1）项目进度计划系统。为做好项目施工进度管理工作，必须根据项目施工进度管理目标要求，制定出项目施工进度计划系统。根据需要，计划系统一般包括：施工项目总进度计划，单位工程进度计划，分部、分项工程进度计划和季、月、旬等作业计划。这些计划的编制对象由大到小，内容由粗到细，将进度管理目标逐层分解，保证了计划控制目标的落实。在执行项目施工进度计划时，应以局部计划保证整体计划，最终达到工程项目进度管理目标。

（2）项目进度实施组织系统。施工项目实施全过程的各专业队伍都是遵照计划规定的目标去努力完成一个个任务的。施工项目经理和有关劳动调配、材料设备、采购运输等各职能部门都按照施工进度规定的要求进行严格管理、落实和完成各自的任务。施工组织各级负责人，从项目经理到施工队长、班组长及其所属全体成员组成了施工项目实施的完整组织系统。

（3）项目进度管理组织系统。为了保证施工项目进度实施，还要有一个项目进度的检查控制系统。自公司经理、项目经理，一直到作业班组都设有专门职能部门或人员负责检查汇报，统计整理实际施工进度的资料，并与计划进度比较分析和进行调整。当然不同层次人员负有不同进度管理职责，分工协作，形成一个纵横连接的施工项目控制组织系统。事实上有的领导可能是计划的实施者又是计划的控制者。实施是计划控制的落实，控制是计划按期实施的保证。

2. 动态控制原理

项目进度管理随着施工活动向前推进，根据各方面的变化情况，应进行适时的动态控制，以保证计划符合变化的情况。同时，这种动态控制又是按照计划、实施、检查、调整这四个不断循环的过程进行控制的。在项目实施过程中，可分别以整个施工项目、单位工程、分部工程或分项工程为对象，建立不同层次的循环控制系统，并使其循环下去。这样每循环一次，其项目管理水平就会提高一步。

3. 弹性原理

项目进度计划工期长、影响进度的原因多，其中有的已被人们掌握，因此要根据统计经验估计出影响的程度和出现的可能性，并在确定进度目标时，进行实现目标的风险分析。在计划编制者具备了这些知识和实践经验之后，编制施工项目进度计划时就会留有余地，使施工进度计划具有弹性。在进行工程项目进度管理时，便可以利用这些弹性，缩短有关工作的时间，或者改变它们之间的搭接关系，如检查之前拖延了工期，通过缩短剩余计划工期的方法，仍能达到预期的计划目标。这就是工程项目进度管理中对弹性原理的应用。

4. 封闭循环原理

项目进度管理是从编制项目施工进度计划开始的，由于影响因素的复杂和不确定性，在计划实施的全过程中，需要连续跟踪检查，不断地将实际进度与计划进度进行比较，如果运行正常可继续执行原计划；如果发生偏差，应在分析其产生的原因后，采取相应的解决措施和办法，对原进度计划进行调整和修订，然后再进入一个新的计划执行过程。这个由计划、实施、检查、比较、分析、纠偏等环节组成的过程就形成了一个封闭循环回路，见图 7-1。而建设工程项目进度管理的全过程就是在许多这样的封闭循环中得到有效地不断调整、修正与纠偏，最终实现总目标的。

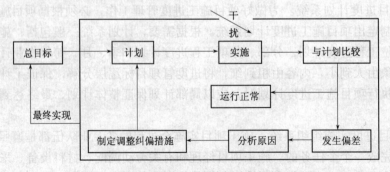

图 7-1　建设工程项目进度管理的封闭循环原理

5. 信息反馈原理

反馈是控制系统把信息输送出去，又把其作用结果返送回来，并对信息的再输出施加影响，起到控制作用，以达到预期目的。

建设工程项目进度管理的过程实质上就是对有关施工活动和进度的信息不断搜集、加工、汇总、反馈的过程。施工项目信息管理中心要对搜集的施工进度和相关影响因素的资料进行加工分析，由领导作出决策后，向下发出指令，指导施工或对原计划作出新的调整、部署；基层作业组织根据计划和指令安排施工活动，并将实际进度和遇到的问题随时上报。每天都有大量的内外部信息、纵横向信息流进流出，因而必须建立健全工程项目进度管理的信息网络，使信息准确、及时、畅通，反馈灵敏、有力，以便能正确运用信息对施工活动进行有效控制，这样才能确保施工项目的顺利实施和如期完成。

7.1.3 项目进度管理体系

1. 项目进度计划系统

项目进度计划系统的内容主要有以下部分：

（1）施工准备工作计划。施工准备工作的主要任务是为建设工程的施工创造必要的技术和物资条件，统筹安排施工力量和施工现场。施工准备的工作内容通常包括：技术准备、物资准备、劳动组织准备、施工现场准备和施工场外准备。为落实各项施工准备工作，加强检查和监督，应根据各项施工准备工作的内容、时间和人员，编制施工准备工作计划。

（2）施工总进度计划。施工总进度计划是根据施工部署中施工方案和工程项目的开展程序，对全工地所有单位工程作出时间上的安排。其目的在于确定各单位工程及全工地性工程的施工期限及开竣工日期，进而确定施工现场劳动力、材料、成品、半成品、施工机械的需要数量和调配情况，以及现场临时设施的数量、水电供应量和能源、交通需求量。因此，科学、合理地编制施工总进度计划，是保证整个建设工程按期交付使用、充分发挥投资效益、降低建设工程成本的重要条件。

（3）单位工程施工进度计划。单位工程施工进度计划是在既定施工方案的基础上，根据规定的工期和各种资源供应条件，遵循各施工过程的合理施工顺序，对单位工程中的各施工过程作出时间和空间上的安排，并以此为依据，确定施工作业所必需的劳动力、施工机具和材料供应计划。因此，合理安排单位工程施工进度，是保证在规定工期内完成符合质量要求的工程任务的重要前提。同时，为编制各种资源需要量计划和施工准备工作计划提供依据。

（4）分部分项工程进度计划。分部分项工程进度计划是针对工程量较大或施工技术比较复杂的分部分项工程，在依据工程具体情况所制定的施工方案基础上，对其各施工过程所作出的时间安排。如，大型基础土方工程、复杂的基础加固工程、大体积混凝土工程、大型桩基工程、大面积预制构件吊装工程等，均应编制详细的进度计划，以保证单位工程施工进度计划的顺利实施。

此外，为了有效地控制建设工程施工进度，施工单位还应编制年度施工计划、季度施工计划和月（旬）作业计划，将施工进度计划逐层细化，形成一个旬保月、月保季、季保年的计划体系。

2. 项目进度管理目标体系

项目进度管理总目标是依据施工项目总进度计划确定的。对项目进度管理总目标进行层层分解，便形成实施进度管理、相互制约的目标体系。

项目进度目标是从总的方面对项目建设提出的工期要求，但在施工活动中，是通过对最基础的分部分项工程的施工进度管理来保证各单项（位）工程或阶段工程进度管理目标的完成，进而实现工程项目进度管理总目标的。因而需要将总进度目标进行一系列的从总体到细部、从高层次到基础层次的层层分解，一直分解到在施工现场可以直接调度控制的分部分项工程或作业过程的施工为止。在分解中，每一层次的进度管理目标都限定了下一级层次的进度管理目标，而较低层次的进度管理目标又是较高一级层次进度管理目标得以实现的保证，于是就形成了一个自上而下层层约束，由下而上级级保证，上下一致的多层次的进度管理目标体系，如可以按单位工程或分包单位分解为交工分目标，按承包的专业或按施工阶段分解为完工分目标，按年、季、月计划期分解为时间目标等。

7.1.4 项目进度管理目标

在确定施工进度管理目标时，必须全面、细致地分析与建设工程进度有关的各种有利因素和不利因素，只有这样，才能订出一个科学、合理的进度管理目标。确定施工进度管理目标的主要依据有：建设工程总进度目标对施工工期的要求；工期定额、类似工程项目的实际进度；工程难易程度和工程条件的落实情况等。

在确定施工进度分解目标时，要考虑以下各个方面：

（1）对于大型建设工程项目，应根据尽早提供可动用单元的原则，集中力量分期分批建设，以便尽早投入使用，尽快发挥投资效益。这时，为保证每一动用单元能形成完整的生产能力，就要考虑这些动用单元交付使用时所必需的全部配套项目。因此，要处理好前期动用和后期建设的关系、每期工程中主体工程与辅助及附属工程之间的关系等。

（2）结合本工程的特点，参考同类建设工程的经验来确定施工进度目标，避免只按主观愿望盲目确定进度目标，从而在实施过程中造成进度失控。

（3）做好资金供应能力、施工力量配备、物资（材料、构配件、设备）供应能力与施工进度的平衡工作，确保工程进度目标的要求而不使其落空。

（4）考虑外部协作条件的配合情况。包括施工过程中及项目竣工动用所需的水、电、气、通讯、道路及其他社会服务项目的满足程度和满足时间。它们必须与有关项目的进度目标相协调。

（5）考虑工程项目所在地区地形、地质、水文、气象等方面的限制条件。

7.1.5 项目进度管理程序

工程项目经理部应按照以下程序进行进度管理：

（1）根据施工合同的要求确定施工进度目标，明确计划开工日期、计划总工期和计划竣工日期，确定项目分期分批的开竣工日期。

（2）编制施工进度计划，具体安排实现计划目标的工艺关系、组织关系、搭接关系、起止时间、劳动力计划、材料计划、机械计划及其他保证性计划。分包人负责根据项目施工进度计划编制分包工程施工进度计划。

（3）进行计划交底，落实责任，并向监理工程师提出开工申请报告，按监理工程师开工令确定的日期开工。

（4）实施施工进度计划。项目经理应通过施工部署、组织协调、生产调度和指挥、改善施工程序和方法的决策等，应用技术、经济和管理手段实现有效的进度管理。项目经理部首先要建立进度实施、控制的科学组织系统和严密的工作制度，然后依据工程项目进度管理目标体系，对施工的全过程进行系统控制。正常情况下，进度实施系统应发挥监测、分析职能并循环运行，即随着施工活动的进行，信息管理系统会不断地将施工实际进度信息，按信息流动程序反馈给进度管理者，经过统计整理、比较分析后，确认进度无偏差，则系统继续运行；一旦发现实际进度与计划进度有偏差，系统将发挥调控职能，分析偏差产生的原因，及对后续施工和总工期的影响。必要时，可对原计划进度作出相应的调整，提出纠正偏差的方案和实施技术、经济、合同的保证措施，以及取得相关单位支持与配合的协调措施，确认切实可行后，将调整后的新进度计划输入到进度实施系统，施工活动继续在新的控制下运行。当新的偏差出现后，再重复上述过程，直到施工项目全部完成。进度管理系统也可以处理由于合同变更而需要进行的进度调整。

（5）全部任务完成后，进行进度管理总结并编写进度管理报告。

7.2 流水作业进度计划

7.2.1 流水施工原理

1. 流水施工的概念

流水施工是将拟建工程项目的整个建造过程分解成若干个施工过程，也就是划分成若干个工作性质相同的分部、分项工程或工序；同时将拟建工程项目在平面上划分成若干个劳动量大致相等的施工段；在竖向上划分成若干个施工层，按照施工过程分别建立相应的专业工作队；各专业工作队按照一定的施工顺序投入施工，在完成第一个施工段上的施工任务后，在专业工作队的人数、使用的机具和材料不变的情况下，依次地、连续地投入到第二、第三……直到最后一个施工段的施工，在规定的时间内，完成同样的施工任务；不同的专业工作队在工作时间上最大限度地、合理地搭接起来；当第一施工层各个施工段上的相应施工任务全部完成后，专业工作队依次地、连续地投入到第二、第三……施工层，保证拟建工程项目的施工全过程在时间上、空间上，有节奏、连续、均衡地进行下去，直到完成全部施工任务。

2. 流水施工的特点

流水施工的本质特点如下：

（1）尽可能地利用工作面进行施工，工期比较短。

（2）各工作队实现了专业化施工，有利于提高技术水平和劳动生产率，也有利于提高工程质量。

（3）专业工作队能够连续施工，同时使相邻专业队的开工时间能够最大限度地搭接。

（4）单位时间内投入的劳动力、施工机具、材料等资源量较为均衡，有利于资源供应的组织。

（5）为施工现场的文明施工和科学管理创造了有利条件。

在建设工程项目施工过程中，采用流水施工所需的工期比依次施工短，资源消耗的强度比平行施工少，最重要的是各专业班组能连续地、均衡地施工，前后施工过程尽可能平行搭接施工，能比较充分地利用施工工作面。

流水施工方式是一种先进、科学的施工方式。由于在工艺过程划分、时间安排和空间布置上进行统筹安排，将会体现出优越的技术经济效果。具体可归纳为以下几点：

（1）由于流水施工的连续性，减少了专业工作的间隔时间，达到了缩短工期的目的，可使拟建工程项目尽早竣工，交付使用，发挥投资效益。

（2）便于改善劳动组织，改进操作方法和施工机具，有利于提高劳动生产率。

（3）专业化的生产可提高工人的技术水平，使工程质量相应提高。

（4）工人技术水平和劳动生产率的提高，可以减少用工量和施工临时设施的建造量，降低工程成本，提高利润水平。

（5）可以保证施工机械和劳动力得到充分、合理的利用。

（6）由于工期短、效率高、用人少、资源消耗均衡，可以减少现场管理费和物资消耗，实现合理储存与供应，有利于提高项目经理部的综合经济效益。

7.2.2 流水施工的组织形式

1. 全等节拍流水施工

全等节拍流水施工是指在组织流水施工时，如果所有的施工过程在各个施工段上的流水节拍彼此相等，这种流水施工组织方式称为全等节拍流水施工，也称为固定节拍流水施工或同步距流水施工。

（1）全等节拍流水施工特点

1）所有施工过程在各个施工段上的流水节拍均相等。

2）相邻施工过程的流水步距相等，且等于流水节拍。

3）专业工作队数等于施工过程数，即每一个施工过程成立一个专业工作队，由该队完成相应施工过程所有施工段上的任务。

4）各个专业工作队在各施工段上能够连续作业，施工段之间不留空闲时间。

（2）全等节拍流水施工组织步骤

1）确定施工起点及流向，分解施工过程。

2）确定施工顺序，划分施工段。划分施工段时，其数目 m 的确定如下：

① 无层间关系或无施工层时，取 $m=n$（n 为施工过程数）。

② 有层间关系或有施工层时，施工段数目 m 分下面两种情况确定：

a. 无技术和组织间歇时，取 $m=n$。

b. 有技术和组织间歇时，为了保证各专业工作队能连续施工，应取 $m>n$。此时，每层施工段空闲数为 $m-n$，一个空闲施工段的时间为 t，则每层的空闲时间为：

$$(m-n) \cdot t = (m-n) \cdot K \tag{7-1}$$

若一个楼层内各施工过间的技术、组织间歇时间之和为 $\sum Z_1$，楼层间技术、组织间歇时间为 Z_2。如果每层的 $\sum Z_1$，均相等，Z_2 也相等，而且为了保证连续施工，施工段上除 $\sum Z_1$ 和 Z_2 外无空闲，则：

$$(m-n) \cdot K = \sum Z_1 + Z_2$$

所以，每层的施工段数 m 可按公式（7-2）确定：

$$m = n + \frac{\sum Z_1}{K} + \frac{Z_2}{K} \tag{7-2}$$

如果每层的 $\sum Z_1$ 不完全相等，Z_2 也不完全相等，应取各层中最大的 $\sum Z_1$ 和 Z_2，并按公式（7-3）确定施工段数：

$$m = n + \frac{\max \sum Z_1}{K} + \frac{\max Z_2}{K} \tag{7-3}$$

3）确定流水节拍，此时 $t_i^j = t$。

4）确定流水步距，此时 $K_{j,j+1} = K = t$。

5）计算流水施工工期

① 有间歇时间的固定节拍流水施工。所谓间歇时间，是指相邻两个施工过程之间由于工艺或组织安排需要而增加的额外等待时间，包括工艺间歇时间（$G_{j,j+1}$）和组织间歇时间（$Z_{j,j+1}$）。对于有间歇时间的固定节拍流水施工，其流水施工工期 T 可按公式（7-4）计算：

$$\begin{aligned} T &= (n-1) \cdot t + \sum G + \sum Z + m \cdot t \\ &= (m+n-1) \cdot t + \sum G + \sum Z \end{aligned} \tag{7-4}$$

② 有提前插入时间的固定节拍流水施工。所谓提前插入时间（$G_{j,j+1}$），是指相邻两个专业工作队在同一施工段上共同作业的时间。在工作面允许和资源有保证的前提下，专业工作队提前插入施工，可以缩短流水施工工期。对于有提前插入时间的固定节拍流水施工，其流水施工工期 T 可按公式（7-5）计算：

$$\begin{aligned} T &= (n-1) \cdot t + \sum G + \sum Z - \sum C + m \cdot t \\ &= (m+n-1) \cdot t + \sum G + \sum Z - \sum C \end{aligned} \tag{7-5}$$

6）绘制流水施工指示图表。

（3）全等节拍流水施工应用实例

【例7-1】某工程由 A、B、C、D 四个分项工程组成，它在平面上划分为四个施工段，各分项工程在各个施工段上的流水节拍均为 3d。试编制流水施工方案。

【解】根据题设条件和要求，该题只能组织全等节拍流水施工。

（1）确定流水步距：

$$K = t = 3 \text{ 天}$$

（2）确定计算总工期：

$$T = (4+4-1) \times 3 = 21 \text{ 天}$$

（3）绘制流水施工指示图表。如图 7-2 所示。

2. 成倍节拍流水施工

（1）成倍节拍流水施工特点

1）同一施工过程在其各个施工段上的流水节拍均相等；不同施工过程的流水节拍不等，但其值为倍数关系。

2）相邻施工过程的流水步距相等，且等于流水节拍的最大公约数（K）。

3）专业工作队数大于施工过程数，即有的施工过程只成立一个专业工作队，而对于流水节拍大的施工过程，可按其倍数增加相应专业工作队数目。

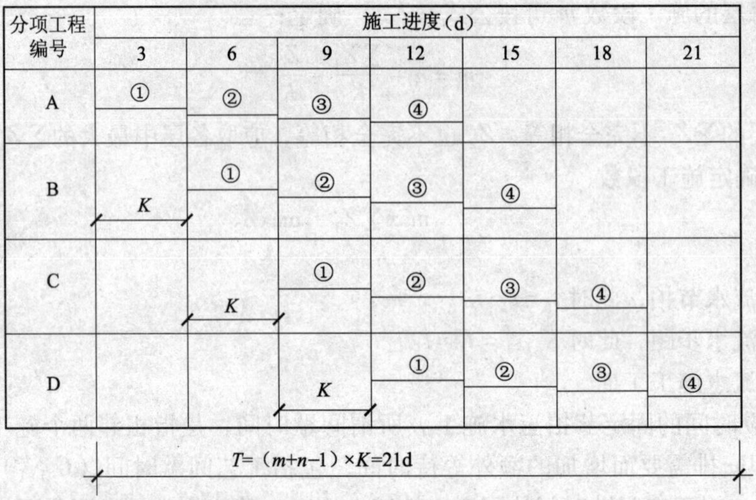

分项工程编号	施工进度（d）						
	3	6	9	12	15	18	21
A	①	②	③	④			
B	*K*	①	②	③	④		
C		*K*	①	②	③	④	
D			*K*	①	②	③	④

$$T = (m+n-1) \times K = 21d$$

图 7-2　全等节拍流水施工进度

4）各个专业工作队在施工段上能够连续作业，施工段之间没有空闲时间。

（2）成倍节拍流水施工建立步骤

1）确定施工起点流向，划分施工段。

2）分解施工过程，确定施工顺序。

3）按以上要求确定每个施工过程的流水节拍。

4）按公式（7-6）确定流水步距：

$$K_b = 最大公约数\{各过程流水节拍\} \tag{7-6}$$

式中　K_b——成倍节拍流水的流水步距。

5）按公式（7-7）确定专业工作队数目：

$$\left.\begin{array}{l} b_j = t_j^i/K_b \\ n_1 = \sum_{j=1}^{n} b_j \end{array}\right\} \tag{7-7}$$

式中　b_j——施工过程（j）的专业工作队数目，$n \geqslant j \geqslant 1$；

n_1——成倍节拍流水的专业工作队总和。

其他符号同前。

6）按公式（7-8）确定计算总工期：

$$T = (m + n_1 - 1)K_b + \sum Z_{j,j+1} + \sum G_{j,j+1} - \sum C_{j,j+1} \tag{7-8}$$

7）绘制流水施工指示图表。

（3）成倍节拍流水施工应用实例

【例7-2】某项目由Ⅰ、Ⅱ、Ⅲ三个施工过程组成，流水节拍分别为 $t_Ⅰ = 2$ 天，$t_Ⅱ = 6$ 天，$t_Ⅲ = 4$ 天，试组织成倍节拍流水施工，并绘制流水施工进度图。

【解】1）按公式（7-6）确定流水步距 $K_b = $ 最大公约数 $\{2, 6, 4\} = 2$ 天。

2）由公式（7-7）求专业工作队数：

$$b_{\text{I}} = \frac{t_{\text{I}}}{K_b} = \frac{2}{2} = 1 \text{ 个}$$

$$b_{\text{II}} = \frac{t_{\text{II}}}{K_b} = \frac{6}{2} = 3 \text{ 个}$$

$$b_{\text{III}} = \frac{t_{\text{III}}}{K_b} = \frac{4}{2} = 2 \text{ 个}$$

$$n_1 = \sum_{j=1}^{3} b_j = 1 + 3 + 2 = 6 \text{ 个}$$

3）求施工段数：

为了使各专业工作队都能连续工作，取

$$m = n_1 = 6 \text{ 段。}$$

4）计算总工期：

$$T = (6 + 6 - 1) \times 2 = 22 \text{ 天}$$

或 $\qquad T = (m - 1)K_b = (6 - 1) \times 2 + 3 \times 4 = 22 \text{ 天}$

5）绘制流水施工进度图，如图 7-3 所示。

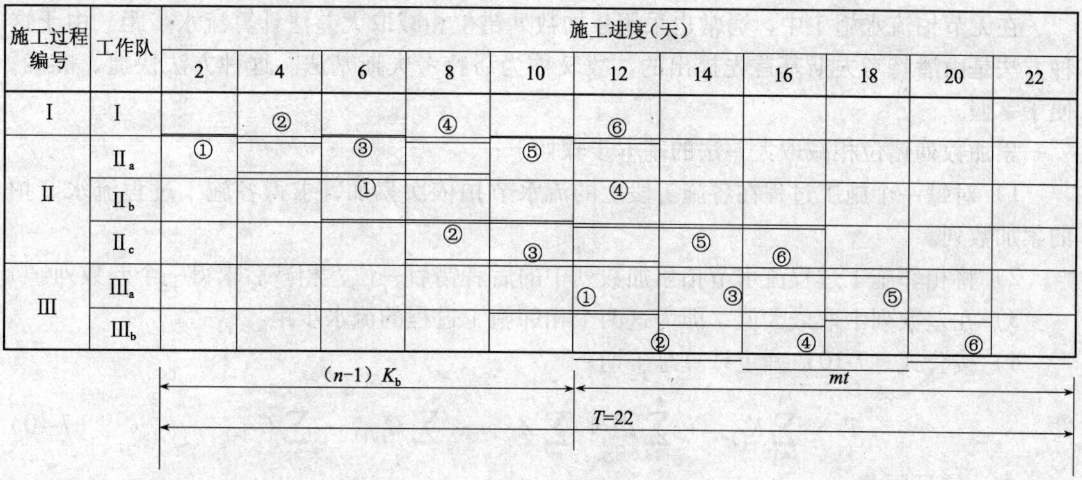

施工过程编号	工作队	施工进度（天）										
		2	4	6	8	10	12	14	16	18	20	22
I	I		②		④		⑥					
II	II$_a$	①		③		⑤						
	II$_b$		①			④						
	II$_c$			②	③		⑤	⑥				
III	III$_a$						①	③	⑤			
	III$_b$							②	④		⑥	

$(n-1)K_b$ 　　　　　　　 mt

$T = 22$

图 7-3　成倍节拍流水施工进度图

3. 无节拍流水施工

（1）无节拍流水施工特点

1）每个施工过程在各个施工段上的流水节拍不尽相等。

2）在多数情况下，流水步距彼此不相等，而且流水步距与流水节拍二者之间存在着某种函数关系。

3）各专业工作队都能连续施工，个别施工段可能有空闲。

（2）无节拍流水施工建立步骤

1）确定施工起点流向，划分施工段。

2）分解施工过程，确定施工顺序。

3）确定流水节拍。

4）按公式（7-9）确定流水步距：

$$K_{j,j+1} = \max\{ k_i^{j,j+1} = \sum_{i=1}^{i} \Delta t_i^{j,j+1} + t_i^{j+1} \} \tag{7-9}$$

$$(1 \leqslant j \leqslant n_1 - 1; \; 1 \leqslant i \leqslant m)$$

式中　$K_{j,j+1}$——专业工作队（j）与（$j+1$）之间的流水步距；

　　　　$\max$——取最大值；

　　　　$k_i^{j,j+1}$——专业施工队（j）与（$j+1$）在各个施工段上的"假定段步距"；

　　　　$\sum\limits_{i=1}^{i}$——由施工段（1）至（i）依次累加，逢段求和；

　　　　$\Delta t_i^{j,j+1}$——专业施工队（j）与（$j+1$）在各个施工段上的"段时差"，即 $\Delta t_i^{j,j+1} = t_i^j - t_i^{j+1}$；

　　　　t_i^j——专业工作队（j）在施工段（i）流水节拍；

　　　　t_i^{j+1}——专业工作队（$j+1$）在施工段（i）流水节拍；

　　　　i——施工段编号，$1 \leqslant i \leqslant m$；

　　　　j——专业工作队编号，$1 \leqslant j \leqslant n_1 - 1$；

　　　　n_1——专业工作队数目，此时 $n_1 = n$。

在无节拍流水施工中，通常也采用累加数列错位相减取大差法计算流水步距。由于这种方法是由潘特考夫斯基首先提出的，故又称为潘特考夫斯基法。这种方法快捷、准确，便于掌握。

累加数列错位相减取大差法的基本步骤如下：

1）对每一个施工过程在各施工段上的流水节拍依次累加，求得各施工过程流水节拍的累加数列。

2）将相邻施工过程流水节拍累加数列中的后者错后一位，相减后求得一个差数列。

3）在差数列中取最大值，即为这两个相邻施工过程的流水步距。

4）按公式（7-10）确定计算总工期；

$$T = \sum_{j=1}^{n_1} K_{j,j+1} + \sum_{i=1}^{m} t_i^{n_1} + \sum Z_{j,j+1} + \sum G_{j,j+1} - \sum C_{j,j+1} \tag{7-10}$$

其他符号同前。

5）绘制流水施工指示图表。

（3）无节拍流水施工应用实例

【例7-3】某工厂需要修建4台设备的基础工程，施工过程包括基础开挖、基础处理和浇筑混凝土。因设备型号与基础条件等不同，使得4台设备（施工段）的施工过程各有不同的流水节拍（单位：周），见表7-1。

基础工程流水节拍表　　　　　　　　　　　表7-1

施工过程	施　工　段			
	设备 A	设备 B	设备 C	设备 D
基础开挖	2	3	2	2
基础处理	4	4	2	3
浇筑混凝土	2	3	2	3

【解】 从流水节拍的特点可以看出，本工程应按无节拍流水施工方式组织施工。

（1）确定施工流向由设备 A—B—C—D，施工段数 $m=4$。

（2）确定施工过程数 $n=3$，包括基础开挖、基础处理和浇筑混凝土。

（3）采用"累加数列错位相减取大差法"求流水步距：

$$
\begin{array}{r}
2,5,7,9 \\
-)\quad 4,8,10,13 \\
\hline
\end{array}
$$
$$K_{1,2}=\max\{2,1,-1,-1,-13\}=2$$
$$
\begin{array}{r}
4,8,10,13 \\
-)\quad 2,5,7,10 \\
\hline
\end{array}
$$
$$K_{2,3}=\max\{4,6,5,6,-10\}=6$$

（4）计算流水施工工期：

$$T=(2+6)+(2+3+2+3)=18\ \text{周}$$

（5）绘制无节拍流水施工进度计划，如图 7-4 所示。

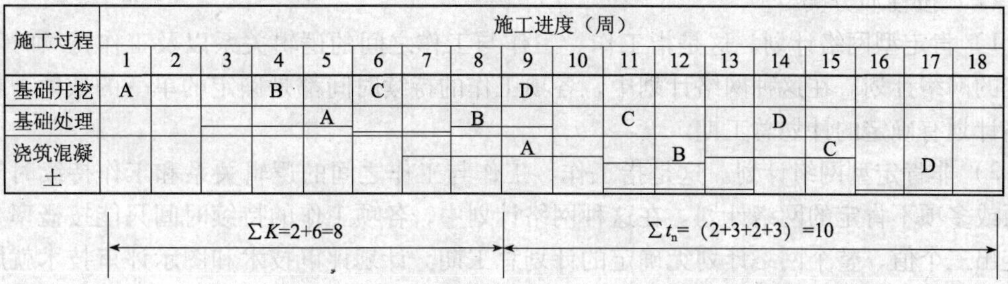

施工过程	施工进度（周）																	
	1	2	3	4	5	6	7	8	9	10	11	12	13	14	15	16	17	18
基础开挖	A			B		C			D									
基础处理					A			B			C			D				
浇筑混凝土									A			B			C		D	

$\sum K=2+6=8$ 　　　　　　$\sum t_n=(2+3+2+3)=10$

图 7-4　设备基础工程流水施工进度计划

7.3　钢结构工程项目网络计划及常用方法

7.3.1　项目网络计划概述

1. 网络计划技术的概念

网络图是由箭头和节点组成的，用来表示工作流程的有向、有序的网状图形。在网络图上加注工作的时间参数而编成的进度计划，称为网络计划。

在工程项目管理中，应用网络计划将一个工程项目的各个工序（工作、活动）用箭杆或节点表示，依其先后顺序和相互关系绘成网络图；再通过各种计算找出网络图中的关键工序、关键线路和工期，求出最优计划方案，并在计划执行过程中进行有效的控制和监督，以保证最合理地使用人力、物力、财力，充分利用时间和空间，多快好省地完成任务。这种方法称为工程网络计划技术。

网络计划技术主要有关键线路法（Critical Path Method，CPM）和计划评审法（Program Evaluation and Review Technique，PERT）两种。两者分别适用于工序间的逻辑关系和工序需用时间肯定的情况和不能肯定的情况。

2. 网络计划的基本原理

网络计划的基本原理可归纳为以下几点：

（1）把一项工程的全部建造过程分解为若干项工作，并按其开展顺序和相互制约、相互依赖的关系，绘制出网络图。

（2）进行时间参数计算，找出关键工作和关键线路。

（3）利用最优化原理，改进初始方案，寻求最优网络计划方案。

（4）在网络计划执行过程中，进行有效监督与控制，以最少的消耗，获得最佳的经济效果。

3. 网络计划的分类

（1）按代号的不同区分

1）双代号网络计划。即用双代号网络图表示的网络计划。双代号网络图是以箭线及其两端节点的编号表示工作的网络图。

2）单代号网络计划。单代号网络计划是以单代号网络图表示的网络计划。单代号网络图是以节点及其编号表示工作、以箭线表示工作之间逻辑关系的网络图。

（2）按性质分类

1）肯定型网络计划。这是指工作、工作与工作之间的逻辑关系以及工作持续时间都肯定的网络计划。在这种网络计划中，各项工作的持续时间都是确定的单一的数值，整个网络计划有确定的计划总工期。

2）非肯定型网络计划。这是指工作、工作与工作之间的逻辑关系和工作持续时间中一项或多项不肯定的网络计划。在这种网络计划中，各项工作的持续时间只能按概率方法确定出三个值，整个网络计划无确定的计划总工期。计划评审技术和图示评审技术就属于非肯定型网络计划。

（3）按目标分类

1）单目标网络计划。这是指只有一个终点节点的网络计划，即网络图只具有一个最终目标。如一个建筑物的施工进度计划只具有一个工期目标的网络计划。

2）多目标网络计划。它是指终点节点不止一个的网络计划。此种网络计划具有若干个独立的最终目标。

（4）按有无时间坐标分类

1）时标网络计划。它是指以时间坐标为尺度绘制的网络计划。在网络图中，每项工作箭线的水平投影长度，与其持续时间成正比。

2）非时标网络计划。它是指不按时间坐标绘制的网络计划。在网络图中，工作箭线长度与持续时间无关，可按需要绘制。通常绘制的网络计划都是非时标网络计划。

（5）按层次分类

1）分级网络计划。它是根据不同管理层次的需要而编制的范围大小不同、详细程度不同的网络计划。

2）总网络计划。这是以整个计划任务为对象编制的网络计划，如群体网络计划或单项工程网络计划。

3）局部网络计划。以计划任务的某一部分为对象编制的网络计划称为局部网络计划，如分部工程网络图。

（6）按工作衔接特点分类

1）普通网络计划。工作间关系均按首尾衔接关系绘制的网络计划称为普通网络计划，如单代号、双代号和概率网络计划。

2）搭接网络计划。按照各种规定的搭接时距绘制的网络计划称为搭接网络计划，网络图中既能反映各种搭接关系，又能反映相互衔接关系，如前导网络计划。

3）流水网络计划。充分反映流水施工特点的网络计划称为流水网络计划，包括横道流水网络计划，搭接流水网络计划和双代号流水网络计划。

7.3.2 双代号网络计划

1. 双代号网络图的组成

双代号网络图是由工作、节点和线路三个基本要素组成的。

（1）工作。工作是指能够独立存在的实施性活动。如工序、施工过程或施工项目等实施性活动。

工作可分为需要消耗时间和资源的工作、只消耗时间而不消耗资源的工作和不消耗时间及资源的工作三种。前两种为实工作，最后一种为虚工作。工作表示方法，如图7-5所示。工作根据一项计划（或工程）的规模不同其划分的粗细程度、大小范围也有所不同。如对于一个规模较大的建设项目来讲，一项工作可能代表一个单位工程或一个构筑物；如对于一个单位工程，一项工作，可能只代表一个分部或分项工作。

（2）节点。在网络图中箭线的出发和交汇处通常画上圆圈，用以标志该圆圈前面一项或若干项工作的结束和允许后面一项或若干项工作的开始的时间点称为节点（也称为结点、事件）。

在网络图中，节点不同于工作，它只标志着工作的结束和开始的瞬间，具有承上启下的衔接作用，而不需要消耗时间或资源。

网络图的第一个节点称为起节点，表示一项计划的开始；网络图的最后一个节点称为终节点，它表示一项计划的结束；其余节点都称为中间节点，任何一个中间节点既是其紧前各施工过程的结束节点，又是其紧后各施工过程的开始节点。

网络图中的每一个节点都要编号，编号的顺序是：每一个箭线的箭尾节点代号 i 必须小于箭头节点代号 j，且所有节点代号不能重复出现，如图7-6所示。

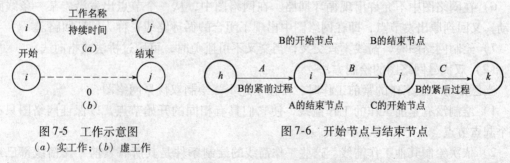

图7-5　工作示意图
（a）实工作；（b）虚工作

图7-6　开始节点与结束节点

（3）线路。网络图中从起点节点开始，沿箭线方向连续通过一系列箭线与节点，最后到达终点节点所经过的通路，称为线路。

每一条线路都有自己确定的完成时间，它等于该线路上各项工作持续时间的总和，称为线路时间。根据每条线路的线路时间长短，可将网络图的线路区分为关键线路和非关键线路两种。

关键线路是指网络图中线路时间最长的线路，其线路时间代表整个网络图的计算总工期。关键线路至少有一条，并以粗箭线或双箭线表示。关键线路上的工作，都是关键工作，关键工作都没有时间储备。

在网络图中关键线路有时不止一条，可能同时存在几条关键线路，即这几条线路上的持续时间相同且是线路持续时间的最大值。但从管理的角度出发，为了实行重点管理，一般不希望出现太多的关键线路。

关键线路并不是一成不变的。在一定的条件下，关键线路和非关键线路可以相互转化。例如当采用了一定的技术组织措施，缩短了关键线路上各工作的持续时间就有可能使关键线路发生转移，使原来的关键线路变成非关键线路，而原来的非关键线路却变成关键线路。

位于非关键线路的工作除关键工作外，其余的均称为非关键工作，它具有机动时间（即时差）。非关键工作也不是一成不变的，它可以转化为关键工作；利用非关键工作的机动时间可以科学地、合理地调配资源和对网络计划进行优化。

2. 双代号网络图的绘制

（1）双代号网络图绘制的基本规则

在绘制双代号网络图时，一般应遵循以下规则：

1）网络图必须按照已定的逻辑关系绘制。由于网络图是有向、有序网状图形，所以其必须严格按照工作之间的逻辑关系绘制，这同时也是为保证工程质量和资源优化配置及合理使用所必需的。

2）网络图中严禁出现双向箭头和无箭头的连线。

3）网络图中严禁出现没有箭尾节点的箭线和没有箭头节点的箭线。

4）当双代号网络图的某些节点有多条外向箭线或多条内向箭线时，在保证一项工作有唯一的一条箭线和对应的一对节点编号前提下，允许使用母线法绘图。

5）双代号网络图是由许多条线路组成的、环环相套的封闭图形，只允许有一个起点节点和一个终点节点，而其他所有节点均是中间节点（既有指向它的箭线，又有背离它的箭线）。

6）在网络图中不允许出现循环回路。在网络图中，从一个节点出发沿着某一条线路移动，又回到原出发节点，即在网络图中出现了闭合的循环路线，称为循环回路。

7）绘制网络图时，箭线不宜交叉，当交叉不可避免时，可用过桥法或指向法。

（2）双代号网络图的绘制方法

当已知每一项工作的紧前工作时，可按下述步骤绘制双代号网络图：

1）绘制没有紧前工作的工作箭线，使它们具有相同的开始节点，以保证网络图只有一个起点节点。

2）依次绘制其他工作箭线。这些工作箭线的绘制条件是其所有紧前工作箭线都已经绘制出来。

3）当各项工作箭线都绘制出来之后，应合并那些没有紧后工作之工作箭线的箭头节点，以保证网络图只有一个终点节点（多目标网络计划除外）。

4）按照各道工作的逻辑顺序将网络图绘好以后，就要给节点进行编号。编号的方法有水平编号法和垂直编号法两种。

① 水平编号法就是从起点节点开始由上到下逐行编号，每行则自左向右按顺序编排，如图7-7所示。

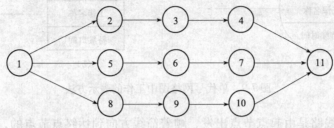

图7-7　水平编号法

② 垂直编号法就是从起点节点开始自左向右逐列编号，每列则根据编号规则的要求或自上而下，或自下而上，或先上下后中间，或先中间后上下进行编排，如图7-8所示。

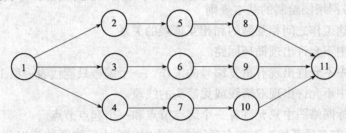

图7-8　垂直编号法

以上所述是已知每一项工作的紧前工作时的绘图方法，当已知每一项工作的紧后工作时，也可按类似的方法进行网络图的绘制，只是其绘图顺序由前述从左向右改为从右向左。

3. 关键线路和关键工作确定

在网络计划中，总时差最小的工作为关键工作。当网络计划的计划工期等于计算工期时，总时差为零的工作就是关键工作。

找出关键工作之后，将这些关键工作首尾相连，便构成从起点节点到终点节点的通路，位于该通路上各项工作的持续时间总和最大，这条通路就是关键线路。在关键线路上可能有虚工作存在。

关键线路一般用粗箭线或双线箭线标出，也可以用彩色箭线标出。关键线路上各项工作的持续时间总和应等于网络计划的计算工期，这一特点也是判别关键线路是否正确的准则。

7.3.3　单代号网络计划

1. 单代号网络图的组成

常见的单代号网络图是由工作和线路两个基本要素组成的。

（1）工作。在单代号网络图中，工作由结点及其关联箭线组成。通常将结点画成一个大圆圈或方框形式，其内标注工作编号、名称和持续时间。关联箭线表示该工作开始前和结束后的环境关系，如图7-9所示。

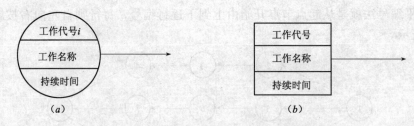

图 7-9　单代号网络图中工作的表示方法

（2）线路。线路是由起点节点出发，顺着箭线方向到达终点节点的，中间经由一系列节点和箭线所组成的通道，这些通道均称为线路。在单代号网络图中，线路也分为关键线路和非关键线路两种，它们的性质与双代号网络图相应线路性质一致。

2. 单代号网络图的绘制

（1）单代号网络图绘制的基本规则

1）正确表达工作之间相互制约和相互依赖的关系。

2）网络图中不允许出现循环回路。

3）网络图中不允许出现有重复编号的工作，一个编号只能代表一项工作。

4）网络图中不允许出现双箭线或无箭头的线段。

5）在单目标网络图中只允许有一个终点节点和一个起点节点。

当网络图中有多项开始工作和多项结束工作时，应在网络图的两端分别设置一项虚工作，作为网络图的起点节点和终点节点，如图 7-10 所示。其他再无任何虚工作。

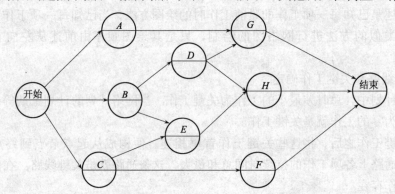

图 7-10　带虚拟起点节点和终点节点的网络图

（2）单代号网络图的绘制方法

1）在保证网络逻辑关系正确的前提下，图面布局要合理，层次要清晰，重点要突出。

2）尽量避免交叉箭线。交叉箭线容易造成线路逻辑关系混乱，绘图时应尽量避免。无法避免时，对于较简单的相交箭线，可采用过桥法处理。如图 7-11（a）所示，G、D 是 A、B 的紧后工序，不可避免地出现了交叉，用过桥法处理后网络图如图 7-11（b）所示。对于较复杂的相交线路可采用增加中间虚拟节点的办法进行处理，以简化图面。如图 7-11（a）所示，D、F、G 是 A、B、C 的紧后工序，出现了较复杂的交叉箭线，这时可增加一个中间虚拟节点（一个空圈），化解交叉箭线，如图 7-11（b）所示。

84

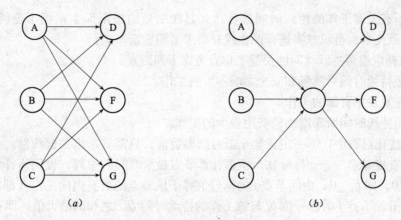

图 7-11　用虚拟中间节点处理交叉箭线

3）单代号网络图的分解方法和排列方法；与双代号网络图相应部分类似。

（3）关键线路的确定

1）利用关键工作确定关键线路。如前所述，总时差最小的工作为关键工作。将这些关键工作相连，并保证相邻两项关键工作之间的时间间隔为零而构成的线路就是关键线路。

2）利用相邻两项工作之间的时间间隔确定关键线路。从网络计划的终点节点开始，逆着箭线方向依次找出相邻两项工作之间时间间隔为零的线路就是关键线路。

7.3.4　网络计划优化

1. 工期优化

在网络计划中，完成任务的计划工期是否满足规定的要求是衡量编制计划是否达到预期目标的一个首要问题。工期优化就是以缩短工期为目标，使其满足规定，对初始网络计划加以调整。一般是通过压缩关键工作的持续时间，从而使关键线路的线路时间即工期缩短。需要注意的是，在压缩关键线路的线路时间时，会使某些时差较小的次关键线路上升为关键线路，这时需要再次压缩新的关键线路，如此逐次逼近，直到达到规定工期为止。

（1）当计算工期不满足要求工期时，可通过压缩关键工作的持续时间满足工期要求。

（2）工期优化的计算，应按下述规定步骤进行：

1）计算并找出初始网络计划的计算工期、关键线路及关键工作。

2）按要求工期计算应缩短的时间 $\triangle T$：

$$\triangle T = T_c - T_r \tag{7-11}$$

式中　T_c——网络计划的计算工期；

　　　T_r——要求工期。

3）确定各关键工作能缩短的持续时间。

4）选择关键工作，压缩其持续时间，并重新计算网络计划的计算工期。

5）若计算工期仍超过要求工期，则重复以上步骤，直到满足工期要求或工期已不能再缩短为止。

6）当所有关键工作的持续时间都已达到其能缩短的极限而工期仍不能满足要求时，应对计划的原技术、组织方案进行调整或对要求工期重新审定。

（3）选择应缩短持续时间的关键工作宜考虑下列因素：

1）缩短持续时间对质量和安全影响不大的工作。

2）有充足备用资源的工作。

3）缩短持续时间所需增加的费用最少的工作。

由于在优化过程中，不一定需要全部时间参数值，只需寻求出关键线路，为此介绍一种关键线路直接寻求法——标号法。根据计算节点最早时间的原理，设网络计划起节点①的标号值为0，即 $b_1 = 0$；中间节点 j 的标号值等于该节点的所有内向工作（即指向该节点的工作）的开始节点 i 的标号值 b_i 与该工作的持续时间 D_{i-j} 之和的最大值，即：

$$b_j = \max\{b_i + D_{i-j}\} \tag{7-12}$$

我们称能求得最大值的节点 i 为节点 j 的源节点，将源节点及 b_j 标注于节点上，直至最后一个节点。从网络计划终点开始，自右向左按源节点寻求关键线路，终节点的标号值即为网络计划的计算工期。

2. 资源优化

一个部门或单位在一定时间内所能提供的各种资源（劳动力、机械及材料等）是有一定限度的，如何经济而有效地利用这些资源是个十分重要的问题。在资源计划安排时有两种情况：一种情况是在一定时间内如何安排各工作活动时间，使可供使用的资源均衡地消耗。另一种情况是网络计划所需要的资源受到限制，如果不增加资源数量（例如劳动力），有时会迫使工程的工期延长，资源优化的目的是使工期延长最少。

（1）"工期固定—资源均衡"优化。资源的均衡性是指每天资源的供应量力求接近其平均值，避免资源出现供应高峰，方便资源供应计划的掌握与安排，使资源运用更趋合理。工期固定是在优化过程中不改变原工期。

"工期固定—资源均衡"优化是指施工项目按合同工期完成，寻求资源均衡的进度计划方案。因为网络计划的初始方案是在未考虑资源情况下编制出来的，因此各时段对资源的需要量往往相差很大，如果不进行资源分配的均衡性优化，工程进行中就可能产生资源供应脱节，影响工期；也可能产生资源供应过剩，产生积压，影响成本。

（2）"资源有限—工期最短"优化。资源有限是指安排计划时，每天资源需要量不能超过限值，否则资源将供应不上，计划将无法执行。计划工期是由关键线路及其关键工序确定的，移动关键工序将会延长工期。因此，工期最短目标要求尽可能移走资源高峰时段内的非关键工序，且移动尽可能在时差范围内。这实际上是优先满足高峰时段内关键工序的资源需要量。当然，满足资源限值是第一位的，当移动非关键工序无法削去高峰时，可考虑移动关键工序，这时的工期仍是最短的。

3. 费用优化

费用优化是以满足工期要求的施工费用最低为目标的施工计划方案的调整过程。通常在寻求网络计划的最佳工期大于规定工期或在执行计划时需要加快施工进度时，需要进行工期—成本优化。

费用优化的基本方法就是从组成网络计划的各项工作的持续时间与费用关系，找出能使计划工期缩短而又能使得直接费用增加最少的工作，不断地缩短其持续时间，然后考虑

86

间接费用随着工期缩短而减少的影响，把不同工期下的直接费用和间接费用分别叠加起来，即可求得工程成本最低时的相应最优工期和工期一定时相应的最低工程成本。

7.4 钢结构工程项目进度计划实施

7.4.1 项目进度计划实施要求

（1）经批准的进度计划，应向执行者进行交底并落实责任。

（2）进度计划执行者应制定实施计划方案。

（3）在实施进度计划的过程中应进行下列工作：

1）跟踪检查，收集实际进度数据。

2）将实际数据与进度计划进行对比。

3）分析计划执行的情况。

4）对产生的进度变化，采取相应措施进行纠正或调整计划。

5）检查措施的落实情况。

6）进度计划的变更必须与有关单位和部门及时沟通。

7.4.2 项目进度计划实施步骤

为了保证施工项目进度计划的实施，并且尽量按照编制的计划时间逐步实现，工程项目进度计划的实施应按以下步骤进行。

1. 向执行者进行交底并落实责任

要把计划贯彻到项目经理部的每一个岗位，每一个职工，要保证进度的顺利实施，就必须做好思想发动工作和计划交底工作。项目经理部要把进度计划讲解给广大职工，让他们心中有数，并且要提出贯彻措施，针对贯彻进度计划中的困难和问题，同时提出克服这些困难和解决这些问题的方法和步骤。

为保证进度计划的贯彻执行，项目管理层和作业层都要建立严格的岗位责任制，要严肃纪律、奖罚分明，项目经理部内部积极推行生产承包经济责任制，贯彻按劳分配的原则，使职工群众的物质利益同项目经理部的经营成果结合起来，激发群众执行进度计划的自觉性和主动性。

2. 制定实施计划方案

进度计划执行者应制定工程项目进度计划的实施计划方案，具体来讲，就是编制详细的施工作业计划。

由于施工活动的复杂性，在编制施工进度计划时，不可能考虑到施工过程中的一切变化情况，因而不可能一次安排好未来施工活动中的全部细节，所以施工进度计划还只能是比较概括的，很难作为直接下达施工任务的依据。因此，还必须有更为符合当时情况、更为细致具体的、短时间的计划，这就是施工作业计划。施工作业计划是根据施工组织设计和现场具体情况，灵活安排，平衡调度，以确保实现施工进度和上级规定的各项指标任务的具体的执行计划。

施工作业计划一般可分为月作业计划和旬作业计划。施工作业计划一般应包括以下三个方面内容：

（1）明确本月（旬）应完成的施工任务，确定其施工进度。月（旬）作业计划应保证年、季度计划指标的完成，一般要按一定的规定填写作业计划表，见表7-2。

月（旬）作业计划表 表7-2

施工单位 年 季 月

编号	工程地点及名称	计量单位	月 计 划					上旬		中旬		下旬		形象进度要求										
			数量	单价	合价	定额	工天	数量	工天	数量	工天	数量	工天	26	27	28	29	31	1	2	…	23	24	25

编制 年 月 日

（2）根据本月（旬）施工任务及其施工进度，编制相应的资源需要量计划。

（3）结合月（旬）作业计划的具体实施情况，落实相应的提高劳动生产率和降低成本的措施。

编制作业计划时，计划人员应深入施工现场，检查项目实施的实际进度情况，并且要深入施工队组，了解其实际施工能力，同时了解设计要求，把主观和客观因素结合起来，征询各有关施工队组的意见，进行综合平衡，修正不合时宜的计划安排，提出作业计划指标。最后，召开计划会议，通过施工任务书将作业计划落实并下达到施工队组。

3. 跟踪记录，收集实际进度数据

在计划任务完成的过程中，各级施工进度计划的执行者都要跟踪做好施工记录，记载计划中的每项工作开始日期、工作进度和完成日期，为施工项目进度检查分析提供信息，因此要求实事求是记载，并填好有关图表。

收集数据的方式有两种：一是以报表的方式；二是进行现场实地检查。收集的数据质量要高，不完整或不正确的进度数据将导致不全面或不正确的决策。

4. 将实际数据与计划进度对比

主要是将实际的数据与计划的数据进行比较，如将实际的完成量、实际完成的百分比与计划的完成量、计划完成的百分比进行比较。通常可利用表格形成各种进度比较报表或直接绘制比较图形来直观地反映实际与计划的差距。通过比较了解实际进度比计划进度拖后、超前还是与计划进度一致。

5. 做好施工中的调度工作

施工调度是指在施工过程中不断组织新的平衡，建立和维护正常的施工条件及施工程序所做的工作。主要任务是督促、检查工程项目计划和工程合同执行情况，调度物资、设备、劳力，解决施工现场出现的矛盾，协调内、外部的配合关系，促进和确保各项计划指标的落实。

为保证完成作业计划和实现进度目标，有关施工调度应涉及多方面的工作，包括：

（1）执行施工合同中对进度、开工及延期开工、暂停施工、工期延误、工程竣工的承诺。

（2）落实控制进度措施应具体到执行人、目标、任务、检查方法和考核办法。

（3）监督检查施工准备工作、作业计划的实施，协调各方面的进度关系。

（4）督促资料供应单位按计划供应劳动力、施工机具、材料构配件、运输车辆等，并对临时出现问题采取相应措施。

（5）由于工程变更引起资源需求的数量变更和品种变化时，应及时调整供应计划。

（6）按施工平面图管理施工现场，遇到问题作必要的调整，保证文明施工。

（7）及时了解气候和水、电供应情况，采取相应的防范和调整保证措施。

（8）及时发现和处理施工中各种事故和意外事件。

（9）协助分包人解决项目进度控制中的相关问题。

（10）定期、及时召开现场调度会议，贯彻项目主管人的决策，发布调度令。

（11）当发包人提供的资源供应进度发生变化不能满足施工进度要求时，应敦促发包人执行原计划，并对造成的工期延误及经济损失进行索赔。

7.5 钢结构工程项目进度计划的检查与调整

7.5.1 项目进度计划的检查

在项目施工进度计划的实施过程中，由于各种因素的影响，原始计划的安排常常会被打乱而出现进度偏差。因此，在进度计划执行一段时间后，必须对执行情况进行动态检查，并分析进度偏差产生的原因，以便为施工进度计划的调整提供必要的信息。

1. 项目进度计划检查的内容

项目进度计划的检查应包括下列内容：

（1）工作量的完成情况。

（2）工作时间的执行情况。

（3）资源使用及与进度的互配情况。

（4）上次检查提出问题的处理情况。

2. 项目进度检查的方式

在项目施工过程中，可以通过以下方式获得项目施工实际进展情况：

（1）定期地、经常地收集由承包单位提交的有关进度报表资料。

（2）由驻地监理人员现场跟踪检查建设工程的实际进展情况。

除上述两种方式外，由监理工程师定期组织现场施工负责人召开现场会议，也是获得工程项目实际进展情况的一种方式。通过这种面对面的交谈，监理工程师可以从中了解到施工过程中的潜在问题，以便及时采取相应的措施加以预防。

3. 项目进度检查的方法

项目施工进度检查的主要方法是比较法。常用的检查比较方法有横道图、S 形曲线、香蕉形曲线、前锋线和列表比较法。

（1）横道图比较法。横道图比较法是指将项目实施过程中检查实际进度收集到的数据，经加工整理后直接用横道线平行绘于原计划的横道线处，进行实际进度与计划进度的比较方法。采用横道图比较法，可以形象、直观地反映实际进度与计划进度的比较情况。

横道图比较方法，由于其形象直观，作图简单，容易理解，因而被广泛用于工程项目的进度监测中，供不同层次的进度控制人员使用。

（2）S形曲线比较法。S形曲线比较法与横道图比较法不同，它不是在编制的横道图进度计划上进行实际进度与计划进度比较。它是以横坐标表示进度时间，纵坐标表示累计完成任务量，而绘制出一条按计划时间累计完成任务量的S形曲线，将施工项目的各检查时间实际完成的任务量与S形曲线进行实际进度与计划进度相比较的一种方法。

（3）香蕉形曲线比较法。香蕉形曲线是两条S形曲线组合成的闭合图形。如前所述，工程项目的计划时间和累计完成任务量之间的关系都可用一条S形曲线表示。在工程项目的网络计划中，各项工作一般可分为最早和最迟开始时间，于是根据各项工作的计划最早开始时间安排进度，就可绘制出一条S形曲线，称为ES曲线，而根据各项工作的计划最迟开始时间安排进度，绘制出的S形曲线，称为LS曲线。这两条曲线都是起始于计划开始时刻，终止于计划完成之时，因而图形是闭合的；一般情况下，在其余时刻，ES曲线上各点均应在LS曲线的左侧，其图形如图7-12所示，形似香蕉，因而得名。

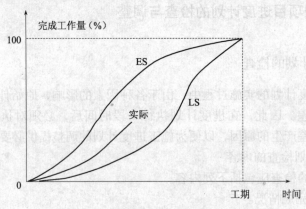

图 7-12　香蕉形曲线比较图

（4）前锋线比较法。前锋线比较法也是一种简单地进行工程实际进度与计划进度的比较方法。它主要适用于时标网络计划。其主要方法是从检查时刻的时标点出发，首先连接与其相邻的工作箭线的实际进度点，由此再去连接该箭线相邻工作箭线的实际进度点，依此类推，将检查时刻正在进行工作的点都依次连接起来，组成一条一般为折线的前锋线。按前锋线与箭线交点的位置判定工程实际进度与计划进度的偏差。简而言之，前锋线法就是通过工程项目实际进度前锋线，比较工程实际进度与计划进度偏差的方法。

4. 工程项目进度报告

项目进度计划检查后应按下列内容编制进度报告：

（1）进度执行情况的综合描述。

（2）实际进度与计划进度的对比资料。

（3）进度计划的实施问题及原因分析。

（4）进度执行情况对质量、安全和成本等的影响情况。

（5）采取的措施和对未来计划进度的预测。

7.5.2 项目进度计划的调整

项目进度计划的调整应依据进度计划检查结果，在进度计划执行发生偏离的时候，通过对工程量、起止时间、工作关系、资源提供和必要的目标进行调整，或通过局部改变施工顺序，重新确认作业过程相互协作方式等工作关系进行的调整，更充分利用施工的时间和空间进行合理交叉衔接，并编制调整后的施工进度计划，以保证施工总目标的实现。

1. 分析进度偏差的影响

在建设工程项目实施过程中，当通过实际进度与计划进度的比较，发现有进度偏差时，需要分析该偏差对后续工作及总工期的影响，从而采取相应的调整措施对原进度计划进行调整，以确保工期目标的顺利实现。进度偏差的大小及其所处的位置不同，对后续工作和总工期的影响程度是不同的，分析时需要利用网络计划中工作总时差和自由时差的概念进行判断。分析步骤如下：

（1）分析进度偏差的工作是否为关键工作。在工程项目的施工过程中，若出现偏差的工作为关键工作，则无论偏差大小，都对后续工作及总工期产生影响，必须采取相应的调整措施；若出现偏差的工作不为关键工作，需要根据偏差值与总时差和自由时差的大小关系，确定对后续工作和总工期的影响程度。

（2）分析进度偏差是否大于总时差。在工程项目施工过程中，若工作的进度偏差大于该工作的总时差，说明此偏差必将影响后续工作和总工期，必须采取相应的调整措施；若工作的进度偏差小于或等于该工作的总时差，说明此偏差对总工期无影响，但它对后续工作的影响程度，需要根据比较偏差与自由时差的情况来确定。

（3）分析进度偏差是否大于自由时差。在工程项目施工过程中，若工作的进度偏差大于该工作的自由时差，说明此偏差对后续工作产生影响，该如何调整，应根据后续工作允许影响的程度而定；若工作的进度偏差小于或等于该工作的自由时差，则说明此偏差对后续工作无影响，因此，原进度计划可以不做调整。

经过如此分析，进度控制人员可以确认应该调整产生进度偏差的工作和调整偏差值的大小，以便确定调整采取的新措施，获得符合实际进度情况和计划目标的新进度计划。

2. 项目进度计划调整方法

当工程项目施工实际进度影响到后续工作、总工期而需要对进度计划进行调整时，通常采用下面的两种方法。

（1）改变某些工作间的逻辑关系。当工程项目实施中产生的进度偏差影响到总工期，且有关工作的逻辑关系允许改变时，可以改变关键线路和超过计划工期的非关键线路上的有关工作之间的逻辑关系，达到缩短工期的目的。例如，将顺序进行的工作改为平行作业、搭接作业以及分段组织流水作业等，都可以有效地缩短工期。对于大型群体工程项目，单位工程间的相互制约相对较小，可调幅度较大；对于单位工程内部，由于施工顺序和逻辑关系约束较大，可调幅度较小。

（2）缩短某些工作的持续时间。这种方法是不改变工作之间的逻辑关系，而是缩短某些工作的持续时间，而使施工进度加快，并保证实现计划工期的方法。这些被压缩了持续时间的工作是位于由于实际施工进度的拖延而引起总工期增长的关键线路和某些非关键线路上的工作。同时，这些工作又是可压缩持续时间的工作。这种方法实际上就是网络计划优化中的工期优化方法和工期与费用优化的方法。具体做法是：

1）研究后续各工作持续时间压缩的可能性，及其极限工作持续时间。

2）确定由于计划调整，采取必要措施引起的各工作的费用变化率。

3）选择直接引起拖期的工作及紧后工作优先压缩，以免拖期影响扩大。

4）选择费用变化率最小的工作优先压缩，以求花费最小代价，满足既定工期要求。

5）综合考虑3）、4），确定新的调整计划。

8 钢结构工程项目质量管理

8.1 钢结构工程项目质量管理概述

8.1.1 质量与质量管理

1. 质量

（1）质量的概念

2000 版 GB/T 19000～ISO 9000 体系标准中质量的定义是：一组固有特性满足要求的程度。

对上述定义可从以下几个方面去理解：

1）质量不仅是指产品质量，也可以是某项活动或过程的工作质量，还可以是质量管理体系运行的质量。质量是由一组固有特性组成，这些固有特性是指满足顾客和其他相关方的要求的特性，并由其满足要求的程度加以表征。

2）特性是指区分的特征。特性可以是固有的或赋予的，可以是定性的或定量的。质量特性是固有的特性，并通过产品、过程或体系设计和开发及其后实现过程形成的属性。固有的意思是指在某事或某物中本来就有的，尤其是那种永久的特性。赋予的特性（如：某一产品的价格）并非是产品、过程或体系的固有特性，不是它们的质量特性。

3）满足要求就是应满足明示的（如合同、规范、标准、技术、文件、图纸中明确规定的）、通常隐含的（如组织的惯例、一般习惯）或必须履行的（如法律、法规、行业规则）的需要和期望。与要求相比较，满足要求的程度才反映为质量的好坏。对质量的要求除考虑满足顾客的需要外，还应考虑其他相关方即组织自身利益、提供原材料和零部件等供方的利益和社会的利益等多种需求。例如需考虑安全性、环境保护、节约能源等外部的强制要求。只有全面满足这些要求，才能评定为好的质量或优秀的质量。

顾客和其他相关方对产品、过程或体系的质量要求是动态的、发展的和相对的，质量要求随着时间、地点、环境的变化而变化。如随着技术的发展、生活水平的提高，人们对产品、过程或体系会提出新的质量要求。因此应定期评定质量要求、修订规范标准，不断开发新产品、改进老产品，以满足已提高的质量要求。另外，不同国家不同地区因自然环境条件不同，技术发达程度不同、消费水平不同和民俗习惯等不同会对产品提出不同的要求，产品应具有这种环境的适应性，对不同地区应提供不同性能的产品，以满足该地区用户的明示或隐含的要求。

（2）工程质量

工程质量是指承建工程的使用价值，是工程满足社会需要所必须具备的质量特征。它体现在工程的性能、寿命、可靠性、安全性和经济性五个方面。

1）性能。是指对工程使用目的提出的要求，即对使用功能方面的要求。可从内在和外观两个方面来区别，内在质量多表现在材料的化学成分、物理性能及力学特征等方面。

比如，轨枕的抗拉、抗压强度，钢筋的配制，钢轨枕木的断面尺寸，轨距、接头相错量、轨面高程、螺旋道钉的垂直度，桥梁落位，支座安装等。

2）寿命。是指工程正常使用期限的长短。

3）可靠性。是指工程在使用寿命期限和规定的条件下完成工作任务能力的大小及耐久程度，是工程抵抗风化、有害侵蚀、腐蚀的能力。

4）安全性。是指建设工程在使用周期内的安全程度，是否对人体和周围环境造成危害。

5）经济性。是指效率、施工成本、使用费用、维修费用的高低，包括能否按合同要求，按期或提前竣工，工程能否提前交付使用，尽早发挥投资效益等。

（3）工序质量

工序质量也称施工过程质量，指施工过程中劳动力、机械设备、原材料、操作方法和施工环境五大要素对工程质量的综合作用过程，也称生产过程中五大要素的综合质量。在整个施工过程中，任何一个工序的质量存在问题，整个工程的质量都会受到影响。

工序能力指数是用来衡量工序能力对于技术标准满足程度的一种综合指标。工序能力指数 C_p 可用公差范围与工序能力的比值来表示，即

$$C_p = \frac{公差范围}{工序能力} = \frac{T}{6\sigma} \tag{8-1}$$

式中 T——公差范围，$T = T_u - T_c$；

T_u——公差上限；

T_c——公差下限；

σ——质量特征标准差。

显然，工序能力指数越大，说明工序越能满足技术要求，质量指标越有保证或还有潜力可挖。

（4）工作质量

工作质量是指参与工程的建设者为了保证工程的质量所从事工作的水平和完善程度。

工作质量包括：社会工作质量，如社会调查、市场预测、质量回访等；生产过程工作质量，如思想政治工作质量、管理工作质量、技术工作质量和后勤工作质量等。工程质量的好坏是建筑工程的形成过程的各方面各环节工作质量的综合反映，而不是单纯靠质量检验检查出来的。为保证工程质量，要求有关部门和人员精心工作，对决定和影响工程质量的所有因素严加控制，即通过工作质量来保证和提高工程质量。

2. 质量管理

（1）质量管理

质量管理是指"确定质量方针、目标和职责，并在质量体系中通过诸如质量策划、质量控制、质量保证和质量改进使其实现的全部管理职能的所有活动"。质量管理是下述管理职能中的所有活动。

1）确定质量方针和目标。

2）确定岗位职责和权限。

3）建立质量体系并使其有效运行。

（2）质量方针和质量目标

1）质量方针。质量方针是"由组织的最高管理者正式颁布的该组织总的质量宗旨和方向"。

质量方针是组织总方针的一个组成部分，由最高管理者批准。它是组织的质量政策；是组织全体职工必须遵守的准则和行动纲领；是企业长期或较长时期内质量活动的指导原则，它反映了企业领导的质量意识和决策。

2）质量目标。质量目标是"与质量有关的、所追求或作为目的的事物"。

质量目标应覆盖那些为了使产品满足要求而确定的各种需求。因此，质量目标一般是按年度提出的在产品质量方面要达到的具体目标。

质量方针是总的质量宗旨、总的指导思想，而质量目标是比较具体的、定量的要求。因此，质量目标应是可测的，并且应该与质量方针，包括与持续改进的承诺相一致。

（3）质量体系

质量体系是指"为实施质量管理所需的组织结构、程序、过程和资源"。

1）组织结构是一个组织为行使其职能按某种方式建立的职责、权限及其相互关系，通常以组织结构图予以规定。一个组织的组织结构图应能显示其机构设置、岗位设置以及它们之间的相互关系。

2）资源可包括人员、设备、设施、资金、技术和方法，质量体系应提供适宜的各项资源以确保过程和产品的质量。

3）一个组织所建立的质量体系应既满足本组织管理的需要，又满足顾客对本组织的质量体系要求，但主要目的应是满足本组织管理的需要。顾客仅仅评价组织质量体系中与顾客订购产品有关的部分，而不是组织质量体系的全部。

4）质量体系和质量管理的关系是，质量管理需通过质量体系来运作，即建立质量体系并使之有效运行是质量管理的主要任务。

（4）质量策划

质量策划是"质量管理中致力于设定质量目标并规定必要的作业过程和相关资源以实现其质量目标的部分"。

最高管理者应对实现质量方针、目标和要求所需的各项活动和资源进行质量策划，并且将策划的输出文件化。质量策划是质量管理中的筹划活动，是组织领导和管理部门的质量职责之一。组织要在市场竞争中处于优胜地位，就必须根据市场信息、用户反馈意见、国内外发展动向等因素，对老产品改进和新产品开发进行筹划。就研制什么样的产品，应具有什么样的性能；达到什么样的水平，提出明确的目标和要求，并进一步为如何达到这样的目标和实现这些要求从技术、组织等方面进行策划。

（5）质量控制

质量控制是指"为达到质量要求所采取的作业技术和活动"。

1）质量控制的对象是过程。控制的结果应能使被控制对象达到规定的质量要求。

2）为使控制对象达到规定的质量要求，就必须采取适宜的、有效的措施，包括作业技术和方法。

（6）质量保证

质量保证是指"为了提供足够的信任表明实体能够满足质量要求，而在质量体系中实施并根据需要进行证实的全部有计划和有系统的活动"。

1）质量保证定义的关键是"信任"，对达到预期质量要求的能力提供足够的信任。质量保证不是买到不合格产品以后的保修、保换、保退。

2）信任的依据是质量体系的建立和运行。因为这样的质量体系将所有影响质量的因素，包括技术、管理和人员方面的，都采取了有效的方法进行控制，因而具有减少、消除、特别是预防不合格的机制。一言以蔽之，质量保证体系具有持续稳定地满足规定质量要求的能力。

3）供方规定的质量要求，包括产品的、过程的和质量体系的要求，必须完全反映顾客的需求，才能给顾客以足够的信任。

4）质量保证总是在有两方的情况下才存在，由一方向另一方提供信任。由于两方的具体情况不同，质量保证分为内部和外部两种。内部质量保证是企业向自己的管理者提供信任；外部质量保证是供方向顾客或第三方认证机构提供信任。

（7）质量改进

质量改进是指"质量管理中致力于提高有效性和效率的部分"。

质量改进的目的是向组织自身和顾客提供更多的利益，如更低的消耗、更低的成本、更多的收益以及更新的产品和服务等。质量改进是通过整个组织范围内的活动和过程的效果以及效率的提高来实现的。组织内的任何一个活动和过程的效果以及效率的提高都会导致一定程度的质量改进。质量改进不仅与产品、质量、过程以及质量环境等概念直接相关，而且也与质量损失、纠正措施、预防措施、质量管理、质量体系、质量控制等概念有着密切的联系，所以说质量改进是通过不断减少质量损失而为本组织和顾客提供更多的利益的；也是通过采取纠正措施、预防措施而提高活动和过程的效果及效率的。质量改进是质量管理的一项重要组成部分或者说支柱之一，它通常在质量控制的基础上进行。

（8）全面质量管理

全面质量管理是指"一个组织以质量为中心，以全员参与为基础，目的在于通过让顾客满意和本组织所有成员及社会受益而达到长期成功的管理途径"。

全面质量管理的特点是针对不同企业的生产条件、工作环境及工作状态等多方面因素的变化，把组织管理、数理统计方法以及现代科学技术、社会心理学、行为科学等综合运用于质量管理，建立适用和完善的质量工作体系，对每一个生产环节加以管理，做到全面运行和控制。通过改善和提高工作质量来保证产品质量；通过对产品的形成和使用全过程管理，全面保证产品质量；通过形成生产（服务）企业全员、全企业、全过程的质量工作系统，建立质量体系以保证产品质量始终满足用户需要，使企业用最少的投入获取最佳的效益。

8.1.2 项目质量管理

1. 项目质量管理基本特征

由于项目施工涉及面广，是一个极其复杂的综合过程，再加上项目位置固定、生产流动、结构类型不一、质量要求不一、施工方法不一、体型大、整体性强、建设周期长、受自然条件影响大等特点，因此，项目的质量管理比一般工业产品的质量管理更难以实施，主要表现在以下方面：

（1）影响质量的因素多。如设计、材料、机械、地形、地质、水文、气象、施工工艺、操作方法、技术措施、管理制度等，均直接影响施工项目的质量。

（2）容易产生质量变异。因项目施工不像工业产品生产，有固定的自动性和流水线，有规范化的生产工艺和完善的检测技术，有成套的生产设备和稳定的生产环境，有相同系列规格和相同功能的产品；同时，由于影响施工项目质量的偶然性因素和系统性因素都较多，因此，很容易产生质量变异。

（3）容易产生第一、第二判断错误。施工项目由于工序交接多，中间产品多，隐蔽工程多，若不及时检查实质，事后再看表面，就容易产生第二判断错误，也就是说，容易将不合格的产品，认为是合格的产品；反之，检查不认真，测量仪表不准，读数有误，就会产生第一判断错误，也就是说容易将合格产品，认为是不合格的产品。这点，在进行质量检查验收时，应特别注意。

（4）质量检查不能解体、拆卸。工程项目建成后，不可能像某些工业产品那样，再拆卸或解体检查内在的质量，或重新更换零件；即使发现质量有问题，也不可能像工业产品那样实行"包换"或"退款"。

（5）质量要受投资、进度的制约。施工项目的质量受投资、进度的制约较大，如一般情况下，投资大、进度慢，质量就好；反之，质量则差。

因此，项目在施工中，还必须正确处理质量、投资、进度三者之间的关系，使其达到对立的统一。

2. 项目质量管理的原则

对项目而言，质量控制，就是为了确保合同、规范所规定的质量标准，所采取的一系列检测、监控措施、手段和方法。在进行项目质量管理过程中，应遵循以下原则：

（1）坚持"质量第一，用户至上"。钢结构工程产品作为一种特殊的商品，使用年限较长，是"百年大计"，直接关系到人民生命、财产的安全。所以，工程项目在施工中应自始至终地把"质量第一，用户至上"作为质量控制的基本原则。

（2）"以人为核心"。人是质量的创造者，质量控制必须"以人为核心"，把人作为控制的动力，调动人的积极性、创造性；增强人的责任感，树立"质量第一"观念；提高人的素质，避免人的失误；以人的工作质量保工序质量、保工程质量。

（3）"以预防为主"。"以预防为主"，就是要从对质量的事后检查把关，转向对质量的事前控制、事中控制；从对产品质量的检查，转向对工作质量的检查、对工序质量的检查、对中间产品的质量检查。这是确保施工项目工程质量的有效措施。

（4）坚持质量标准、严格检查，一切用数据说话。质量标准是评价产品质量的尺度，数据是质量控制的基础和依据。产品质量是否符合规定的质量标准，必须通过严格检查，用数据说话。

（5）贯彻科学、公正、守法的职业规范。在处理质量问题过程中，应尊重客观事实，尊重科学，正直、公正，不持偏见；遵纪、守法，杜绝不正之风；既要坚持原则、严格要求、秉公办事，又要谦虚谨慎、实事求是、以理服人、热情帮助。

3. 项目质量管理的过程

任何施工项目都是由分项工程、分部工程和单位工程所组成的，而工程项目的建设，则通过一道道工序来完成。所以，施工项目的质量管理是从工序质量到分项工程质量、分部工程质量、单位工程质量的系统控制过程（图8-1）；也是一个由对投入原材料的质量控制开始，直到完成工程质量检验为止的全过程系统过程（图8-2）。

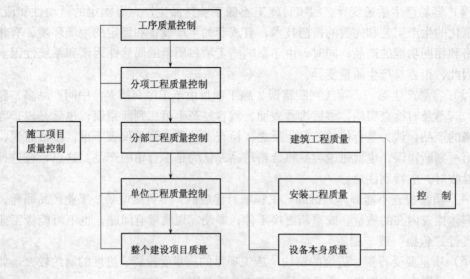

图 8-1　施工项目质量管理过程（一）

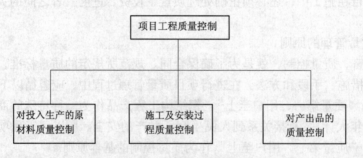

图 8-2　施工项目质量管理过程（二）

为了加强项目的质量管理，明确整个质量管理过程中的重点所在，可将工程项目质量管理的过程分为事前控制、事中控制和事后控制三个阶段（图8-3）。

（1）事前控制

即对工程施工前期准备阶段进行的质量控制。它是指在各工程对象正式施工活动开始前，对各项准备工作及影响质量的各因素和有关方面进行的质量控制。

质量事前控制有以下几方面的要求：

1）施工技术准备工作的质量控制应符合：

① 组织施工图纸审核及技术交底。应要求勘察设计单位按国家现行的有关规定、标准和合同规定，建立健全质量保证体系，完成符合质量要求的勘察设计工作。

在图纸审核中，审核图纸资料是否齐全，标准尺寸有无矛盾及错误，供图计划是否满足组织施工的要求及所采取的保证措施是否得当。

设计采用的有关数据及资料是否与施工条件相适应，能否保证施工质量和施工安全。

进一步明确施工中具体的技术要求及应达到的质量标准。

② 核实资料。核实和补充对现场调查及收集的技术资料，应确保可靠性、准确性和完整性。

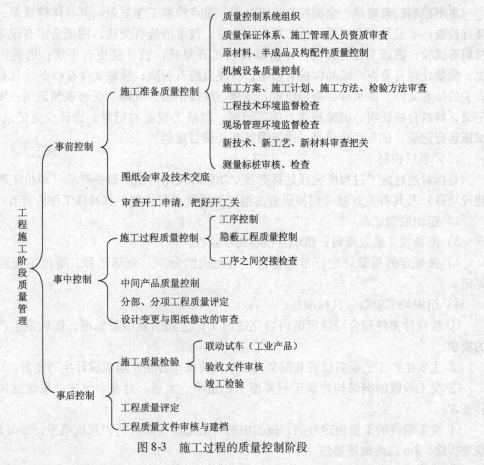

图 8-3　施工过程的质量控制阶段

③ 审查施工组织设计或施工方案。重点审查施工方法与机械选择、施工顺序、进度安排及平面布置等是否能保证组织连续施工，审查所采取的质量保证措施。

④ 建立保证工程质量的必要试验设施。

2）现场准备工作的质量控制应符合：

① 场地平整度和压实程度是否满足施工质量要求。

② 测量数据及水准点的埋设是否满足施工要求。

③ 施工道路的布置及路况质量是否满足运输要求。

④ 水、电、热及通信等的供应质量是否满足施工要求。

3）材料设备供应工作的质量控制应符合：

① 材料设备供应程序与供应方式是否能保证施工顺利进行。

② 所供应的材料设备的质量是否符合国家有关法规、标准及合同规定的质量要求。设备应具有产品详细说明书及附图；进场的材料应检查验收，验规格、验数量、验品种、验质量，做到合格证、化验单与材料实际质量相符。

（2）事中控制

即对施工过程中进行的所有与施工有关方面的质量控制，也包括对施工过程中的中间产品（工序产品或分部、分项工程产品）的质量控制。

事中控制的策略是：全面控制施工过程，重点控制工序质量。其具体措施是：工序交接有检查；质量预控有对策；施工项目有方案；技术措施有交底，图纸会审有记录；配制材料有试验；隐蔽工程有验收；计量器具校正有复核；设计变更有手续；钢筋代换有制度；质量处理有复查；成品保护有措施；行使质控有否决；质量文件有档案（凡是与质量有关的技术文件，如水准、坐标位置，测量、放线记录，沉降、变形观测记录，图纸会审记录，材料合格证明、试验报告，施工记录，隐蔽工程验收记录，设计变更记录，调试、试压运行记录，试车运转记录，竣工图等都要编目建档）。

（3）事后控制

是指对通过施工过程所完成的具有独立功能和使用价值的最终产品（单位工程或整个建设项目）及其有关方面（例如质量文档）的质量进行控制。其具体工作内容有：

1）组织联动试车。

2）准备竣工验收资料，组织自检和初步验收。

3）按规定的质量评定标准和办法，对完成的分项、分部工程，单位工程进行质量评定。

4）组织竣工验收，其标准是：

① 按设计文件和合同规定的内容完成施工，达到国家质量标准，能满足生产和使用的要求。

② 主要生产工艺设备已安装配套，联动负荷试车合格，形成设计生产能力。

③ 交工验收的钢结构建筑工程要窗明、地净、水通、灯亮、气来、采暖通风设备运转正常。

④ 交工验收的工程内净外洁，施工中的残余物料运离现场，灰坑填平，临时建（构）筑物拆除，2m 以内地坪整洁。

⑤ 技术档案资料齐全。

4. 项目质量管理程序

在进行建筑施工全过程中，项目管理者要对建筑产品施工生产进行全过程、全方位的监督、检查与管理，它与工程竣工验收不同，它不是对最终产品的检查、验收，而是对生产中各环节或中间产品进行监督、检查与验收。

8.1.3 项目质量监督管理

1. 项目质量政府监督管理体制与职能

（1）政府监督管理体制

国务院建设行政主管部门对全国的建设工程质量实施统一监督管理。国务院铁路、交通、水利等有关部门按国务院规定的职责分工，负责对全国的有关专业建设工程质量的监督管理。县级以上地方人民政府有关行政主管部门对本行政区域内的建设工程质量实施监督管理。

国务院发展计划部门按照国务院规定的职责，组织稽查特派员，对国家出资的重大建设项目实施监督检查；国务院经济贸易主管部门按国务院规定的职责，对国家重大技术改造项目实施监督检查；国务院建设行政主管部门和国务院铁路、交通、水利等有关专业部门、县级以上地方人民政府建设行政主管部门和其他有关部门，对有关建设工程质量的法律、法规和强制性标准执行情况加强监督检查。

县级以上政府建设行政主管部门和其他有关部门履行检查职责时，有权要求被检查的单位提供有关工程质量的文件和资料，有权进入被检查单位的施工现场进行检查，在检查中发现工程质量存在问题时，有权责令改正。

政府的工程质量监督管理具有权威性、强制性、综合性的特点。

（2）政府监督管理职能

1）建立和完善工程质量管理法规。包括行政性法规和工程技术规范标准，前者如《中华人民共和国建筑法》、《中华人民共和国招标投标法》、《建设工程质量管理条例》等，后者如工程设计规范、建筑工程施工质量验收统一标准、工程施工质量验收规范等。

2）建立和落实工程质量责任制。包括工程质量行政领导的责任、项目法定代表人的责任、参建单位法定代表人的责任和工程质量终身负责制等。

3）建设活动主体资格的管理。国家对从事建设活动的单位实行严格的从业许可证制度，对从事建设活动的专业技术人员实行严格的执业资格制度。建设行政主管部门及有关专业部门按各自分工，负责各类资质标准的审查、从业单位的资质等级的最后认定、专业技术人员资格等级的核查和注册，并对资质等级和从业范围等实施动态管理。

4）工程承发包管理。包括规定工程招投标承发包的范围、类型、条件，对招投标承发包活动的依法监督和工程合同管理。

5）控制工程建设程序。包括工程报建、施工图设计文件审查、工程施工许可、工程材料和设备准用、工程质量监督、施工验收备案等管理。

2. 项目质量监督管理法规

政府实施的建设工程质量监督管理以法律、法规和强制性标准为依据，以政府认可的第三方强制监督为主要方式。

（1）法律——《中华人民共和国建筑法》。《中华人民共和国建筑法》于1997年11月1日经第八届全国人大常委会第二十八次会议审议通过，自1998年3月1日起施行。《建筑法》第六章规范了建筑工程质量管理，它包括建筑工程的质量要求、质量义务和质量管理制度。第七章规范了建筑工程质量责任。《建筑法》是我国社会主义市场经济法律体系中的重要法律，对于加强建筑活动的监督管理，维护建筑市场秩序，保证建筑工程的质量和安全，促进建筑业的健康发展都具有重要意义。

（2）行政法规——《建设工程质量管理条例》。《建设工程质量管理条例》于2000年1月10日经国务院第25次常务会议通过，2000年1月30日发布实施。《建设工程质量管理条例》以参与建筑活动各方主体为主线，分别规定了建设单位、勘察单位、设计单位、施工单位和工程监理单位的质量责任和义务，确立了施工图设计文件审查制度、工程竣工验收制度、建设工程质量保修制度、工程质量监督管理制度等内容。《建设工程质量管理条例》对违法行为的种类和相应处罚作出了原则性的规定，同时还完善了责任追究制度，加大了处罚力度。

《建设工程质量管理条例》的发布施行，对于强化政府质量监督，规范建设工程各方主体的质量责任和义务，维护建筑市场秩序，全面提高建设工程质量都具有重要意义。

（3）技术规范。《工程建设标准强制性条文》虽然是技术法规的过渡成果，但《建设工程质量管理条例》确立了其法律地位，已经成为工程质量管理法律规范体系中重要的组成部分。

（4）地方性法规。地方性法规是由省、自治区、直辖市、省级政府所在地的市、经国务院批准的较大市的人大及其常委会制定的，效力不超过本行政区域范围，作为地方司法依据之一的法规。

（5）规章。规章分为部门规章和地方政府规章两种。部门规章如《建筑工程施工许可管理办法》(1999 年 10 月 15 日建设部令第 71 号，2001 年 7 月 4 日建设部令第 91 号修正)、《房屋建筑工程质量保修办法》(2000 年 6 月 30 日建设部令第 80 号) 等。地方政府规章是省、自治区、直辖市和较大市的人民政府，根据法律、行政法规及相应的地方性法规而制定的规章。

3. 项目质量监督管理制度

国家实行建设工程质量监督管理制度。工程质量监督管理的主体是各级政府建设行政主管部门和其他有关部门。但由于工程建设周期长、环节多、点多面广，工程质量监督工作是一项专业技术性强，且很繁杂的工作，政府部门不可能亲自进行日常检查工作。因此，工程质量监督管理由建设行政主管部门或其他有关部门委托的工程质量监督机构具体实施。

工程质量监督机构是经省级以上建设行政主管部门或有关专业部门考核认定，具有独立法人资格的单位。它受县级以上地方人民政府建设行政主管部门或有关专业部门的委托，依法对工程质量进行强制性监督，并对委托部门负责。

工程质量监督机构的主要任务有：

（1）根据政府主管部门的委托，受理建设工程项目的质量监督。

（2）制定质量监督工作方案。确定负责该项工程的质量监督工程师和助理质量监督师。根据有关法律、法规和工程建设强制性标准，针对工程特点，明确监督的具体内容、监督方式。在方案中对地基基础、主体结构和其他涉及结构安全的重要部位和关键过程，作出实施监督的详细计划安排，并将质量监督工作方案通知建设、勘察、设计、施工、监理单位。

（3）检查施工现场工程建设各方主体的质量行为。检查施工现场工程建设各方主体及有关人员的资质或资格；检查勘察、设计、施工、监理单位的质量管理体系和质量责任制落实情况；检查有关质量文件、技术资料是否齐全，符合规定。

（4）检查建设工程实体质量。按照质量监督工作方案，对建设工程地基基础、主体结构和其他涉及安全的关键部位进行现场实地抽查，对用于工程的主要建筑材料、构配件的质量进行抽查。对地基基础分部、主体结构分部和其他涉及安全的分部工程的质量验收进行监督。

（5）监督工程质量验收。监督建设单位组织的工程竣工验收的组织形式、验收程序以及在验收过程中提供的有关资料和形成的质量评定文件是否符合有关规定，实体质量是否存在严重缺陷，工程质量验收是否符合国家标准。

（6）向委托部门报送工程质量监督报告。报告的内容应包括对地基基础和主体结构质量检查的结论，工程施工验收的程序、内容和质量检验评定是否符合有关规定，及历次抽查该工程的质量问题和处理情况等。

（7）对预制建筑构件和商品混凝土的质量进行监督。

（8）对受委托部门委托按规定收取工程质量监督费。

（9）负责政府主管部门委托的工程质量监督管理的其他工作。

8.2 钢结构工程项目质量策划

8.2.1 项目质量策划概述

1. 项目质量策划

项目质量策划，是指确定项目质量及采用的质量体系要求的目标和要求的活动，致力于设定质量目标并规定必要的作业过程和相关资源，以实现质量目标。

对上述定义，可从以下几个方面进行理解：

（1）质量策划是质量管理的前期活动，是对整个质量管理活动的策划和准备。质量策划的好坏对质量管理活动的影响是非常关键的。

（2）质量策划首先是对产品质量的策划。这项工作涉及了大量有关产品专业以及有关市场调研和信息收集方面的专门知识，因此在产品策划工作中，必须有设计部门和营销部门人员的积极参与和支持。

（3）应根据产品策划的结果来确定适用的质量体系要素和采用的程度。质量体系的设计和实施应与产品的质量特性、目标、质量要求和约束条件相适应。

（4）对有特殊要求的产品、合同和措施应制订质量计划，并为质量改进作出规定。

2. 项目质量策划的依据

（1）质量方针。指由最高管理者正式发布的与质量有关的组织总的意图和方向。它是一个工程项目组织内部的行为准则，是该组织成员的质量意识和质量追求，也体现了顾客的期望和对顾客作出的承诺。它是根据工程项目的具体需要而确定的，一般采用实施组织（即承包商）的质量方针；若实施组织无正式的质量方针，或该项目有多个实施组织，则需要提出一个统一的项目质量方针。

（2）范围说明。即以文件的形式规定了主要项目成果和工程项目的目标（即业主对项目的需求）。它是工程项目质量策划所需的一个关键依据。

（3）产品描述。一般包括技术问题及可能影响工程项目质量策划的其他问题的细节。无论其形式和内容如何，其详细程度应能保证以后工程项目计划的进行，而且一般初步的产品描述由业主提供。

（4）标准和规则。指可能对该工程项目产生影响的任何应用领域的专用标准和规则。许多工程项目在项目策划中常考虑通用标准和规则的影响，当这些标准和规则的影响不确定时，有必要在工程项目风险管理中加以考虑。

（5）其他过程的结果。指其他领域所产生的可视为质量策划组成部分的结果，例如采购计划可能对承包商的质量要求作出规定。

3. 项目质量策划的方法

（1）成本/效益分析。工程项目满足质量要求的基本效益就是少返工、提高生产率、降低成本、使业主满意。工程项目满足质量要求的基本成本则是开展项目质量管理活动的开支。成本效益分析就是在成本和效益之间进行权衡，使效益大于成本。

（2）基准比较。就是将该工程项目的做法同其他工程项目的实际做法进行比较，希望在比较中获得改进。

（3）流程图。流程图能表明系统各组成部分间的相互关系，有助于项目班子事先估计会发生哪些质量问题，并提出解决问题的措施。

4. 项目质量策划的步骤

开展项目质量策划，一般可以分两个步骤进行。

（1）总体策划。

总体策划由分公司经理主持进行。对大型、特殊工程，可邀请公司质量经理、总工程师和相关职能负责人等参与策划。

（2）细部策划。

被任命的项目经理、项目工程师应立即进入角色，熟悉施工现场和图纸，沟通各种联系渠道，同时组织临建施工。待项目部人员到位后，项目经理组织项目工程师、技术、质量、成本核算、材料设备等方面的负责人根据总体策划的意图进行细部策划。

项目质量策划完成后，应将项目质量总体策划和细部策划的结果形成文件，诸如项目质量计划、施工组织设计、工程承包责任状、质量责任书、任命书等，并加以控制。其中工程质量计划是一种针对性很强的控制和保证工程质量的文件，在项目质量策划中占有相当重要的位置。

5. 项目质量策划的实施

（1）落实责任，明确质量目标。项目质量策划的目的就是要确保项目质量目标的实现，项目经理部是质量策划贯彻落实的基础。首先，要组织精干、高效的项目领导班子，特别是选派训练有素的项目经理，是保证质量体系持续有效运行的关键。其次，对质量策划的工程总体质量目标实施分解，确定工序质量目标，并落实到班组和个人。有了这两条，贯标工作就有了基本的保障。

（2）做好采购工作，保证原材料的质量。施工材料的好坏直接影响到建筑工程质量，如果没有精良的原材料，就不可能建造出优质工程。公司应从材料计划的提出、采购及验收检验每个环节都进行严格规定和控制。项目部必须严格按采购程序的要求执行，特别是要从指定的物资合格供方名册中选择厂家进行采购，并做好检验记录。对"三无产品"坚决不采用，以保证施工进度的施工质量。

（3）加强过程控制，保证工程质量。过程控制是贯标工作和施工管理工作的一项重要内容。只有保证施工过程的质量，才能确保最终建筑产品的质量。为此，必须搞好以下几个方面的控制：

1）认真实施技术质量交底制度。每个分项工程施工前，项目部专业人员都应按技术交底质量要求，向直接操作的班组做好有关施工规范、操作规程的交底工作，并按规定做好质量交底记录。

2）实施首件样板制。样板检查合格后，再全面展开施工，确保工程的质量。

3）对关键过程和特殊过程应该制定相应的作业指导书，设置质量控制点，并从人、机、料、法、环等方面实施连续监控。

（4）加强检测控制。质量检测是及时发现和消除不合格工序的主要手段。质量检验的控制，主要是从制度上加以保证。如：技术复核制度、现场材料进货验收制度、三检制度、隐蔽工程验收制度、首件样板制度、质量联查制度和质量奖惩办法等。通过这些检测控制，有效地防止不合格工序转序，并能制定出有针对性的纠正和预防措施。

（5）监督质量策划的落实，验证实施效果。对项目质量策划的检查重点应放在对质量计划的监督检查上。公司检查部门要围绕质量计划不定期地对项目部进行监督和指导，项目经理要经常对质量计划的落实情况进行符合性和有效性的检查，发现问题，及时纠正。在质量计划考核时，应注意证据是否确凿，奖惩分明，使项目的质量体系运行正常有效。

8.2.2 项目质量计划

1. 项目质量计划的概念

项目质量计划是指确定工程项目的质量目标和如何达到这些质量目标所规定的必要的作业过程、专门的质量措施和资源等工作。它是质量策划的一项内容，在《ISO 8402 质量管理和质量保证术语》中，质量计划的定义是"针对特定的产品、项目或合同，规定专门的质量措施、资源和活动顺序的文件"。对工程行业而言，质量计划主要是针对特定的工程项目编制的规定专门的质量措施、资源和活动顺序的文件，其作用是，对外可作为针对特定工程项目的质量保证，对内作为针对特定工程项目质量管理的依据。

2. 项目质量计划的编写依据

质量计划的编制应依据下列资料：

（1）合同中有关产品（或过程）的质量要求。

（2）与产品（或过程）有关的其他要求。

（3）质量管理体系文件。

3. 项目质量计划的编写要求

项目质量计划应由项目经理主持编制。质量计划作为对外质量保证和对内质量控制的依据文件，应体现工程项目从分项工程、分部工程到单位工程的过程控制，同时也要体现从资源投入到完成工程质量最终检验和试验的全过程控制。工程项目质量计划编写的要求主要包括以下几个方面。

（1）质量目标。合同范围内的全部工程的所有使用功能符合设计（或更改）图纸要求。分项、分部、单位工程质量达到既定的施工质量验收统一标准，合格率100%。

（2）管理职责。项目经理是本工程实施的最高负责人，对工程符合设计、验收规范、标准要求负责；对各阶段、各工号按期交工负责。项目经理委托项目质量副经理（或技术负责人）负责本工程质量计划和质量文件的实施及日常质量管理工作；当有更改时，负责更改后的质量文件活动的控制和管理。

1）对本工程的准备、施工、安装、交付和维修整个过程质量活动的控制、管理、监督、改进负责。

2）对进场材料、机械设备的合格性负责。

3）对分包工程质量的管理、监督、检查负责。

4）对设计和合同有特殊要求的工程和部位负责组织有关人员、分包商和用户按规定实施，指定专人进行相互联络，解决相互间接口发生的问题。

5）对施工图纸、技术资料、项目质量文件、记录的控制和管理负责。

（3）资源提供。规定项目经理部管理人员及操作工人的岗位任职标准及考核认定方法。规定项目人员流动时进出人员的管理程序。规定人员进场培训（包括供方队伍、临时工、新进场人员）的内容、考核、记录等。规定对新技术、新结构、新材料、新设备修订的操作方法和操作人员进行培训并记录等。规定施工所需的临时设施（含临建、办公设备、住宿房屋等）、支持性服务手段、施工设备及通信设备等。

（4）工程项目实现过程策划。规定施工组织设计或专项项目质量的编制要点及接口关系。规定重要施工过程的技术交底和质量策划要求。规定新技术、新材料、新结构、新设备的策划要求。规定重要过程验收的准则或技艺评定方法。

（5）材料、机械、设备、劳务及试验等采购控制。由企业自行采购的工程材料、工程机械设备、施工机械设备、工具等，质量计划作如下规定：

1）对供方产品标准及质量管理体系的要求。

2）选择、评估、评价和控制供方的方法。

3）必要时对供方质量计划的要求及引用的质量计划。

4）采购的法规要求。

5）有可追溯性（追溯所考虑对象的历史、应用情况或所处场所的能力）要求时，要明确追溯内容的形成、记录、标志的主要方法。

6）需要的特殊质量保证证据。

（6）施工工艺过程的控制。对工程从合同签订到交付全过程的控制方法作出规定。对工程的总进度计划、分段进度计划、分包工程的进度计划、特殊部位进度计划、中间交付的进度计划等作出过程识别和管理规定。规定工程实施全过程各阶段的控制方案、措施、方法及特别要求等。

（7）搬运、储存、包装、成品保护和交付过程的控制。规定工程实施过程所形成的分项、分部、单位工程的半成品、成品保护方案、措施、交接方式等内容，作为保护半成品、成品的准则。规定工程期间交付、竣工交付、工程的收尾、维护、验评、后续工作处理的方案、措施，作为管理的控制方式。规定重要材料及工程设备的包装防护的方案及方法。

（8）安装和调试的过程控制。对钢结构工程的安装、检测、调试、验评、交付、不合格的处置等内容规定方案、措施、方式。由于这些工作同土建施工交叉配合较多，因此对于交叉接口程序、验证哪些特性、交接验收、检测、试验设备要求、特殊要求等内容要作明确规定，以便各方面实施时遵循。

（9）检验、试验和测量的过程控制。规定材料、构件、施工条件结构形式在什么条件、什么时间必须进行检验、试验、复验，以验证是否符合质量和设计要求，如钢材进场必须进行型号、钢种、炉号、批量等内容的检验，不清楚时要进行取样试验或复验。

（10）对检验、试验、测量设备的过程控制。规定要在本工程项目上使用所有检验、试验、测量和计量设备的控制和管理制度，包括：

1）设备的标识方法。

2）设备校准的方法。

3）标明、记录设备状态的方法。

4）明确哪些记录需要保存，以便一旦发现设备失准时，便确定以前的测试结果是否有效。

（11）不合格品的控制。要编制工种、分项、分部工程不合格产品出现时处理的方案、措施，以及防止与合格之间发生混淆的标识和隔离措施。规定哪些范围不允许出现不合格；明确一旦出现不合格哪些允许修补返工，哪些必须推倒重来，哪些必须局部更改设计或降级处理。

编制控制质量事故发生的措施及一旦发生后的处置措施。

规定当分项分部和单位工程不符合设计图纸（更改）和规范要求时，项目和企业各方面对这种情况的处理有如下职权：①质量监督检查部门有权提出返工修补处理、降级处理或做不合格品处理；②质量监督检查部门以图纸（更改）、技术资料、检测记录为依据用书面形式向以下各方发出通知：当分项分部项目工程不合格时通知项目质量副经理和生产副经理；当分项工程不合格时通知项目经理；当单位工程不合格时通知项目经理和公司生产经理。

对于上述返工修补处理、降级处理或不合格的处理，接受通知方有权接受和拒绝这些要求。当通知方和接收通知方意见不能调解时，则由上级质量监督检查部门、公司质量主管负责人乃至经理裁决；若仍不能解决时申请由当地政府质量监督部门裁决。

4. 项目质量计划的编写内容

编写质量计划时应确定下列内容：

（1）质量目标和要求。

（2）质量管理组织和职责。

（3）所需的过程、文件和资源。

（4）产品（或过程）所要求的评审、验证、确认、监视、检验和试验活动，以及接收准则。

（5）记录的要求。

（6）所采取的措施。

8.3 钢结构工程项目质量控制与改进

8.3.1 项目质量控制概述

1. 项目质量控制的概念

项目质量控制是指为达到项目质量要求采取的作业技术和活动。工程项目质量要求则主要表现为工程合同、设计文件、技术规范规定的质量标准。因此，工程项目质量控制就是为了保证达到工程合同设计文件和标准规范规定的质量标准而采取的一系列措施、手段和方法。建设工程项目质量控制按其实施者不同，包括三方面：一是业主方面的质量控制；二是政府方面的质量控制；三是承建商方面的质量控制。这里所述的质量控制主要指承建商方面的内部的、自身的控制。

2. 项目质量控制的目标

项目质量控制是指采取有效措施，确保实现合同（设计承包合同，施工承包合同与订货合同等）规定的质量要求和质量标准，避免常见的质量问题，达到预期目标。一般来说，工程项目质量控制的目标要求是：

（1）工程设计必须符合设计承包合同规定的规范标准的质量要求，投资额、建设规模应控制在批准的设计任务书范围内。

（2）设计文件、图纸要清晰完整，各相关图纸之间无矛盾。

（3）工程项目的设备选型、系统布置要经济合理、安全可靠、管线紧凑、节约能源。

（4）环境保护措施、"三废"处理、能源利用等要符合国家和地方政府规定的指标。

（5）施工过程与技术要求相一致，与计划规范相一致，与设计质量要求相一致，符合合同要求和验收标准。

3. 项目质量控制的关键环节

（1）提高质量意识。要提高所有参加工程项目施工的全体职工（包括分包单位和协作单位）的质量意识，特别是工程项目领导班子成员的质量意识，认识到"质量第一是个重大政策"，树立"百年大计，质量第一"的思想；要有对国家、对人民负责的高度责任感和事业心，把工程项目质量的优劣作为考核工程项目的重要内容，以优良的工程质量来提高企业的社会信誉和竞争能力。

（2）落实企业质量体系的各项要求，明确质量责任制。工程项目要认真贯彻落实本企业建立的文件化质量体系的各项要求，贯彻工程项目质量计划。工程项目领导班子成员、各有关职能部门或工作人员都要明确自己在保证工程质量工作中的责任，各尽其职，各负其责，以工作质量来保证工程质量。

（3）提高职工素质。这是搞好工程项目质量的基本条件。参加工程项目的职能人员是管理者，工人是操作者，都直接决定着工程项目的质量。必须努力提高参加工程项目职工的素质，加强职业道德教育和业务技术培训，提高施工管理水平和操作水平，努力创出第一流的工程质量。

（4）搞好工程项目质量管理的基础工作。主要包括质量教育、标准化、计量和质量信息工作。

8.3.2 项目施工质量控制

1. 施工质量控制的原则

工程施工是使工程设计意图最终实现并形成工程实体的阶段，是最终形成工程产品质量和工程项目使用价值的重要阶段。在进行工程项目施工质量控制的过程中，应遵循以下原则：

（1）坚持质量第一原则。建筑产品作为一种特殊的商品，使用年限长，是"百年大计"，直接关系到人民生命和财产的安全。所以，应自始至终地把"质量第一"作为对工程项目质量控制的基本原则。

（2）坚持以人为控制核心。人是质量的创造者，质量控制必须"以人为核心"，把人作为质量控制的动力，发挥人的积极性、创造性，处理好业主监理与承包单位各方面的关系，增强人的责任感，树立"质量第一"的思想，提高人的素质，避免人的失误，以人的工作质量保证工序质量、保证工程质量。

（3）坚持以预防为主。预防为主是指要重点做好质量的事前控制、事中控制，同时严格对工作质量、工序质量和中间产品质量的检验。这是确保工程质量的有效措施。

（4）坚持质量标准。质量标准是评价产品质量的尺度，数据是质量控制的基础。产品质量是否符合合同规定的质量标准，必须通过严格检查，以数据为依据。

（5）贯彻科学、公正、守法的职业规范。在控制过程中，应尊重客观事实，尊重科学，客观、公正、不持偏见，遵纪守法，坚持原则，严格要求。

2. 施工质量控制系统的过程

由于施工阶段是使工程设计最终实现并形成工程实体的阶段，是最终形成工程实体质量的过程，所以施工阶段的质量控制是一个由对人的资源和条件的质量控制，进而对生产过程及各环节质量进行控制，直到对所完成的工程产出品的质量检验与控制为止的全过程的系统控制过程。这个过程根据三阶段控制原理划分三个环节：

（1）事前控制。指施工准备控制即在各工程对象正式施工活动开始前，对各项准备工作及影响质量的各因素进行控制，这是确保施工质量的先决条件。

（2）事中控制。指施工过程控制即在施工过程中对实际投入的生产要素质量及作业技术活动的实施状态和结果所进行的控制，包括作业者发挥技术能力过程的自控行为和来自有关管理者的监控行为。

（3）事后控制。指竣工验收控制即对于通过施工过程所完成的具有独立的功能和使用价值的最终产品（单位工程或整个工程项目）及有关方面（例如质量文档）的质量进行控制。上三个环节的质量控制系统过程及其所涉及的主要方面，如图8-4所示。

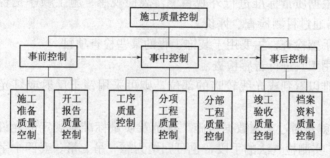

图8-4　施工质量控制系统过程

3. 施工质量控制的方法

施工质量控制的方法，主要是审核有关技术文件、报告和直接进行现场检查或必要的试验等。

（1）审核有关技术文件、报告或报表

对技术文件、报告、报表的审核，是项目经理对工程质量进行全面控制的重要手段，具体内容有：

1）审核有关技术资质证明文件。

2）审核开工报告，并经现场核实。

3）审核施工方案、施工组织设计和技术措施。

4）审核有关材料、半成品的质量检验报告。

5）审核反映工序质量动态的统计资料或控制图表。

6）审核设计变更、修改图纸和技术核定书。

7）审核有关质量问题的处理报告。

8）审核有关应用新工艺、新材料、新技术、新结构的技术核定书。

9）审核有关工序交接检查，分项、分部工程质量检查报告。

10）审核并签署现场有关技术签证、文件等。

（2）现场质量检查

1）开工前检查。目的是检查是否具备开工条件，开工后能否连续正常施工，能否保证工程质量。

2）工序交接检查。对于重要的工序或对工程质量有重大影响的工序，在自检、互检的基础上，还要组织专职人员进行工序交接检查。

3）隐蔽工程检查。凡是隐蔽工程均应检查认证后方能掩盖。

4）停工后复工前的检查。因处理质量问题或某种原因停工后需复工时，亦应经检查认可后方能复工。

5）分项、分部工程完工后，应经检查认可，签署验收记录后才许进行下一工程项目施工。

6）成品保护检查。检查成品有无保护措施，或保护措施是否可靠。

此外，还应经常深入现场，对施工操作质量进行巡视检查；必要时，还应进行跟班或追踪检查。现场进行质量检查的方法有目测法、实测法和试验法三种。

1）目测法。其手段可归纳为看、摸、敲、照四个字：

① 看，就是根据质量标准进行外观目测。表面观感，施工顺序是否合理，工人操作是否正确等，均需通过目测检查、评价。

② 摸，就是手感检查，主要用于装饰工程的某些检查项目。

③ 敲，是运用工具进行音感检查。

④ 照，对于难以看到或光线较暗的部位，则可采用镜子反射或灯光照射的方法进行检查。

2）实测法。就是通过实测数据与施工规范及质量标准所规定的允许偏差对照，来判别质量是否合格。实测检查法的手段，也可归纳为靠、吊、量、套四个字：

① 靠，是用直尺、塞尺检查墙面、地面、屋面的平整度。

② 吊，是用托线板以线坠吊线检查垂直度。

③ 量，是用测量工具和计量仪表等检查断面尺寸、轴线、标高、湿度、粗度等的偏差。这种方法用得最多，主要是检查容许偏差项目。

④ 套，是以方尺套方，辅以塞尺检查。

3）试验法。指必须通过试验手段，才能对质量进行判断的检查方法。如对桩或地基的静载试验；确定其承载力；对钢结构的稳定性试验，确定是否产生失隐现象；对节点对焊接头进行拉力试验，检验焊接的质量等。

4. 施工准备阶段的质量控制

（1）技术准备

1）研究和会审图纸及技术交底。通过研究和会审图纸，可以广泛听取使用人员、施工人员的正确意见，弥补设计上的不足，提高设计质量；可以使施工人员了解设计意图、技术要求、施工难点，为保证工程质量打好基础。技术交底是施工前的一项重要准备工作，以使参与施工的技术人员与工人了解承建工程的特点、技术要求、施工工艺及施工操作要点。

2）施工组织设计和施工方案编制阶段。施工组织设计或施工方案，是指导施工的全面性技术经济文件，保证工程质量的各项技术措施是其中的重要内容。这个阶段的主要工作有以下几点：

① 签订承发包合同和总分包协议书。

② 根据建设单位和设计单位提供的设计图纸和有关技术资料，编制施工组织设计。

③ 及时编制并提出施工材料、劳动力和专业技术工种培训，施工机具、仪器的需用计划。

④ 认真编制场地平整、土石方工程、施工场区道路和排水工程的施工作业计划。

⑤ 及时参加全部施工图纸的会审工作，对设计中的问题和有疑问之处应随时解决和弄清，要协助设计部门消除图纸差错。

⑥ 属于国外引进工程项目，应认真参加与外商进行的各种技术谈判和引进设备的质量检验，以及包装运输质量的检查工作。

施工组织设计编制阶段，质量管理工作除上述几点外，还要着重制订好质量管理计划，编制切实可行的质量保证措施和各项工程质量的检验方法，并相应地准备好质量检验测试器具。质量管理人员要参加施工组织设计的会审，以及各项保证质量技术措施的制定工作。

（2）物质准备

1）材料质量控制的要求：

① 掌握材料信息，优选供货厂家。

② 合理组织材料供应，确保施工正常进行。

③ 合理地组织材料使用，减少材料的损失。

④ 加强材料检查验收，严把材料质量关：

⑤ 要重视材料的使用认证，以防错用或使用不合格的材料。

2）材料质量控制的内容。材料质量控制的内容主要有：材料质量的标准，材料的性能，材料取样、试验方法，材料的适用范围和施工要求等。

① 材料质量标准。材料质量标准是用以衡量材料质量的尺度，也是作为验收、检验材料质量的依据。不同的材料有不同的质量标准，掌握材料的质量标准，就便于可靠地控制材料和工程的质量。

② 材料质量的检（试）验。材料质量检验的目的，是通过一系列的检测手段，将所取得的材料数据与材料的质量标准相比较，借以判断材料质量的可靠性能否使用于工程中；同时，还有利于掌握材料信息。

3）材料的选择和使用。材料的选择和使用不当，均会严重影响工程质量或造成质量事故。为此，必须针对工程特点，根据材料的性能、质量标准、适用范围和对施工要求等方面进行综合考虑，慎重地选择和使用材料。

4）施工机械设备的选用。施工机械设备是实现施工机械化的重要物质基础，是现代施工中必不可少的手段，对施工项目的质量有直接的影响。为此，施工机械设备的选用，必须综合考虑施工场地的条件、建筑结构形式、机械设备性能、施工工艺和方法、施工组织与管理、建筑经济等各种因素进行多方案比较，使之合理装备、配套使用、有机联系，以充分发挥机械设备的效能，力求获得较好的综合经济效益。

（3）组织准备

包括建立项目组织机构；集结施工队伍；对施工队伍进行入场教育等。

（4）施工现场准备

包括控制网、水准点、标桩的测量；"五通一平"；生产、生活临时设施等的准备；组织机具、材料进场；拟定有关试验、试制和技术进步项目计划；编制季节性施工措施；制定施工现场管理制度等。

（5）择优选择分包商并对其进行分包培训

分包是工程项目直接的操作者，只有他们的管理水平和技术实力提高了，工程质量才能达到既定的目标，因此要着重对分包队伍进行技术培训和质量教育，帮助分包提高管理水平。项目对分包班组长及主要施工人员按不同专业进行技术、工艺、质量综合培训，未经培训或培训不合格的分包队伍不允许进场施工。项目要责成分包建立责任制，并将项目的质量保证体系贯彻落实到各自施工质量管理中，督促其对各项工作的落实。

5. 施工工序的质量控制

（1）施工工序质量控制的概念

工程项目的施工过程，是由一系列相互关联、相互制约的工序所构成的。工序质量是基础，直接影响工程项目的整体质量。要控制工程项目施工过程的质量，首先必须控制工序的质量。

工序质量是指施工中人、材料、机械、工艺方法和环境等对产品综合起作用的过程的质量，又称过程质量，它体现为产品质量。

工序质量包含两方面的内容：一是工序活动条件的质量；二是工序活动效果的质量。从质量管理的角度来看，这两者是互为关联的，一方面要管理工序活动条件的质量，即每道工序投入品的质量（即人、材料、机械、方法和环境的质量）是否符合要求；另一方面又要管理工序活动效果的质量，即每道工序施工完成的工程产品是否达到有关质量标准。

（2）工序质量控制的内容

工序质量控制主要包括两方面的控制，即对工序施工条件的控制和对工序施工效果的控制，如图8-5所示。

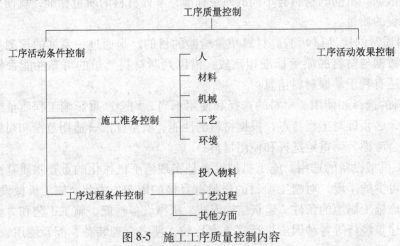

图8-5　施工工序质量控制内容

1）工序施工条件的控制。工序施工条件是指从事工序活动的各种生产要素及生产环境条件。控制方法主要可以采取检查、测试、试验、跟踪监督等方法。控制依据是要坚持设计质量标准、材料质量标准、机械设备技术性能标准、操作规程等。控制方式对工序准备的各种生产要素及环境条件宜采用事前质量控制的模式（即预控）。

在各种因素中，投入施工的物料如材料、半成品等，以及施工操作或工艺是最活跃和易变化的因素，应予以特别的监督与控制，使它们的质量始终处于控制之中，符合标准及要求。

2）工序施工效果的控制。工序施工效果主要反映在工序产品的质量特征和特性指标方面。对工序施工效果控制就是控制工序产品的质量特征和特性指标是否达到设计要求和施工验收标准。工序施工效果质量控制一般属于事后质量控制，其控制的基本步骤包括实测、统计、分析、判断、认可或纠偏。

（3）工序分析

在施工过程中，有许多影响工程质量的因素，但是它们并非同等重要，重要的只是少数，往往是某个因素对质量起决定作用，处于支配地位，控制了它，质量就可以得到保证。人、材料、机械、方法、环境、时间、信息中的任何一个要素，都可能在工序质量中起关键作用。有些工序往往不是一种因素起作用，而是同时有几种因素混合着起支配作用。

工序分析，概括地讲，就是要找出对工序的关键或重要质量特性起决定性作用的全部活动。对这些支配性要素，要制订成标准，加以重点控制。不进行工序分析，就搞不好工序控制，也就不能保证工序质量。工序质量不能保证，工程质量也就不能保证。如果搞好工序分析，就能迅速提高质量。工序分析是施工现场质量体系的一项基础工作。

工序分析可按三个步骤、八项活动进行：

第一步，应用因果分析图法进行分析，通过分析，在书面上找出支配性要素。该步骤包括五项活动：

1）选定分析的工序。对关键、重要工序或根据过去资料认定经常发生问题的工序，可选定为工序分析对象。

2）确定分析者，明确任务，落实责任。

3）对经常发生质量问题的工序，应掌握现状和问题点，确定改善工序质量的目标。

4）组织开会，应用因果分析图法进行工序分析，找出工序支配性要素。

5）针对支配性要素拟订对策计划，决定试验方案。

第二步，实施对策计划：

6）按试验方案进行试验，找出质量特性和工序支配性要素之间的关系，经过审查，确定试验结果。

第三步，制定标准，控制工序支配性要素：

7）将试验核实的支配性要素编入工序质量表，纳入标准或规范，落实责任部门或人员，并经批准。

8）各部门或有关人员对属于自己负责的支配性要素，按标准规定实行重点管理。

工序分析的方法第一步是书面分析，用因果分析图法；第二步进行试验核实，可根据不同的工序用不同的方法，如优选法等；第三步，制定标准进行管理，主要应用系统图法和矩阵图法。

（4）工序施工质量的动态控制

影响工序施工质量的因素对工序质量所产生的影响，可能表现为一种偶然的、随机性的影响，也可能表现为一种系统性的影响。前者如所用材料上的微小差异、施工设备运行的正常振动、检验误差等。这种正常的波动一般对产品质量影响不大，在管理上是容许的。而后者则表现为在工序产品质量特征数据方面出现异常大的波动或散差，其数据波动呈一定的规律性或倾向性变化，如数值不断增大或减小、数据均大于（或小于）标准值、或呈周期性变化等。这种质量数据的异常波动通常是由于系统性的因素造成的，如使用了不合格的材料、施工机具设备严重磨损、违章操作、检验量具失准等。这种异常波动，在质量管理上是不允许的，施工单位应采取措施设法加以消除。

因此，施工管理者应当在整个工序活动中，连续地实施动态跟踪控制，通过对工序产品的抽样检验，判定其产品质量波动状态，若工序活动处于异常状态，则应查找出影响质量的原因，采取措施排除系统性因素的干扰，使工序活动恢复到正常状态，从而保证工序活动及其产品的质量。

（5）质量控制点的设置

1）质量控制点。是指为了保证工序质量而确定的重点控制对象、关键部位或薄弱环节。设置质量控制点是保证达到工序质量要求的必要前提，工程师在拟定质量控制工作计划时，应予以详细的考虑，并以制度来保证落实。对于质量控制点，一般要事先分析可能造成质量问题的原因，再针对原因制定对策和措施进行预控。

质量控制点的涉及面较广，根据工程特点，视其重要性、复杂性、精确性、质量标准和要求，可能是结构复杂的某一工程项目，也可能是技术要求高、施工难度大的某一结构构件或分项、分部工程。无论是工艺、材料、机械设备、施工顺序、技术参数、自然条件、工程环境等，均可作为质量控制点来设置，主要是视其对质量特征影响的大小及危害程度而定。

2）质量控制点的实施要点。质量控制点实施要点如下：

① 交底。将控制点的"控制措施设计"向操作班组进行认真交底，必须使工人真正了解操作要点，这是保证"制造质量"，实现"以预防为主"思想的关键一环。

② 质量控制人员在现场进行重点指导、检查、验收。对重要的质量控制点，质量管理人员应当进行旁站指导、检查和验收。

③ 工人按作业指导书进行认真操作，保证操作中每个环节的质量。

④ 按规定做好检查并认真记录检查结果，取得第一手数据。

⑤ 运用数理统计方法不断进行分析与改进，直至质量控制点验收合格。

3）见证点和停止点。所谓"见证点"（Witness Point）和"停止点"（Hold Point）是国际上（如 ISO—9000 族标准）对于重要程度不同及监督控制要求不同的质量控制对象的一种区分方式。实际上它们都是质量控制点，只是由于它们的重要性或其质量后果影响程度有所不同，所以在实施监督控制时的动作程序和监督要求也有区别。

① 见证点（也称截流点，或简称 W 点）。它是指重要性一般的质量控制点，在这种质量控制点施工之前，施工单位应提前通知监理单位派监理人员在约定的时间到现场进行见证，对该质量控制点的施工进行监督和检查，并在见证表上详细记录该质量控制点所在

114

的建筑部位、施工内容、数量、施工质量和工时，并签字以作为凭证。如果在规定的时间监理人员未能到达现场进行见证和监督，施工单位可以认为已取得监理单位的同意（默认），有权进行该见证点的施工。

② 停止点（也称待检点，或简称 H 点）。它是指重要性较高、其质量无法通过施工以后的检验来得到证实的质量控制点。例如无法依靠事后检验来证实其内在质量或无法事后把关的特殊工序或特殊过程。对于这种质量控制点，在施工之前施工单位应提前通知监理单位，并约定施工时间，由监理单位派出监督员到现场进行监督控制，如果在约定的时间监理人员未到现场进行监督和检查，则施工单位应停止该质量控制点的施工，并按合同规定，等待监理人员，或另行约定该质量控制点的施工时间。

在实际工程实施质量控制时，通常是由工程承包单位在分项工程施工前制定施工计划时，就选定设置的质量控制点，并在相应的质量计划中再进一步明确哪些是见证点，哪些是停止点，施工单位应将该施工计划及质量计划提交监理工程师审批。如监理工程师对上述计划及见证点与停止点的设置有不同的意见，应书面通知施工单位，要求予以修改，修改后再上报监理工程师审批后执行。

6. 成品的质量保护

成品质量保护一般是指在施工过程中，某些分项工程已经完成，而其他一些分项工程尚在施工；或者是在其分项工程施工过程中，某些部位已完成，而其他部位正在施工。在这种情况下，施工单位必须负责对已完成部分采取妥善措施予以保护，以免因成品缺乏保护或保护不善而造成损伤或污染，影响工程整体质量。

（1）合理安排施工顺序。合理地安排施工顺序，按正确的施工流程组织施工，是进行成品保护的有效途径之一。

1）遵循"先地下后地上"、"先深后浅"的施工顺序，就不至于破坏地下管网和道路路面。

2）地下管道与基础工程相配合进行施工，可避免基础完工后再打洞挖槽安装管道，影响质量和进度。

（2）成品的保护措施。根据建筑产品特点的不同，可以分别对成果采取"防护"、"包裹"、"覆盖"、"封闭"等保护措施，以及合理安排施工顺序等来达到保护成品的目的。

总之，在工程项目施工过程中，必须充分重视成品的保护工作。

8.3.3 项目质量改进

1. 项目质量改进基本规定

（1）项目经理部应定期对项目质量状况进行检查、分析，向公司提出质量报告，提出目前质量状况、发包人及其他相关方满意程度、产品要求的符合性以及项目经理部的质量改进措施。

（2）公司应对项目经理部进行检查、考核，定期进行内部审核，并将审核结果作为管理评审的输入，促进项目经理部的质量改进。

（3）公司应了解发包人及其他相关方对质量的意见，对质量管理体系进行审核，确定改进目标，提出相应措施并检查落实。

2. 项目质量改进方法

（1）质量改进应坚持全面质量管理的 PDCA 循环方法。随着质量管理循环的不停进行，原有的问题解决了，新的问题又产生了，问题不断产生而又不断被解决，如此循环不止，每一次循环都把质量管理活动推向一个新的高度。

（2）坚持"三全"管理："全过程"质量管理指的就是在产品质量形成全过程中，把可以影响工程质量的环节和因素控制起来；"全员"质量管理就是上至项目经理下至一般员工，全体人员行动起来参加质量管理；"全面质量管理"就是要对项目各方面的工作质量进行管理。这个任务不仅由质量管理部门来承担，而且项目的各部门都要参加。

（3）质量改进要运用先进的管理办法、专业技术和数理统计方法。

3. 项目质量预防与纠正措施

（1）质量预防措施

1）项目经理部应定期召开质量分析会，对影响工程质量潜在原因，采取预防措施。

2）对可能出现的不合格，应制定防止再发生的措施并组织实施。

3）对质量通病应采取预防措施。

4）对潜在的严重不合格，应实施预防措施控制程序。

5）项目经理部应定期评价预防措施的有效性。

（2）质量纠正措施

1）对发包人或监理工程师、设计人员、质量监督部门提出的质量问题，应分析原因，制定纠正措施。

2）对已发生或潜在的不合格信息，应分析并记录结果。

3）对检查发现的工程质量问题或不合格报告提及的问题，应由项目技术负责人组织有关人员判定不合格程度，制定纠正措施。

4）对严重不合格或重大质量事故，必须实施纠正措施。

5）实施纠正措施的结果应由项目技术负责人验证并记录；对严重不合格或等级质量事故的纠正措施和实施效果应验证，并应报企业管理层。

6）项目经理部或责任单位应定期评价纠正措施的有效性。

9 钢结构工程项目职业
健康安全管理

9.1 钢结构工程项目职业健康安全管理概述

9.1.1 职业健康安全管理的基本概念

1. 职业健康安全

职业健康安全是指预知人类在生产和生活各个领域存在的固有的或潜在的危险，并且为消除这些危险所采取的各种方法、手段和行动的总称。

2. 职业健康安全生产

职业健康安全生产是指在劳动生产过程中，通过努力改善劳动条件，克服不安全因素，防止伤亡事故发生，使劳动生产在保障劳动者安全健康和国家财产及人民生命财产不受损失的前提下顺利进行。

3. 职业健康安全生产管理

职业健康安全生产管理是指经营管理者对职业健康安全生产工作进行的策划、组织、指挥、协调、控制和改进的一系列活动，目的是保证在生产经营活动中的人身安全、财产安全，促进生产的发展，保持社会的稳定。

4. 项目职业健康安全管理

项目职业健康安全管理就是用现代管理的科学知识，概括项目职业健康安全生产的目标要求，进行控制、处理，以提高职业健康安全管理工作的水平。在施工过程中只有用现代管理的科学方法去组织、协调生产，方能大幅度降低伤亡事故，才能充分调动施工人员的主观能动性。在提高经济效益的同时，改变不安全、不卫生的劳动环境和工作条件，在提高劳动生产率的同时，加强对工程项目的职业健康安全管理。

9.1.2 职业健康安全管理的重要性

项目施工现场存在着较多不安全因素，属于事故多发的作业现场。因此，加强对施工现场进行职业健康安全管理具有重要意义。

职业健康安全管理是建筑企业安全系统管理的关键，是保证建筑企业处于安全状态的重要基础。在建筑施工中多单位、多工种集中在一个场地，而且人员、作业位置流动性较大，因此，加强对施工现场各种要素的管理和控制，对减少职业健康安全事故的发生非常重要。同时，随着我国经济改革的发展，建筑施工企业迅速发展壮大，难免良莠不齐，为了规范建筑市场，也必须加强建筑施工职业健康安全管理。

9.1.3 职业健康安全管理的内容

1. 职业健康安全组织管理

为保证国家有关安全生产的政策、法规及施工现场安全管理制度的落实，施工企业应建立健全职业健康安全管理机构，并对职业健康安全管理机构的构成、职责及工作模式作出规定。施工企业还应重视职业健康安全档案管理工作，及时整理、完善安全档案、安全资料，对预防、预测、预报职业健康安全事故提供依据。

2. 职业健康安全制度管理

项目确立以后，施工单位就要根据国家及行业有关职业健康安全生产的政策、法规、规范和标准，建立一整套符合项目特点的职业健康安全管理制度，包括安全生产责任制度，安全生产教育制度，安全生产检查制度，现场安全管理制度、电气安全管理制度，防火、防爆安全管理制度，高处作业安全管理制度和劳动卫生安全管理制度等。用制度约束施工人员的行为，达到职业健康安全生产的目的。

3. 施工人员操作规范化管理

施工单位要严格按照国家及行业的有关规定，按各工种操作规程及工作条例的要求规范施工人员的行为，坚决贯彻执行各项职业健康安全管理制度，杜绝由于违反操作规程而引发的工伤事故。

4. 职业健康施工安全技术管理

在施工生产过程中，为了防止和消除伤亡事故，保障职工职业健康安全，企业应根据国家及行业的有关规定，针对工程特点、施工现场环境、使用机械以及施工中可能使用的有毒有害材料，提出职业健康安全技术和防护措施。职业健康安全技术措施在开工前应根据施工图编制。施工前必须以书面形式对施工人员进行职业健康安全技术交底，对不同工程特点和可能造成的职业健康安全事故，从技术上采取措施，消除危险，保证施工职业健康安全。施工中对各项职业健康安全技术措施要认真组织实施，经常进行监督检查。对施工中出现能新问题，技术人员和职业健康安全管理人员要在调查分析的基础上，提出新的职业健康安全技术措施。

5. 施工现场职业健康安全设施管理

根据建设部颁发的《建筑工程施工现场管理规定》中对施工现场的运输道路，附属加工设施，给水排水、动力及照明、通信等管线，临时性建筑（仓库、工棚、食堂、水泵房、变电所等），材料、构件、设备及工器具的堆放点，施工机械的行进路线，安全防火设施等一切施工所必需的临时工程设施进行合理的设计、有序摆放和科学管理。

9.1.4 职业健康安全管理的要求

1. 正确处理职业健康安全的五种关系

（1）职业健康安全与危险的关系。职业健康安全与危险在同一事物的运动中是相互对立的，也是相互依赖而存在的，因为有危险，所以才进行职业健康安全生产过程控制，以防止或减少危险。保持生产的职业健康安全状态，必须采取多种措施，以预防为主，危险因素是可以控制的。因为危险因素是客观地存在于事物运动之中的，是可知的，也是可控的。

（2）职业健康安全与生产的统一。生产是人类社会存在和发展的基础，如生产中的人、物、环境都处于危险状态，则生产无法顺利进行，因此，职业健康安全是生产的客观要求，当生产完全停止，职业健康安全也就失去意义。当生产与职业健康安全发生矛盾，危及员工生命或资产时，停止生产经营活动进行整治、消除危险因素以后，生产经营形势会变得更好。

（3）职业健康安全与质量同步。职业健康安全第一，质量第一，两个第一并不矛盾。职业健康安全第一是从保护生产经营因素的角度提出的，而质量第一则是从关心产品成果的角度而强调的。职业健康安全为质量服务，质量需要职业健康安全保证。生产过程哪一头都不能丢掉，否则，将陷于失控状态。

（4）职业健康安全与速度互促。生产中违背客观规律，盲目蛮干、乱干，在侥幸中求得的进度，缺乏真实与可靠的安全支撑，往往容易酿成不幸，不但无速度可言，反而会延误时间，影响生产。一味强调速度，置职业健康安全于不顾的做法是极其有害的。当速度与职业健康安全发生矛盾时，暂时减缓速度，保证职业健康安全才是正确的选择。

（5）职业健康安全与效益同在。职业健康安全技术措施的实施，会不断改善劳动条件，调动职工的积极性，提高工作效率，带来经济效益，从这个意义上说，职业健康安全与效益完全是一致的，职业健康安全促进了效益的增长。为了省钱而忽视职业健康安全生产，或追求资金盲目高投入，都是不可取的。

2. 做到"六个坚持"

（1）坚持生产、职业健康安全同时管。职业健康安全寓于生产之中，并对生产发挥促进与保证作用，因此，职业健康安全与生产虽有时会出现矛盾，但从职业健康安全、生产管理的目标，表现出高度的一致和统一。一切与生产有关的机构、人员，都必须参与职业健康安全管理，并在管理中承担责任。认为职业健康安全管理只是职业健康安全部门的事，是一种片面的、错误的认识。各级人员职业健康安全生产责任制度的建立，管理责任的落实，体现了管生产同时管安全的原则。

（2）坚持目标管理。职业健康安全管理的内容是对生产中的人、物、环境因素状态的管理，在于有效地控制人的不安全行为和物的不安全状态，消除或避免事故，以达到保护劳动者的职业健康安全的目标。没有明确目标的职业健康安全管理是一种盲目行为。盲目的职业健康安全管理，往往劳民伤财，危险因素依然存在。

（3）坚持预防为主。职业健康安全生产的方针是"安全第一、预防为主"，安全第一是从保护生产力的角度和高度，表明在生产范围内，职业健康安全与生产的关系，肯定职业健康安全在生产活动中的位置和重要性。预防为主，首先是端正对生产中不安全因素的认识和消除不安全因素的态度，选准消除不安全因素的时机。

（4）坚持全员管理。职业健康安全管理不是少数人和职业健康安全机构的事，而是一切与生产有关的机构、人员共同的事，缺乏全员的参与，职业健康安全管理不会有生气、不会出现好的管理效果。职业健康安全管理涉及生产经营活动的方方面面，涉及从开工到竣工交付的全部过程、生产时间和生产要素。

（5）坚持过程控制。通过识别和控制特殊关键过程，预防和消除事故，防止或消除事故伤害。在职业健康安全管理的主要内容中，虽然都是为了达到职业健康安全管理的目标，但是对生产过程的控制，与职业健康安全管理目标关系更直接，显得更为突出，因此，对生产中人的不安全行为和物的不安全状态的控制，必须列入过程安全制定管理的节点。

（6）坚持持续改进。职业健康安全管理是在变化着的生产经营活动中的管理，是一种动态管理。其管理就意味着是不断改进发展的、不断变化的，以适应变化的生产活动，消除新的危险因素。需要的是不间断的摸索新的规律，总结控制的办法与经验，指导新的变化后的管理，从而不断提高职业健康安全管理水平。

9.2 钢结构工程项目职业健康安全管理的措施计划

9.2.1 项目职业健康安全措施计划

1. 职业健康安全技术措施计划概述

（1）职业健康安全生产措施计划的重要性

1）有了职业健康安全技术措施计划，就可以把改善劳动条件，保证职业健康安全生产的工作纳入国家和企业的总计划中，使之实现有了保证；使企业的职业健康安全技术措施能有步骤、有时间地得以落实，成为制度化和计划化。所以企业在编制生产财务计划时，必须同时编制职业健康安全技术措施计划，有些重大项目还可纳入国家长远规划。

2）职业健康安全技术措施计划的编制，可以更合理地使用国家投资，使国家职业健康安全技术措施经费发挥最大的作用，达到"少花钱，多办事"的目的。

3）抓住职业健康安全生产的关键项目。注重改造、革新设备，采用新技术、新设备，可以从根本上改善劳动条件，实现职业健康安全生产。

4）吸收工作参加编制职业健康安全技术措施计划，实现领导。与群众相结合，使工人参与职业健康安全管理工作，也是发挥群众监督作用的好办法。

5）有利于贯彻"安全第一、预防为主"的方针。

（2）职业健康安全技术措施计划编制的依据

1）国家职业健康安全法规、条例、规程、政策及企业有关的职业健康安全规章制度。

2）在职业健康安全生产检查中发现的，并已形成有效管理的问题。

3）造成工伤事故与职业病的主要设备与技术原因，应采取的有效防止措施。

4）生产发展需要所采取的职业健康安全技术与工业卫生技术措施。

5）职业健康安全技术革新项目和职工提出的合理化建议项目。

（3）职业健康安全技术措施计划编写的原则

职业健康安全技术措施计划的编制要以切合实际，符合当前经济、技术条件，花钱少、效果好，保证计划的实现为原则。编制职业健康安全技术措施计划要综合考虑需要和可能两方面的因素。

1）在确定是否需要编制职业健康安全技术措施计划时，应着重考虑下列因素：

① 国家颁布的劳动保护法令和各产业部门颁布的有关劳动保护的各项政策、指示等；

② 职业健康安全检查中发现的隐患；

③ 职工提出的有关职业健康安全、工业卫生方面的合理化建议等。

2）在分析职业健康安全技术措施计划的可能性时应着重分析下列因素：

① 在当前的科学技术条件下，计划是否具有可行性；

② 本单位是否具备实现职业健康安全技术措施计划的人力、物力和财力；

③ 职业健康安全技术措施计划实施后的职业健康安全效果和经济效益。

在选择职业健康安全技术措施计划方案时，要尽可能采用效果相同而花钱少的方案。

2. 职业健康安全技术措施计划的项目和内容

（1）职业健康安全技术措施计划的项目。职业健康安全技术措施计划应包括的主要项目有以下七项：单位或工作场所；措施名称；措施的内容和目的；经费预算及其来源；负责设计、施工单位或负责人；开工日期及竣工日期；措施执行情况及其效果。

（2）职业健康安全技术措施计划的内容范围。职业健康安全技术措施计划的内容范围，包括以改善企业劳动条件、防止工伤事故、预防职业病和职业中毒为主要目的一切技术组织措施。按照《安全技术措施计划的项目总名称表》规定，具体可分为以下四类：

1）职业健康安全技术措施。职业健康安全技术措施是指以预防工伤事故为目的的一切技术措施。如防护装置、保险装置、信号装置及各种防护设施等。

2）工业卫生技术措施。工业卫生技术措施是指以改善劳动条件，预防职业病为目的的一切技术措施。如防尘、防毒、防噪声、防振动设施以及通风工程等。

3）辅助房屋及设施。辅助房屋及设施是指有关保证职业健康安全生产、工业卫生所必需的房屋及设施。如淋浴室、更衣室、消毒室、妇女卫生室等。

4）职业健康安全宣传教育所需的设施。职业健康安全宣传教育所需的设施包括：购置职业健康安全教材、图书、仪器。举办职业健康安全生产劳动保护展览会，设立陈列室、教育室等。

在编制企业职业健康安全技术措施计划时，必须划清项目范围。凡属医疗福利、劳保用品、消防器材、环保设施、基建和技改项目中的安全卫生设施等，均不应列入职业健康安全技术措施计划中，以确保职业健康安全技术措施经费真正用于改善劳动条件。例如，设备的检修、厂房的维修和个人的劳保用品、公共食堂、公用浴室、托儿所、疗养院等集体福利设施以及采用新技术、新工艺、新设备时必须解决的安全卫生设施等，均不应列入职业健康安全技术措施项目经费预算的范围。

3. 职业健康安全技术措施计划的经费

职业健康安全技术措施计划的经费是保证措施计划实施的物质基础。只有经费保证，措施计划才能实现。企业应在每年第三季度开始编制下一年度的职业健康安全技术措施计划，同时应在年度的财务计划预算中列入职业健康安全技术措施经费预算。经费批准后，只许用在职业健康安全技术措施上不应挪作他用。

4. 职业健康安全技术措施计划的实施检查

在实施职业健康安全技术措施计划时，企业职业健康安全专职机构应定期对计划的执行情况进行检查，发现问题，应及时向企业负责人汇报，以便采取必要措施，保证计划按时完成。企业的上级主管部门应督促检查下属企业职业健康安全技术措施计划的执行情况。

职业健康安全技术措施项目竣工后，应在试运转基本正常的情况下，组织有关部门按设计要求进行验收，并报告上级主管部门。投资较大的措施项目，还应邀请劳动、卫生、环保、消防等部门和工会组织参加验收。已交付使用的职业健康安全技术设施，应指定部门管理，并建立必要的管理制度和操作规程，按规定进行维护保养。

劳动安全监察部门应经常对企业的职业健康安全技术措施计划的编制、实施进行监督检查，并掌握职业健康安全技术措施经费提取比例及其使用情况。

9.2.2 项目职业健康安全技术措施（方案）

1. 职业健康安全技术措施（方案）的编制

（1）职业健康安全技术措施（方案）编制的依据

项目施工组织设计或施工方案中必须有针对性的职业健康安全技术措施，特殊和危险性大的工程必须单独编制职业健康安全施工方案或职业健康安全技术措施。职业健康安全技术措施或职业健康安全施工方案的编制依据有：

1）国家和政府有关职业健康安全生产的法律、法规和有关规定。

2）建筑安装工程职业健康安全技术操作规程、技术规范、标准、规章制度。

3）企业的职业健康安全管理规章制度。

（2）职业健康安全技术措施（方案）编制的原则

职业健康安全技术措施和方案的编制，必须考虑现场的实际情况、施工特点及周围作业环境。措施要有针对性，凡施工过程中可能发生的危险因素及建筑物周围外部环境不利因素等，都必须从技术上采取具体且有效的措施予以预防。同时，职业健康安全技术措施和方案必须有设计、有计算、有详图、有文字说明。

（3）职业健康安全技术措施（方案）编制的要求

1）及时性：

① 职业健康安全性措施在施工前必须编制好，并且经过审核批准后正式下达施工单位以指导施工。

② 在施工过程中，设计发生变更时，职业健康安全技术措施必须及时变更或做补充，否则不能施工。

③ 施工条件发生变化时，必须变更职业健康安全技术措施内容，并及时经原编制、审批人员办理变更手续，不得擅自变更。

2）针对性：

① 要根据施工工程的结构特点，凡在施工生产中可能出现的危险因素，必须从技术上采取措施，消除危险，保证施工安全。

② 要针对不同的施工方法和施工工艺制定相应的职业健康安全技术措施：

a. 不同的施工方法要有不同的职业健康安全技术措施，技术措施要有设计、有详图、有文字要求、有计算。

b. 根据不同分部分项工程的施工工艺可能给施工带来的不安全因素，从技术上采取措施保证其安全实施。

c. 编制施工组织设计或施工方案在使用新技术、新工艺、新设备、新材料的同时，必须研究应用相应的职业健康安全技术措施。

③ 针对使用的各种机械设备、用电设备可能给施工人员带来的危险因素，从安全保险装置、限位装置等方面采取职业健康安全技术措施。

④ 针对施工中有毒、有害、易燃、易爆等作业可能给施工人员造成的危害，制定相

应的防范措施。

⑤ 针对施工现场及周围环境中可能给施工人员及周围居民带来危险的因素，以及材料、设备运输的困难和不安全因素，制定相应的职业健康安全技术措施：

a. 夏季气候炎热、高温时间持续较长，要制定防暑降温措施和方案。

b. 雨期施工要制定防触电、防雷击、防坍塌措施和方案。

c. 冬期施工要制定防风、防火、防滑、防煤气中毒、防亚硝酸钠中毒措施和方案。

3）具体性：

① 职业健康安全技术措施必须明确具体，能指导施工，绝不能搞口号式、一般化。

② 职业健康安全技术措施中必须有施工总平面图，在图中必须对危险的油库、易燃材料库、变电设备以及材料、构件的堆放位置，塔式起重机、井字架或龙门架、搅拌台的位置等按照施工需要和安全堆积的要求明确定位，并提出具体要求。

③ 职业健康安全技术措施及方案必须由项目责任工程师或工程项目技术负责人指定的技术人员进行编制。

④ 职业健康安全技术措施及方案的编制人员必须掌握项目概况、施工方法、场地环境等第二手资料，并熟悉有关职业健康安全生产法规和标准，具有一定的专业水平和施工经验。

（4）职业健康安全技术措施（方案）编制的内容

1）一般工程职业健康安全技术措施：

① 工程临时用电技术方案。

② 结构施工临边、洞口及交叉作业、施工防护职业健康安全技术措施。

③ 塔吊、施工外用电梯、垂直提升架等安装与拆除职业健康安全技术方案。

④ 特殊脚手架——吊篮架、悬挑架、挂架等职业健康安全技术方案。

⑤ 钢结构吊装职业健康安全技术方案。

⑥ 防水施工职业健康安全技术方案。

⑦ 设备安装职业健康安全技术方案。

⑧ 新工艺、新技术、新材料施工职业健康安全技术措施。

⑨ 防火、防毒、防爆、防雷职业健康安全技术措施。

⑩ 临街防护、临近外架供电线路、地下供电、供气、通风、管线，毗邻建筑物防护等职业健康安全技术措施。

⑪ 主体结构、装修工程职业健康安全技术方案。

⑫ 群塔作业职业健康安全技术措施。

⑬ 中小型机械职业健康安全技术措施。

⑭ 安全网的架设范围及管理要求。

⑮ 冬、雨期施工职业健康安全技术措施。

⑯ 场内运输道路及人行通道的布置。

2）单位工程职业健康安全技术措施。对于结构复杂、危险性大、特性较多的特殊工程，应单独编制职业健康安全技术方案，并要有设计依据、有计算、有详图、有文字要求。

3）季节性施工职业健康安全技术措施：

① 高温作业职业健康安全措施：夏季气候炎热，高温时间持续较长，制定防暑降温职业健康安全措施。

② 雨期施工职业健康安全方案：雨期施工，制定防止触电、防雷、防坍塌、防台风职业健康安全方案。

③ 冬期施工职业健康安全方案：冬期施工，制定防风、防火、防滑、防煤气中毒、防亚硝酸钠中毒等职业健康安全方案。

2. 职业健康安全技术措施（方案）审批管理

（1）一般工程职业健康安全技术方案（措施）由项目经理部工程技术部门负责人审核，项目经理部总（主任）工程师审批，报公司项目管理部、职业健康安全监督部备案。

（2）重要工程（含较大专业施工）职业健康安全技术方案（措施）由项目（或专业公司）总（主任）工程师审核，公司项目管理部、职业健康安全监督部复核，由公司技术发展部或公司总工程师委托技术人员审批并在公司项目管理部、职业健康安全监督部备案。

（3）大型、特大工程职业健康安全技术方案（措施）由项目经理部总（主任）工程师组织编制报技术发展部、项目管理部、职业健康安全监督部审核，由公司总（副总）工程师审批并在上述三个部门备案。

（4）业主指定分包单位所编制的职业健康安全技术措施方案在完成报批手续后报项目经理部技术部门（或总工、主任工程师处）备案。

3. 职业健康安全技术措施（方案）变更

（1）施工过程中如发生设计变更，原定的职业健康安全技术措施也必须随着变更，否则不准施工。

（2）施工过程中确实需要修改拟定的职业健康安全技术措施时，必须经原编制人同意，并办理修改审批手续。

9.3 钢结构工程项目职业健康安全计划的实施

9.3.1 项目职业健康安全管理组织机构

1. 公司职业健康安全管理机构

施工企业要设专职职业健康安全管理部门，配备专职人员。职业健康安全管理部门是施工企业的一个重要的施工管理部门，是企业经理贯彻执行职业健康安全施工方针、政策和法规，实行职业健康安全目标管理的具体工作部门，是领导的参谋和助手。施工企业施工队以上的单位，要设专职安全员或职业健康安全管理机构，施工企业的职业健康安全技术干部或职业健康安全检查干部应列为施工人员，不能随便调动。

2. 项目部职业健康安全管理机构

施工企业下属项目部，是组织和指挥施工的单位，对管施工、管职业健康安全有极为重要的影响。项目经理为本单位安全施工的第一责任者，根据本单位的施工规模及职工人数设置专职职业健康安全管理机构或配备专职安全员，并建立项目部领导干部职业健康安全施工值班制度。

3. 工地职业健康安全管理机构

工地应成立以项目经理为负责人的职业健康安全施工管理小组，配备专（兼）职安全管理员，同时要建立工地领导成员轮流安全施工值日制度，解决和处理施工中的职业健康安全问题和进行巡回职业健康安全监督检查。

4. 班组职业健康安全管理组织

班组是搞好安全施工的前沿阵地，加强班组职业健康安全建设是施工企业加强职业健康安全施工管理的基础。各施工班组要设不脱产安全员，协助班长搞好班组安全管理。各班组要坚持岗位职业健康安全检查、职业健康安全值日和安全日活动制度，同时要坚持做好班组职业健康安全记录。由于建筑施工点多、面广、流动、分散，往往一个班组人员不会集中在一处作业，因此，工人要提高自我保护意识和自我保护能力，在同一作业面的人员要互相关照。

9.3.2 项目职业健康安全生产教育

1. 职业健康安全教育的内容

（1）职业健康安全生产思想教育。职业健康安全思想教育的目的是为职业健康安全生产奠定思想基础。通常从加强思想认识、方针政策和劳动纪律教育等方面进行。

（2）职业健康安全知识教育。企业所有职工必须具备职业健康安全基本知识。因此，全体职工都必须接受职业健康安全知识教育和每年按规定学时进行职业健康安全培训。职业健康安全基本知识教育的主要内容是：企业的基本生产概况；施工（生产）流程、方法；企业施工（生产）危险区域及其职业健康安全防护的基本知识和注意事项；机械设备、厂（场）内运输的有关职业健康安全知识；有关电气设备（动力照明）的基本职业健康安全知识；高处作业职业健康安全知识；生产（施工）中使用的有毒、有害物质的职业健康安全防护基本知识；消防制度及灭火器材应用的基本知识；个人防护用品的正确使用知识等。

（3）职业健康安全技能教育。职业健康安全技能教育就是结合本工种专业特点，实现职业健康安全操作、职业健康安全防护所必须具备的基本技术知识要求。每个职工都要熟悉本工种、本岗位专业职业健康安全技术知识。职业健康安全技能知识是比较专门、细致和深入的知识。它包括职业健康安全技术、劳动卫生和职业健康安全操作规程。国家规定工程登高架设、起重、焊接、电气、爆破、压力容器、锅炉等特种作业人员必须进行专门的职业健康安全技术培训。宣传先进经验，既是教育职工找差距的过程，又是学、赶先进的过程；事故教育可以从事故教训中吸取有益的东西，防止今后类似事故的重复发生。

（4）法制教育。法制教育就是要采取各种有效形式，对全体职工进行职业健康安全生产法规和法制教育，从而提高职工遵法、守法的自觉性，以达到职业健康安全生产的目的。

2. 职业健康安全教育的对象

国家法律法规规定，生产经营单位应当对从业人员进行职业健康安全生产教育和培训，保证从业人员具备必要的职业健康安全生产知识，熟悉有关的职业健康安全生产规章制度和职业健康安全操作规程，掌握本岗位的职业健康安全操作技能。未经职业健康安全生产教育和培训不合格的从业人员，不得上岗作业。

地方政府及行业管理部门对项目各级管理人员的职业健康安全教育培训做出了具体规定，要求项目职业健康安全教育培训率实现 100%。

项目职业健康安全教育培训的对象包括以下五类人员：

（1）工程项目经理、项目执行经理、项目技术负责人：工程项目主要管理人员必须经过当地政府或上级主管部门组织的职业健康安全生产专项培训，培训时间不得少于 24h，经考核合格后，持"安全生产资质证书"上岗。

（2）工程项目基层管理人员：施工项目基层管理人员每年必须接受公司职业健康安全生产年审，经考试合格后，持证上岗。

（3）分包负责人、分包队伍管理人员：必须接受政府主管部门或总包单位的职业健康安全培训，经考试合格后持证上岗。

（4）特种作业人员：必须经过专门的职业健康安全理论培训和职业健康安全技术实际训练，经理论和实际操作的双项考核，合格者持《特种作业人员操作证》上岗作业。

（5）操作工人：新入场工人必须经过三级职业健康安全教育，考试合格后持"上岗证"上岗作业。

3. 职业健康安全教育的形式

（1）新工人"三级职业健康安全教育"。三级职业健康安全教育是企业必须坚持的职业健康安全生产基本教育制度。对新工人（包括新招收的合同工、临时工、学徒工、农民工及实习和代培人员）必须进行公司、项目、作业班组三级职业健康安全教育，时间不得少于 40h。

三级职业健康安全教育的主要内容：

1）公司进行职业健康安全基本知识、法规、法制教育，主要内容是：

① 党和国家的职业健康安全生产方针、政策。

② 职业健康安全生产法规、标准和法制观念。

③ 本单位施工（生产）过程及职业健康安全生产规章制度，职业健康安全纪律。

④ 本单位职业健康安全生产形势、历史上发生的重大事故及应吸取的教训。

⑤ 发生事故后如何抢救伤员、排险、保护现场和及时进行报告。

2）项目进行现场规章制度和遵章守纪教育，主要内容是：

① 本单位（工区、工程处、车间、项目）施工（生产）特点及施工（生产）职业健康安全基本知识。

② 本单位（包括施工、生产场地）职业健康安全生产制度、规定及职业健康安全注意事项。

③ 本工种的职业健康安全技术操作规程。

④ 机械设备、电气职业健康安全及高处作业等职业健康安全基本知识。

⑤ 防火、防雷、防尘、防爆知识及紧急情况安全处置和安全疏散知识。

⑥ 防护用品发放标准及防护用具、用品使用的基本知识。

3）职业健康班组安全生产教育由班组长主持进行，或由班组安全员及指定技术熟练、重视职业健康安全生产的老工人讲解。进行本工种岗位职业健康安全操作及班组职业健康安全制度、纪律教育，主要内容是：

① 本班组作业特点及职业健康安全操作规程。

② 班组职业健康安全活动制度及纪律。

③ 爱护和正确使用职业健康安全防护装置（设施）及个人劳动防护用品。

④ 本岗位易发生事故的不安全因素及其防范对策。

⑤ 本岗位的作业环境及使用的机械设备、工具的职业健康安全要求。

（2）转场职业健康安全教育。新转入施工现场的工人必须进行转场职业健康安全教育，教育时间不得少于 8h，教育内容包括：

1）本项目职业健康安全生产状况及施工条件。

2）施工现场中危险部位的防护措施及典型事故案例。

3）本项目的职业健康安全管理体系、规定及制度。

（3）变换工种职业健康安全教育。凡改变工种或调换工作岗位的工人必须进行变换工种职业健康安全教育；变换工种职业健康安全教育时间不得少于 4h，教育考核合格后方准上岗。教育内容包括：

1）新工作岗位或生产班组职业健康安全生产概况、工作性质和职责。

2）新工作岗位必要的职业健康安全知识，各种机具设备及职业健康安全防护设施的性能和作用。

3）新工作岗位、新工种的职业健康安全技术操作规程。

4）新工作岗位容易发生事故及有毒有害的地方。

5）新工作岗位个人防护用品的使用和保管。

6）一般工种不得从事特种作业。

（4）特种作业职业健康安全教育。从事特种作业的人员必须经过专门的职业健康安全技术培训，经考试合格取得操作证后方准独立作业。

对特种作业人员的培训、取证及复审等工作严格执行国家、地方政府的有关规定。对从事特种作业的人员要进行经常性的职业健康安全教育，时间为每月一次，每次教育 4h。教育内容为：

1）特种作业人员所在岗位的工作特点，可能存在的危险、隐患和职业健康安全注意事项。

2）特种作业岗位的职业健康安全技术要领及个人防护用品的正确使用方法。

3）本岗位曾发生的事故案例及经验教训。

（5）班前职业健康安全活动交底（班前安全讲话）。班前安全讲话作为施工队伍经常性职业健康安全教育活动之一，各作业班组长于每班工作开始前（包括夜间工作前）必须对本班组全体人员进行不少于 15min 的班前职业健康安全活动交底。班组长要将职业健康安全活动交底内容记录在专用的记录本上，各成员在记录本上签名。

班前职业健康安全活动交底的内容应包括：

1）本班组职业健康安全生产须知。

2）本班工作中的危险点和应采取的对策。

3）上一班工作中存在的职业健康安全问题和应采取的对策。

在特殊性、季节性和危险性较大的作业前，责任工长要参加班前安全讲话并对工作中应注意的职业健康安全事项进行重点交底。

（6）周一职业健康安全活动。周一职业健康安全活动作为项目经常性职业健康安全活动之一，每周一开始工作前应对全体在岗工人开展至少 1h 的职业健康安全生产及法制教育活动。活动形式可采取看录像、听报告、分析事故案例、图片展览、急救示范、智力竞赛、热点辩论等形式进行。工程项目主要负责人要进行职业健康安全讲话，主要内容包括：

1）上周职业健康安全生产形势、存在问题及对策。

2）最新职业健康安全生产信息。

3）重大和季节性的职业健康安全技术措施。

4）本周职业健康安全生产工作的重点、难点和危险点。

5）本周职业健康安全生产工作目标和要求。

（7）季节性施工职业健康安全教育。进入雨期及冬期施工前，在现场经理的部署下，由各区域责任工程师负责组织本区域内施工的分包队伍管理人员及操作工人进行专门的季节性施工职业健康安全技术教育；时间不少于 2h。

（8）节假日职业健康安全教育。节假日前后应特别注意各级管理人员及操作者的思想动态，有意识有目的地进行教育、稳定他们的思想情绪，预防事故的发生。

（9）特殊情况职业健康安全教育。项目出现以下几种情况时，工程项目经理应及时安排有关部门和人员对施工工人进行职业健康安全生产教育，时间不少于 2h。

1）因故改变职业健康安全操作规程。

2）实施重大和季节性职业健康安全技术措施。

3）更新仪器、设备和工具，推广新工艺、新技术。

4）发生因工伤亡事故、机械损坏事故及重大未遂事故。

5）出现其他不安全因素，职业健康安全生产环境发生了变化。

9.3.3 项目职业健康安全技术交底

1. 职业健康安全技术交底制度

（1）交底组织

设计图技术交底由公司工程部负责，向项目经理、技术负责人、施工队长等有关部门及人员交底。各工序、工种由项目责任工长负责向各班组长交底。

（2）交底重点

1）特殊工程及特殊部位或特殊工种的施工组织及设计中未明确的有关问题。

2）由公司编制的施工组织设计中的关键施工问题，主要施工工艺、特殊的技术要求。

3）技术和材料试验项目及要求等。

（3）生产管理技术交底

1）交底组织：由总工办负责，向项目技术负责人、单位工程负责人和有关职能人员交底。

2）交底重点：

① 传达或遵照公司技术交底的有关内容。

② 施工图的内容，工程特点，图纸会审纪要和关键部位。

③ 施工组织设计的施工方案，主要分部分项工程的施工方法，顺序、质量标准、职业健康安全要求和工效的措施。

④ 推广新技术、新工艺的措施。

⑤ 冬、雨期施工措施及特殊条件下的技术职业健康安全措施等。

（4）项目经理部技术交底

1）交底组织：由责任工长向栋号技术员和班组交底。

2）交底重点：

① 图纸中各分部分项工程的部位及标高，轴线尺寸，预留洞，预埋件的位置、结构设计意图等有关说明。

② 施工操作方法，对不同工种要分别交底，施工顺序和工序间穿插、衔接要详细说明。

③ 新结构、新材料、新工艺的操作工艺。

④ 冬雨期施工措施及在特殊施工中的操作方法与注意事项、要点等。

⑤ 对原材料的规格、型号、标准和质量要求。

⑥ 各种混合材料的配合比添加剂要求详细交底，必要时，对第一使用者负责示范。

⑦ 各工种各工序穿插交接时可能发生的技术问题预测。

⑧ 凡发现未进行技术底面施工者，给予罚款。

（5）施工员（工长）交底

1）分项工程施工前由工长交底，下达任务书。

2）班组长应结合具体施工任务讨论落实，弄清关键部位、质量要求、职业健康安全施工和操作要点，然后分工明确任务和相互配合关系，建立责任制，确定保证措施，保证顺利地完成任务。

3）凡发现未进行口头和书面交底而施工者，给予罚款。

（6）交底方法

技术交底可以采用会议口头形式，文字图表形式，甚至示范操作形式，视工程施工复杂程度和具体交底内容而定。各级技术交底应有文字记录。关键项目，新技术项目应作文字交底。

2. 职业健康安全技术交底的落实

（1）项目部技术人员必须根据施工组织设计的职业健康安全技术措施，结合具体施工方案及施工现场作业环境，制定出全面有针对性的职业健康安全技术交底内容。

（2）职业健康安全技术交底要与施工技术交底同时进行，交底人为技术人而非安全员或其他管理人员。

（3）各施工队、班组在接受施工任务时，必须先进行职业健康安全技术交底后再上岗。其主要内容为职业健康安全防护设施、各工种职业健康安全操作规程、特殊工程、季节性施工职业健康安全注意事项等，交底时既要有针对性又要简单、明了。

（4）各工种的职业健康安全技术交底应根据工程施工进度，施工部位分阶段多次交底，不可图省事一次交齐，但对固定场所工种可作一次性交底。

（5）职业健康安全技术交底应一式两份，交底人与接底人各持一份，且双方签字后生效。

（6）如果工程的施工工艺很复杂，技术难度大，作业条件很危险，可单独进行工程交底，以引起操作者高度重视，避免职业健康安全事故发生。

（7）职业健康安全技术交底不明确，施工队、班组可拒绝接受项目的施工，必须彻底弄清楚后方可作业。

（8）施工队、班组在接受施工任务后，应严格要求各施工人员遵章守法，在施工过程中努力按职业健康安全技术交底要求进行操作。

9.3.4 项目职业健康安全技术检查

1. 职业健康安全检查制度

为了全面提高项目职业健康安全生产管理水平，及时消除职业健康安全隐患，落实各项职业健康安全生产制度和措施，在确保安全的情况下正常地进行施工、生产，施工项目实行逐级职业健康安全检查制度。

（1）公司对项目实施定期检查和重点作业部位巡检制度。

（2）项目经理部每月由现场经理组织，安全总监配合，对施工现场进行一次职业健康安全大检查。

（3）区域责任工程师每半个月组织专业责任工程师（工长）、分包商（专业公司）、行政、技术负责人、工长对所管辖的区域进行职业健康安全大检查。

（4）专业责任工程师（工长）实行日巡检制度。

（5）项目安全总监对上述人员的活动情况实施监督与检查。

（6）项目分包单位必须建立各自的职业健康安全检查制度，除参加总包组织的检查外，必须坚持自检，及时发现、纠正、整改本责任区的违章、隐患。对危险和重点部位要跟踪检查，做到预防为主。

（7）施工（生产）班组要做好班前、班中、班后和节假日前后的职业健康安全自检工作，尤其作业前必须对作业环境进行认真检查，做到身边无隐患，班组不违章。

（8）各级检查都必须有明确的目的，做到"四定"，即定整改责任人、定整改措施、定整改完成时间、定整改验收入，并做好检查记录。

2. 职业健康安全检查的内容

（1）各级管理人员对职业健康安全施工规章制度的建立与落实。规章制度的内容包括：职业健康安全施工责任制、岗位责任制、职业健康安全教育制度、职业健康安全检查制度等。

（2）施工现场职业健康安全措施的落实和有关职业健康安全规定的执行情况。主要包括以下内容：

1）职业健康安全技术措施。根据工程特点、施工方法、施工机械、编制了完善的职业健康安全技术措施并在施工过程中得到贯彻。

2）施工现场职业健康安全组织。工地上是否有专、兼职安全员并组成职业健康安全活动小组，工作开展情况，完整的施工职业健康安全记录。

3）职业健康安全技术交底、操作规章的学习贯彻情况。

4）职业健康安全设防情况。

5）个人防护情况。

6）安全用电情况。

7）施工现场防火设备。

8）职业健康安全标志牌等。

3. 职业健康安全检查的方法

随着职业健康安全管理科学化、标准化、规范化的发展，目前职业健康安全检查基本上都采用职业健康安全检查表和一般检查方法，进行定性定量的职业健康安全评价。

（1）职业健康安全检查表是一种初步的定性分析方法，它通过事先拟定的职业健康安全检查明细表或清单，对职业健康安全生产进行初步的诊断和控制。

（2）职业健康安全检查一般方法主要是通过看、听、嗅、问、查、测、验、析等手段进行检查。

看——就是看现场环境和作业条件，看实物和实际操作，看记录和资料等，通过看来发现隐患。

听——听汇报、听介绍、听反映、听意见或批评、听机械设备的运转响声或承重物发出的微弱声等，通过听来判断施工操作是否符合职业健康安全规范的规定。

嗅——通过嗅来发现有无不安全或影响职工健康的因素。

问——对影响职业健康安全问题，详细询问，寻根究底。

查——查职业健康安全隐患问题，对发生的事故查清原因，追究责任。

测——对影响职业健康安全的有关因素、问题，进行必要的测量、测试、监测等。

验——对影响职业健康安全的有关因素进行必要的试验或化验。

析——分析资料、试验结果等，查清原因，清除职业健康安全隐患。

10 钢结构工程项目环境管理

10.1 钢结构工程项目环境管理体系

1. 环境管理体系的作用和意义

国际标准化组织（ISO）从 1993 年 6 月正式成立环境管理技术委员会（ISO/TC 207）开始，就遵照其宗旨："通过制定和实施一套环境管理的国际标准，规范企业和社会团体等所有组织的环境表现，使之与社会经济发展相适应，改善生态环境质量，减少人类各项活动所造成的环境污染，节约能源，促进经济的可持续发展。"经过三年的努力，到 1996 年推出了 ISO 14000 系列标准。同年，我国将其等同转换为国家标准 GB/T 24000 系列标准。环境管理体系的作用和意义具体表现为以下几个方面：

（1）保护人类生存和发展的需要。

（2）国民经济可持续发展的需要。

（3）建立市场经济体制的需要。

（4）国内外贸易发展的需要。

（5）环境管理现代化的需要。

2. 环境管理体系的基本术语

（1）环境。组织运行活动的外部存在，包括空气、水、土地、自然资源、植物、动物、人，以及它们之间的相互关系。

（2）环境因素。一个组织的活动、产品或服务中能与环境发生相互作用的要素。

（3）环境影响。全部或部分由组织的活动、产品或服务给环境造成的任何有害或有益的变化。

（4）环境目标。组织依据其环境方针规定自己所要实现的总体环境目的，如可行应予以量化。

（5）环境表现（行为）。组织基于其环境方针、目标和指标，对它的环境因素进行控制所取得的可测量的环境管理体系结果。

（6）环境方针。组织对其全部环境表现（行为）的意图与原则的声明，它为组织的行为及环境目标和指标的建立提供了一个框架。

（7）环境指标。直接来自环境目标，或为实现环境目标所需规定并满足的具体的环境表现（行为）要求，它们可适用于组织或其局部，如可行应予量化。

（8）环境管理体系。整个管理体系的一个组成部分，包括为制定、实施、实现、评审和保持环境方针所需的组织的结构、计划活动、职责、惯例、程序、过程和资源。

（9）环境管理体系审核。客观地获得审核证据并予以评价，以判断组织的环境管理体系是否符合规定的环境管理体系审核标准准则的一个以文件支持的系统化验证过程，包括将这一过程的结果呈报管理者。

（10）持续改进。强化环境管理体系的过程，目的是根据组织的环境方针，实现对整体环境表现（行为）的改进。

（11）相关方。关注组织的环境表现或受其环境表现影响的个人或团体。

（12）组织。具有自身职能和行政管理的公司、集团公司、商行、企事业单位、政府机构或社团，或是上述单位的部分结合体，无论其是否法人团体，公营或私营。

（13）污染预防。旨在避免、减少或控制污染而对各种过程、惯例、材料或产品的采用，可包括再循环、处理、过程更改、控制机制、资源的有效利用和材料替代等。

3. 环境管理体系的内容

（1）环境方针。环境方针的内容必须包括对遵守法律及其他要求、持续改进和污染预防的承诺，并作为制定与评审环境目标和指标的框架。

（2）环境因素。识别环境因素时要考虑到"三种状态"（正常、异常、紧急）、"三种时态"（过去、现在、将来）、向大气排放、向水体排放、废弃物处理、土地污染、原材料和自然资源的利用和当地环境问题，及时更新环境方面的信息，以确保环境因素识别的充分性和重要环境因素评价的科学性。

（3）法律和其他要求。组织应建立并保持程序以保证活动、产品或服务中环境因素遵守法律和其他要求还应建立获得相关法律和其他要求的渠道，包括对变动信息的跟踪。

（4）目标和指标：

1）组织内部各管理层次、各有关部门和岗位在一定时期内均有相应的目标和指标，并用文本表示。

2）组织在建立和评审目标时，应考虑的因素主要有：环境影响因素、遵守法律法规和其他要求的承诺、相关方要求等。

3）目标和指标应与环境方针中的承诺相呼应。

（5）环境管理方案。组织应制定一个或多个环境管理方案，其作用是保证环境目标和指标的实现。方案的内容一般可以有：组织的目标、指标的分解落实情况，使各相关层次与职能在环境管理方案中与其所承担的目标、指标相对应，并应规定实现目标、指标的职责、方法和时间表等。

（6）组织结构和职责：

1）环境管理体系的有效实施要靠组织的所有部门承担相关的环境职责，必须对每一层次的任务、职责、权限作出明确规定，形成文件并给予传达。

2）最高管理者应指定管理者代表并明确其任务、职责、权限，应为环境管理体系的实施提供各种必要的资源。

3）管理者代表应对环境管理体系建立、实施、保持负责，并向最高管理者报告环境管理体系运行情况。

（7）培训、意识和能力。组织应明确培训要求和需要特殊培训的工作岗位和人员，建立培训程序，明确培训应达到的效果，并对可能产生重大影响的工作，要有必要的教育、培训、工作经验、能力方面的要求，以保证他们能胜任所负担的工作。

（8）信息交流。组织应建立对内对外双向信息交流的程序，其功能是：能在组织的各层次和职能间交流有关环境因素和管理体系的信息，以及外部相关方信息的接收、成文、答复，特别注意涉及重要环境因素的外部信息的处理并记录其决定。

（9）环境管理体系文件。环境管理体系文件应充分描述环境管理体系的核心要素及其相互作用，应给出查询相关文件的途径，明确查找的方法，使相关人员易于获取有效版本。

（10）文件控制：

1）组织应建立并保持有效的控制程序，保证所有文件的实施，注明日期（包括发布和修订日期）、字迹清楚、标志明确，妥善保管并在规定期间予以保留等要求；还应及时从发放和使用场所收回失效文件，防止误用，建立并保持有关制定和修改各类文件的程序。

2）环境管理体系重在运行和对环境因素的有效控制，应避免文件过于繁琐，以利于建立良好的控制系统。

（11）运行控制：

1）组织的方针、目标和指标及重要环境因素有关的运行和活动，应确保它们在程序的控制下运行；当某些活动有关标准在第三层文件中已有具体规定时，程序可予以引用。

2）对缺乏程序指导可能偏离方针、目标、指标的运行应建立运行控制程序，但并不要求所有的活动和过程都建立相应的运行控制程序。

3）应识别组织使用的产品或服务中的重要环境因素，并建立和保持相应的文件程序，将有关程序与要求通报供方和承包方，以促使他们提供的产品或服务符合组织的要求。

（12）应急准备和响应：

1）组织应建立并保持一套程序，使之能有效确定潜在的事故或紧急情况，并在其发生前予以预防，减少可能伴随的环境影响；一旦紧急情况发生时作出响应，尽可能地减少由此造成的环境影响。

2）组织应考虑可能会有的潜在事故和紧急情况，采取预防和纠正的措施应针对潜在的和发生的原因，必要时特别是在事故或紧急情况发生后，应对程序予以评审和修订，确保其切实可行。

3）可行时，按程序有关规定定期进行实验或演练。

（13）监测和测量。对环境管理体系进行例行监测和测量，既是对体系运行状况的监督手段，又是发现问题及时采取纠正措施，实施有效运行控制的首要环节。

1）监测的内容，通常包括：组织的环境绩效（如组织采取污染预防措施收到的效果，节省资源和能源的效果，对重大环境因素控制的结果等），有关的运行控制（对运行加以控制，监测其执行程序及其运行结果是否偏离目标和指标），目标、指标和环境管理方案的实现程度，为组织评价环境管理体系的有效性提供充分的客观依据。

2）对监测活动，在程序中应明确规定：如何进行例行监测，如何使用、维护、保管监测设备，如何记录和如何保管记录，如何参照标准进行评价，什么时候向谁报告监测结果和发现的问题等。

3）组织应建立评价程序，定期检查有关法律法规的持续遵循情况，以判断环境方针有关承诺的符合性。

（14）不符合、纠正与预防措施：

1）组织应建立并保持文件程序，用来规定有关的职责和权限，对不符合的进行处理

134

与调查，采取措施减少由此产生的影响，采取纠正与预防措施并予以完成。

2）对于旨在消除已存在和潜在不符合所采取的纠正或预防措施，应分析原因并与该问题的严重性和伴随的环境影响相适应。

3）对于纠正与预防措施所引起的对程序文件的任何更改，组织均应遵守实施并予以记录。

（15）记录：

1）组织应建立对记录进行管理的程序，明确对环境管理的标识、保存、处置的要求。

2）程序应规定记录的内容。

3）对记录本身的质量要求是字迹清楚、标识清楚、可追溯。

（16）环境管理体系审核：

1）组织应制定、保持定期开展环境管理体系内部审核的程序、方案。

2）审核程序和方案的目的，是判定其是否满足符合性（即环境管理体系是否符合对环境管理工作的预定安排和规范要求）和有效性（即环境管理体系是否得到正确实施和保持），向管理者报告管理结果。

3）对审核方案的编制依据和内容要求，应立足于所涉及活动的环境的重要性和以前审核的结果。

4）审核的具体内容，应规定审核的范围、频次、方法，对审核组的要求，审核报告的要求等。

（17）管理评审：

1）组织应按规定的时间间隔进行，评审过程要记录，结果要形成文件。

2）评审的对象是环境管理体系，目的是保证环境管理体系的持续适用性、充分性、有效性。

3）评审前要收集充分必要信息，作为评审依据。

4. 环境管理体系的运行模式

环境管理体系建立在一个由"策划、实施、检查评审和改进"几个环节构成的动态循环过程的基础上。其具体的运行模式如图 10-1 所示。

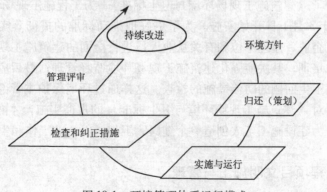

图 10-1　环境管理体系运行模式

10.2 钢结构工程项目施工环境保护的基本要求

10.2.1 项目环境管理的程序

企业应根据批准的建设项目环境影响报告，通过对环境因素的识别和评估，确定管理目标及主要指标，并在各个阶段贯彻实施。项目的环境管理应遵循下列程序：

（1）确定项目环境管理目标。

（2）进行项目环境管理策划。

（3）实施项目环境管理策划。

（4）验证并持续改进。

10.2.2 项目环境管理的工作内容

项目经理负责现场环境管理工作的总体策划和部署，建立项目环境管理组织机构，制定相应制度和措施，组织培训，使各级人员明确环境保护的意义和责任。

项目经理部的工作应包括以下几个方面：

（1）按照分区划块原则，搞好项目的环境管理，进行定期检查，加强协调，及时解决发现的问题，实施纠正和预防措施，保持现场良好的作业环境、卫生条件和工作秩序，做到预防污染。

（2）对环境因素进行控制，制定应急准备和相应措施，并保证信息通畅，预防可能出现的非预期的损害。在出现环境事故时，应及时消除污染，并应制定相应措施，防止环境二次污染。

（3）应保存有关环境管理的工作记录。

（4）进行现场节能管理，有条件时应规定能源使用指标。

10.2.3 项目施工环境保护标准

为了保障在一线作业的建筑工人的身体健康和生命安全，改善他们的工作生活环境，建设部制订、出台了《建筑施工现场环境与卫生标准》，为工程施工现场环境设置了标尺。该标准已于 2005 年 3 月 1 日开始实施。为了更好地推动标准的贯彻落实，环境保护主管部门应对建筑施工企业、监理单位和有关从业人员进行全面的建筑施工现场环境问题防治措施的要求与技术培训；其次应强化建筑施工现场环境监督管理；最后应严格落实标准对建筑工地主要环境卫生问题的防治措施的检查。这样通过环境保护主管部门、卫生部门和建设主管部门共同对《建筑施工现场环境与卫生标准》的贯彻实施，才能够逐步改善工程工地的环境状况，为建设施工工人创造一个健康、卫生、舒心的工作和生活环境。

10.3 钢结构工程项目文明施工与管理

10.3.1 钢结构项目文明施工与管理的基本条件

（1）有整套的施工组织设计（或施工方案）。

（2）有健全的施工指挥系统和岗位责任制度。

（3）工序衔接交叉合理，交接责任明确。

（4）有严格的成品保护措施和制度。

（5）大小临时设施和各种材料、构件、半成品按平面布置堆放整齐。

（6）施工场地平整，道路畅通，排水设施得当，水电线路整齐。

（7）机具设备状况良好，使用合理，施工作业符合消防和安全要求。

10.3.2 文明施工基本要求

（1）工地主要入口要设置简朴、规整的大门，门旁必须设立明显的标牌，标明工程名称、施工单位和工程负责人姓名等内容。

（2）施工现场建立文明施工责任制，划分区域，明确管理负责人，实行挂牌制，做到现场清洁、整齐。

（3）施工现场场地平整，道路坚实、畅通；有排水措施，基础、地下管道施工完后要及时回填平整，清除积土。

（4）现场施工临时水电要有专人管理，不得有长流水、长明灯。

（5）施工现场的临时设施，包括生产、办公、生活用房、仓库、料场、临时上下水管道以及照明、动力线路，要严格按施工组织设计确定的施工平面图布置、搭设或埋设整齐。

（6）工人操作地点和周围必须清洁、整齐，做到活完脚下清，工完场地清，丢洒在楼梯、楼板上的砂浆、混凝土要及时清除，落地灰要回收过筛后使用。

（7）砂浆、混凝土在搅拌、运输、使用过程中，要做到不洒、不漏、不剩，使用地点盛放砂浆、混凝土必须有容器或垫板，如有洒、漏要及时清理。

（8）要有严格的成品保护措施，严禁损坏污染成品，堵塞管道。高层建筑要设置临时便桶，严禁在建筑物内大小便。

（9）建筑物内清除的垃圾渣土，要通过临时搭设的竖井或利用电梯井或采取其他措施稳妥下卸，严禁从门窗口向外抛掷。

（10）施工现场不准乱堆垃圾及余物。应在适当地点设置临时堆放点，并定期外运。清运渣土垃圾及流体物品，要采取遮盖防漏措施，运送途中不得遗撒。

（11）根据工程性质和所在地区的不同情况，采取必要的围护和遮挡措施，并保持外观整洁。

（12）针对施工现场情况设置宣传标语和黑板报，并适时更换内容，切实起到表扬先进、促进后进的作用。

（13）施工现场严禁居住家属，严禁居民、家属、小孩在施工现场穿行、玩耍。

（14）现场使用的机械设备，要按平面布置规划固定点存放，遵守机械安全规程，经常保持机身及周围环境的清洁，机械的标记、编号明显，安全装置可靠。

（15）清洗机械排出的污水要有排放措施，不得随地流淌。

（16）在用的搅拌机、砂浆机旁必须设有沉淀池，不得将浆水直接排放下水道及河流等处。

（17）塔吊轨道按规定铺设整齐、稳固，塔边要封闭，道砟不外溢，路基内外排水畅通。

（18）施工现场应建立不扰民措施，针对施工特点设置防尘和防噪声设施，夜间施工必须有当地主管部门的批准。

10.3.3　文明施工工作内容

文明施工应包括下列工作：

（1）进行现场文化建设。

（2）规范场容，保持作业环境整洁卫生。

（3）创造有序生产的条件。

（4）减少对居民和环境的不利影响。

项目经理部应对现场人员进行培训教育，提高其文明意识和素质，树立良好的形象，并按照文明施工标准定期进行评定、考核和总结。

11 钢结构工程项目成本管理

11.1 钢结构工程项目成本管理概述

11.1.1 项目成本管理的原则

项目成本管理需要遵循以下六项原则。

1. 领导者推动原则

企业的领导者是企业成本的责任人，必然是工程项目施工成本的责任人。领导者应该制定项目成本管理的方针和目标，组织项目成本管理体系的建立和保持，创造使企业全体员工能充分参与项目施工成本管理、实现企业成本目标的良好内部环境。

2. 以人为本，全员参与原则

项目成本管理的每一项工作、每一个内容都需要相应的人员来完善，抓住本质，全面提高人的积极性和创造性，是搞好项目成本管理的前提。项目成本管理工作是一项系统工程，项目的进度管理、质量管理、安全管理、施工技术管理、物资管理、劳务管理、计划统计、财务管理等一系列管理工作都关联到项目成本，项目成本管理是项目管理的中心工作，必须让企业全体人员共同参与。只有如此，才能保证项目成本管理工作顺利地进行。

3. 目标分解，责任明确原则

项目成本管理的工作业绩最终要转化为定量指标，而这些指标的完成是通过上述各级各个岗位的工作实现的，为明确各级各岗位的成本目标和责任，就必须进行目标分解。企业确定工程项目责任成本指标和成本降低率指标，是对工程成本进行了一次目标分解。企业的责任是降低企业管理费用和经营费用，组织项目经理部完成工程项目责任成本指标和成本降低率指标。项目经理部还要对工程项目责任成本指标和成本降低率目标进行二次目标分解，根据岗位不同、管理内容不同，确定每个岗位的成本目标和所承担的责任。把总目标进行层层分解，落实到每一个人，通过每个指标的完成来保证总目标的实现。事实上每个项目管理工作都是由具体的个人来执行，执行任务而不明确承担的责任，等于无人负责，久而久之，形成人人都在工作，谁也不负责任的局面，企业无法搞好。

4. 管理层次与管理内容的一致性原则

项目成本管理是企业各项专业管理的一个部分，从管理层次上讲，企业是决策中心、利润中心，项目是企业的生产场地，是企业的生产车间，由于大部分的成本耗费在此发生，因而它也是成本中心。项目完成了材料和半成品在空间和时间上的流水，绝大部分要素或资源要在项目上完成价值转换，并要求实现增值，其管理上的深度和广度远远大于一个生产车间所能完成的工作内容，因此项目上的生产责任和成本责任是非常大的，为了完成或者实现工程管理和成本目标，就必须建立一套相应的管理制度，并授予相应的权力。因而相应的管理层次，它相对应的管理内容和管理权力必须相称和匹配，否则会发生责、权、利的不协调，从而导致管理目标和管理结果的扭曲。

5. 动态性、及时性、准确性原则

项目成本管理是为了实现项目成本目标而进行的一系列管理活动，是对项目成本实际开支的动态管理过程。由于项目成本的构成是随着工程施工的进展而不断变化的，因而动态性是项目成本管理的属性之一。进行项目成本管理是不断调整项目成本支出与计划目标的偏差，使项目成本支出基本与目标一致的过程。这就需要进行项目成本的动态管理，它决定了项目成本管理不是一次性的工作，而是项目全过程每日每时都在进行的工作。项目成本管理需要及时、准确地提供成本核算信息，不断反馈，为上级部门或项目经理进行项目成本管理提供科学的决策依据。如果这些信息的提供严重滞后，就起不到及时纠偏、亡羊补牢的作用。项目成本管理所编制的各种成本计划、消耗量计划，统计的各项消耗、各项费用支出，必须是实事求是的、准确的。如果计划的编制不准确，各项成本管理就失去了基准；如果各项统计不实事求是、不准确，成本核算就不能真实反映，出现虚盈或虚亏，只能导致决策失误。

因此，确保项目成本管理的动态性、及时性、准确性是项目成本管理的灵魂，否则，项目成本管理就只能是纸上谈兵，流于形式。

6. 过程控制与系统控制原则

项目成本是由施工过程的各个环节的资源消耗形成的。因此，项目成本的控制必须采用过程控制的方法，分析每一个过程影响成本的因素，制定工作程序和控制程序，使之时时处于受控状态。

项目成本形成的每一个过程又是与其他过程互相关联的，一个过程成本的降低，可能会引起关联过程成本的提高。因此，项目成本的管理，必须遵循系统控制的原则，进行系统分析，制订过程的工作目标必须从全局利益出发，不能为了小团体的利益，损害整体的利益。

11.1.2 项目成本管理的内容

1. 成本预测

项目成本预测是通过成本信息和工程项目的具体情况，并运用特定的专门方法，对未来的成本水平及其可能发展趋势作出科学的估计，其实质就是在施工以前对成本进行核算。通过成本预测，可以使项目经理部在满足建设单位和企业要求的前提下，选择成本低、效益好的最佳成本方案，并能够在项目成本形成过程中，针对薄弱环节，加强成本控制，克服盲目性，提高预见性。因此，项目成本预测是项目成本决策与计划的依据。

2. 成本计划

项目成本计划是项目经理部对项目施工成本进行计划管理的工具。它是以货币形式编制工程项目在计划期内的生产费用、成本水平、成本降低率以及为降低成本所采取的主要措施和规划的书面方案，它是建立项目成本管理责任制、开展成本控制和核算的基础。一般来说，一个项目成本计划应包括从开工到竣工所必需的施工成本，它是降低项目成本的指导文件，是设立目标成本的依据。

3. 成本控制

项目成本控制是指在施工过程中，对影响项目成本的各种因素加强管理，并采取各种有效措施，将施工中实际发生的各种消耗和支出严格控制在成本计划范围内，随时揭示并及时反馈，严格审查各项费用是否符合标准、计算实际成本和计划成本之间的差异并进行分析，消除施工中的损失浪费现象，发现和总结先进经验。通过成本控制，使之最终实现甚至超过预期的成本节约目标。项目成本控制应贯穿在工程项目从招投标阶段开始直到项目竣工验收的全过程，它是企业全面成本管理的重要环节。

4. 成本核算

项目成本核算是指项目施工过程中所发生的各种费用和形成项目成本的核算。一是按照规定的成本开支范围对施工费用进行归集，计算出施工费用的实际发生额；二是根据成本核算对象，采用适当的方法，计算出该工程项目的总成本和单位成本。项目成本核算所提供的各种成本信息，是成本预测、成本计划、成本控制、成本分析和成本考核等各个环节的依据。因此，加强项目成本核算工作，对降低项目成本、提高企业的经济效益有积极的作用。

5. 成本分析

项目成本分析是在成本形成过程中，对项目成本进行的对比评价和剖析总结工作，它贯穿于项目成本管理的全过程，也就是说项目成本分析主要利用工程项目的成本核算资料（成本信息），与目标成本（计划成本）、预算成本以及类似的工程项目的实际成本等进行比较，了解成本的变动情况，同时也要分析主要技术经济指标对成本的影响，系统地研究成本变动的因素，检查成本计划的合理性，并通过成本分析，深入揭示成本变动的规律，寻找降低项目成本的途径，以便有效地进行成本控制。

6. 成本考核

成本考核是指在项目完成后，对项目成本形成中的各责任者，按项目成本目标责任制的有关规定，将成本的实际指标与计划、定额、预算进行对比和考核，评定项目成本计划的完成情况和各责任者的业绩，并以此给以相应的奖励和处罚。通过成本考核，做到有奖有惩，赏罚分明，才能有效地调动企业的每一个职工在各自的施工岗位上努力完成目标成本的积极性，为降低项目成本和增加企业的积累作出自己的贡献。

11.1.3　项目成本管理的程序与流程

1. 项目成本管理的程序

项目成本管理应遵循下列程序：

（1）掌握生产要素的市场价格和变动状态。

（2）确定项目合同价。

（3）编制成本计划，确定成本实施目标。

（4）进行成本动态控制，实现成本实施目标。

（5）进行项目成本核算和工程价款结算，及时收回工程款。

（6）进行项目成本分析。

（7）进行项目成本考核，编制成本报告。

（8）积累项目成本资料。

2. 项目成本管理的流程

项目的成本管理工作归纳为以下几个关键环节：成本预测、成本决策、成本计划、成本控制、成本核算、成本分析、成本考核等，其流程如图 11-1 所示。

图 11-1 项目成本管理流程图

需要指出的是，在项目成本管理中必须树立项目的全面成本观念，用系统的观点，从整体目标优化的基点出发，把企业全体人员，以及各层次、各部门严密组织起来，围绕项目的生产和成本形成的整个过程，建立起成本管理保证体系，根据成本目标，通过管理信息系统，进行项目成本管理的各项工作，以实现成本目标的优化和企业整体经济效益的提高。特别是在实行项目经理责任制以后，各项目管理部必须在施工过程中对所发生的各种成本项目，通过有组织、有系统地进行预测、计划、控制、核算、分析等工作，促使项目系统内各种要素按照一定的目标运行，使工程项目的实际成本能够控制在预定的计划成本范围内。

11.1.4 项目成本管理的组织职责

1. 项目成本管理的层次划分

（1）公司管理层。这里所说的"公司"是广义的公司，是指直接参与经营管理的一级机构，并不一定是公司法所指的法人公司。这一级机构可以在上级公司的领导和授权下独立开展经营和施工管理活动。它是项目施工的直接组织者和领导者，对项目成本负责，对项目施工成本管理负领导、组织、监督、考核责任。各企业可以根据自己的管理体制，决定它的名称。

（2）项目管理层。它是公司根据承接的工程项目施工的需要，组织起来的针对该项目施工的一次性管理班子，一般称"项目经理部"。经公司授权在现场直接管理工程项目施工。它根据公司管理层的要求，结合本项目实际情况和特点，确定的本项目部成本管理的

142

组织及人员，在公司管理层的领导和指导下，负责本项目部所承担工程的施工成本管理，对本项目的施工成本及成本降低率负责。

（3）岗位管理层。是指项目经理部的各管理岗位。它在项目经理部的领导和组织下，执行公司及项目部制定的各项成本管理制度和成本管理程序，在实际管理过程中完成本岗位的成本责任指标。

公司管理层、项目管理层、岗位管理层三个管理层次之间是互相关联、互相制约的关系。

岗位管理层次是项目施工成本管理的基础，项目管理层次是项目施工成本管理的主体，公司管理层次是项目施工成本管理的龙头。项目层次和岗位层次在公司管理层次的控制和监督下行使成本管理的职能。岗位层次对项目层次负责，项目层次对公司层次负责。

2. 项目成本管理的职责

（1）公司管理层的职责。公司管理层是项目成本管理的最高层次，负责全公司的项目成本管理工作，对项目成本管理工作负领导和管理责任。

1）负责制定项目成本管理的总目标及各项目（工程）的成本管理目标。

2）负责本单位成本管理体系的建立及运行情况考核、评定工作。

3）负责对项目成本管理工作进行监督、考核及奖罚兑现工作。

4）负责制定本单位有关项目成本管理的政策、制度、办法等。

（2）项目管理层的职责。公司管理层对项目成本的管理是宏观的。项目管理层对项目成本的管理则是具体的，是对公司管理层项目成本管理工作意图的落实。项目管理层既要对公司管理层负责，又要对岗位层进行监督、指导。因此，项目管理层是项目成本管理的主体。项目管理层的成本管理工作的好坏是公司项目成本管理工作成败的关键。项目管理层对公司确定的项目责任成本及成本降低率负责。

1）遵守公司管理层次制定的各项制度、办法，接受公司管理层次的监督和指导。

2）在公司项目成本管理体系中，建立本项目的成本管理体系，并保证其正常运行。

3）根据公司制定的项目成本目标制定本项目的目标成本和保证措施、实施办法。

4）分解成本指标，落实到岗位人员身上，并监督和指导岗位成本的管理工作。

（3）岗位管理层的职责。岗位管理层对岗位成本负责，是项目成本管理的基础。项目管理层将本工程的施工成本指标分解时，要按岗位进行分解，然后落实到岗位，落实到人。

1）遵守公司及项目制定的各项成本管理制度、办法，自觉接受公司和项目的监督、指导。

2）根据岗位成本目标，制定具体的落实措施和相应的成本降低措施。

3）按施工部位或按月对岗位成本责任的完成及时总结并上报，发现问题要及时汇报。

4）按时报送有关报表和资料。

11.1.5 项目成本管理措施

为了取得项目成本管理的理想成果，应当从多方面采取措施实施管理，通常可以将这些措施归纳为组织措施、技术措施、经济措施、合同措施四个方面。

1. 组织措施

组织措施是从项目成本管理的组织方面采取的措施，如实行项目经理责任制，落实项目成本管理的组织机构和人员，明确各级项目成本管理人员的任务和职能分工、权力和责任，编制本阶段项目成本控制工作计划和详细的工作流程图等。项目成本管理不仅是专业成本管理人员的工作，各级项目管理人员都负有成本控制责任。组织措施是其他各类措施的前提和保障，而且一般不需要增加什么费用，运用得当可以收到良好的效果。

2. 技术措施

技术措施不仅对解决项目成本管理过程中的技术问题是不可缺少的，而且对纠正项目成本管理目标偏差也有相当重要的作用。因此，运用技术措施的关键，一是要能提出多个不同的技术方案，二是要对不同的技术方案进行技术经济分析。在实践中，要避免仅从技术角度选定方案而忽视对其经济效果的分析论证。

3. 经济措施

经济措施是最易为人接受和采用的措施。管理人员应编制资金使用计划，确定、分解项目成本管理目标。对项目成本管理目标进行风险分析，并制定防范性对策。通过偏差原因分析和未完项目成本预测，可发现一些可能导致未完项目成本增加的潜在问题，对这些问题应以主动控制为出发点，及时采取预防措施。由此可见，经济措施的运用绝不仅仅是财务人员的事情。

4. 合同措施

成本管理要以合同为依据，因此合同措施就显得尤为重要。对于合同措施从广义上理解，除了参加合同谈判、修订合同条款、处理合同执行过程中的索赔问题、防止和处理好与业主和分包商之间的索赔之外，还应分析不同合同之间的相互联系和影响，对每一个合同作总体和具体分析等。

11.2 钢结构工程项目成本预测方法

11.2.1 项目成本预测概念

成本预测，就是依据成本的历史资料和有关信息，在认真分析当前各种技术经济条件、外界环境变化及可能采取的管理措施的基础上，对未来的成本与费用及其发展趋势所作的定量描述和逻辑推断。

项目成本预测是通过成本信息和工程项目的具体情况，对未来的成本水平及其发展趋势作出科学的估计，其实质就是工程项目在施工以前对成本进行核算。通过成本预测，使项目经理部在满足业主和企业要求的前提下，确定工程项目降低成本的目标，克服盲目性，提高预见性，为工程项目降低成本提供决策与计划的依据。

11.2.2 项目成本预测的意义

1. 投标决策的依据

建筑施工企业在选择投标项目过程中，往往需要根据项目是否盈利、利润大小等诸因素确定是否对工程投标。这样在投标决策时就要估计项目施工成本的情况，通过与施工图概（预）算的比较，才能分析出项目是否盈利、利润大小等。

2. 编制成本计划的基础

计划是管理的第一步。因此，编制可靠的计划具有十分重要的意义。但要编制出正确可靠的成本计划，必须遵循客观经济规律，从实际出发，对成本作出科学的预测。这样才能保证成本计划不脱离实际，切实起到控制成本的作用。

3. 成本管理的重要环节

成本预测是在分析各种经济与技术要素对成本升降影响的基础上，推算其成本水平变化的趋势及其规律性，预测实际成本。它是预测和分析的有机结合，是事后反馈与事前控制的结合。通过成本预测，有利于及时发现问题，找出成本管理中的薄弱环节，采取措施，控制成本。

11.2.3 项目成本预测方法

1. 定性预测法

（1）经验评判法。经验评判法是通过对过去类似工程的有关数据，并结合现有工程项目的技术资料，经综合分析而预测其成本。

（2）专家会议法。专家会议法是目前国内普遍采用的一种定性预测方法，它的优点是简便易行，信息量大，考虑的因素比较全面，参加会议的专家可以相互启发。这种方式的不足之处在于：参加会议的人数总是有限的，因此代表性不够充分；会上容易受权威人士或大多数人的意见的影响，而忽视少数人的正确意见，即所谓的"从众现象"——个人由于真实的或臆想的群体心理压力，在认知或行动上不由自主地趋向于多数人一致的现象。

使用该方法，预测值经常出现较大的差异，在这种情况下一般可采用预测值的平均数。

（3）德尔菲法。这种方法的优点是能够最大限度地利用各个专家的能力，相互不受影响，意见易于集中，且真实；缺点是受专家的业务水平、工作经验和成本信息的限制，有一定的局限性。

（4）主观概率预测法。主观概率是与专家会议法和专家调查法相结合的方法。即允许专家在预测时可以提出几个估计值，并评定各值出现的可能性（概率），然后，计算各个专家预测值的期望值。最后，对所有专家预测期望值求平均值，即为预测结果。

2. 定量预测方法

（1）简单平均法：

1）算术平均法：此法简单易行，如预测对象变化不大且无明显的上升或下降趋势时，应用较为合理，不过它只能应用于近期预测。

2）加权平均法：当一组统计资料中每一个数据的重要性不完全相同时，求平均数的最理想方法是将每个数的重要性用权数来表示。

3）几何平均法：把一组观测值相乘再开 n 次方，所得 n 次方根称为几何平均数，几何平均数一般小于算术平均数，而且数据越分散几何平均数越小。

4）移动平均法：在算术平均法的基础上发展起来，以近期资料为依据，并考虑事物发展趋势。

（2）回归分析法：

回归分析有一元线性回归分析、多元线性回归和非线性回归等。这里仅介绍一元线性回归在成本预测中的应用。

1）一元线性回归预测的基本原理。一元线性回归预测法是根据历史数据在直角坐标系上描绘出相应点，再在各点间作一直线，使直线到各点的距离最小，即偏差平方和为最小，因而，这条直线就最能代表实际数据变化的趋势（或称倾向线），用这条直线适当延长来进行预测。

2）指数平滑法。指数平滑法也叫指数修正法，是一种简便易行的时间序列预测方法。它是在移动平均法基础上发展起来的一种预测方法，是移动平均法的改进形式。使用移动平均法有两个明显的缺点：一是它需要有大量的历史观察值的储备；二是要用时间序列中近期观察值的加权方法来解决，因为最近的观察中包含着最多的未来情况的信息，所以必须相对地比前期观察值赋予更大的权数。即对最近期的观察值给予最大的权数，而对于较远的观察值就给予递减的权数。指数平滑法就是既可以满足这样一种加权法，又不需要大量历史观察值的一种新的移动平均预测法。

3）高低点法。高低点法是成本预测的一种常用方法，它是根据统计资料中完成业务量（产量或产值）最高和最低两个时期的成本数据，通过计算总成本中的固定成本、变动成本和变动成本率来预测成本的。

11.2.4 项目成本决策的概念

1. 项目成本决策的概念

项目成本决策是对工程施工生产活动中与成本相关的问题作出判断和选择的过程。

项目施工生产活动中的许多问题涉及成本，为了提高各项施工活动的可行性和合理性，为了提高成本管理方法和措施的有效性，项目成本管理过程中，需要对涉及成本的有关问题作出决策。项目成本决策是项目成本管理的重要环节，也是成本管理的重要职能，贯穿于施工生产的全过程。项目成本决策的结果直接影响到未来的工程成本，正确的成本决策对成本管理极为重要。

2. 项目成本决策的程序

项目成本决策应按以下程序进行：

1）认识分析问题。

2）明确项目成本目标。

3）情报信息收集与沟通。

4）确认可行的替代方案。

5）选择判断最佳方案的标准。

6）建立成本、方案、数据和成果之间的相互关系。

7）预测方案结果并优化。

8）选择达到成本最低的最佳方案。

9）决策方案的实施与反馈。

3. 项目成本决策的内容

（1）短期成本决策

短期成本决策是对未来一年内有关成本问题作出的决策。其所涉及的大多是项目在日常施工生产过程中与成本相关的内容，通常对项目未来经营管理方向不产生直接影响，故短期成本决策又被称为战术性决策。与短期成本决策有关的因素基本上是确定的，因此，短期成本决策大多属于确定型决策和重复性决策。短期成本决策的内容主要包括：

1）采购环节的短期成本决策。如不同等级材料的决策、经济采购批量的决策等。

2）施工生产环节的短期成本决策。如结构件是自制还是外购的决策、经济生产批量的决策、分派追加施工任务的决策、施工方案的选择、短期成本变动趋势预测等。

3）工程价款结算环节的短期成本决策。如结算方式、结算时间的决策等。

除上述内容以外，项目成本决策过程中，还涉及成本与收入、成本与利润等方面的问题，如特殊订货问题等。

（2）长期成本决策

长期成本决策是指对成本产生影响的时间长度超过一年以上的问题所进行的决策。一般涉及诸如项目施工规模、机械化施工程度、工程进度安排、施工工艺、质量标准等与成本密切相关的问题。这类问题涉及的时间长、金额大、对企业的发展具有战略意义，故又称为战略性决策。与长期成本决策有关的因素通常难以确定，大多数属于不确定决策和一次性决策。长期成本决策的内容主要包括：

1）施工方案的决策。项目的施工方案是对项目成本有着直接、重大影响的长期决策行为。施工方案牵涉面广，不确定性因素多，对项目未来的工程成本将在相当长的时间内产生重大的影响。

2）进度安排和质量标准的决策。工程项目进度的快慢和质量标准的高低也直接、长期影响着工程成本。在决策时应通盘考虑，要贯穿目标成本管理思想，在达到业主的工期和质量要求的前提下力求降低成本。

4. 项目成本决策的方法

（1）定型化决策。定型化决策的特点是在事物的客观自然状态完全肯定的状况下所作出的决策，具有一定的规律性。方法比较简单，如单纯择优法（即直接择优决策方法）。

（2）非定型化决策：

1）决策者期望达到一定的目标。

2）被决策的事物具有两种以上客观存在的自然状态。

3）各种自然状态可以用定量数据反映其损益值。

4）具有可供决策人选择的两个以上方案。

（3）风险型决策。风险型决策方法除具有非定型决策的四个特点外，还有一个很重要的特点，即决策人对未来事物的自然状态变化情况不能肯定（可能发生，也可能不发生），但知道自然状态可能发生的概率。

由于这种决策问题引入了概率的概念，是属于非确定的类型，所以这种决策具有一定的风险性。风险情况下的决策标准主要有三个：期望值标准、合理性标准和最大可能性的标准。

11.3 钢结构工程项目成本目标编制

11.3.1 项目成本目标概述

1. 项目成本目标的概念

成本目标是成本管理的一项重要内容，是目标管理在成本管理中的实际运用。它是以企业的目标利润和顾客所能接受的销售价格为基础，根据先进的消耗定额和计划期内能够实现的成本降低措施及其效果确定的，改变了以实际消耗为基础的传统成本控制观念，增强了成本管理的预见性、目的性和科学性。

项目成本目标是以项目为基本核算单元，通过定性或定量的分析计算，在充分考虑现场实际、市场供求等情况的前提下，确定出目前的内外环境下及合理工期内，通过努力所能达到的成本目标值。它是项目成本管理的一个重要环节，是项目实际成本支出的指导性文件。

2. 项目成本目标的作用

正确制定项目成本目标的作用在于：

（1）项目成本目标编制是其他有关生产经营计划的基础。每一个工程项目都有着自己的项目目标，这是一个完整的体系。在这个体系中，成本目标与其他各方面的计划有着密切的联系。它们既相互独立，又起着相互依存和相互制约的作用。如编制项目流动资金计划、企业利润计划等都需要成本目标编制的资料，同时，成本目标的编制也需要以施工方案、物资与价格计划等为基础。

（2）为生产耗费的控制、分析和考核提供重要依据。成本目标既体现了社会主义市场经济体制下对成本核算单位降低成本的客观要求，也反映了核算单位降低成本的目标。成本目标可作为对生产耗费进行事前预计、事中检查控制和事后考核评价的重要依据。许多施工单位仅单纯重视项目成本管理的事中控制及事后考核，却忽视甚至省略了至关重要的事前计划，使得成本管理从一开始就缺乏目标，对于考核控制，也无从对比，产生很大的盲目性。项目成本目标一经确定，就要层层落实到部门、班组，并应经常将实际生产耗费与成本目标进行对比分析，揭露执行过程中存在的问题，及时采取措施，改进和完善成本管理工作，以保证项目成本目标指标得以实现。

（3）调动全体职工深入开展增产节约、降低产品成本活动的积极性。成本目标是全体职工共同奋斗的目标。为了保证成本目标的实现，企业必须加强成本管理责任制，把成本目标的各项指标进行分解，落实到各部门、班组乃至个人，实行归口管理并做到责、权、利相结合，检查评比和奖励惩罚有根有据，使开展增产节约、降低产品成本、执行和完成各项成本目标指标成为上下一致、左右协调、人人自觉努力完成的共同行动。

3. 项目成本目标制定的原则

成本目标制定的原则主要是指在成本目标制定过程中对有关业务处理的标准和要求。目标成本是项目控制成本的标准，所制定的成本目标要能真正起到控制生产成本的作用，必须符合以下原则：

（1）可行性原则。成本目标必须是项目执行单位在现有基础上经过努力可以达到的成本水平。这个水平既要高于现有水平，又不能高不可攀，脱离实际，也不能把目标定得过低，失去激励作用。因此，成本目标应当符合企业各种资源条件和生产技术水平，符合国内市场竞争的需要，切实可行。

（2）科学性原则。成本目标的科学性就是成本目标的确定不能主观臆断，要收集和整理大量的情报资料，以可靠的数据为依据，通过科学的方法计算出来。

（3）先进性原则。成本目标要有激发职工积极性的功能，能充分调动广大职工的工作热情，使每个人尽力贡献自己的力量，如果成本目标可以轻而易举地达到，也就失去了成本控制的意义。

（4）适时性原则。项目的成本目标一般是在全面分析当时主客观条件的基础上制定的。由于现实中存在大量的不确定性因素，项目实施过程中的外部环境和内部条件会不断发生变化，这就要求企业根据条件的变化及时调整修订成本目标，以适应实际情况的需要。

（5）可衡量性原则。可衡量性是指成本目标要能用数量或质量指标表示。有些难以用数量表示的指标应尽量用间接方法使之数量化，以便能作为检查和评价实际成本水平偏离目标程度的标准和考核目标成本执行情况的准绳。

（6）统一性原则。同一时期对不同项目成本目标的制定必须采用统一标准，以统一尺度（施工定额水平）对项目成本进行约束。同时，成本目标要和企业总的经营目标协调一致，而且成本目标各种指标之间不能相互矛盾、相互脱节，要形成一个统一的整体的指标体系。

11.3.2 项目成本目标的编制

1. 项目成本目标编制的依据

（1）项目与公司签订项目经理责任合同，包括项目施工责任成本指标及各项管理目标。

（2）根据施工图计算的工程量及参考定额。

（3）施工组织设计及分部分项施工方案。

（4）劳务分包合同及其他分包合同。

（5）项目岗位成本责任控制指标。

2. 项目成本目标编制的程序

项目成本目标编制的基本程序如图 11-2 所示。

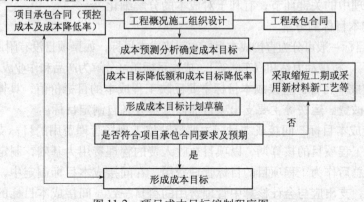

图 11-2　项目成本目标编制程序图

3. 项目成本目标编制的方法

（1）定性分析法

常用的定性分析方法是用目标利润百分比表示的成本控制标准。即：

$$成本目标 = 工程投标价 \times [1 - 目标利润率(\%)] \qquad (11\text{-}1)$$

在此方法中，目标利润率的取定主要是通过主观判断和对历史资料分析而得出。在计划经济条件下，由于工程造价按国家预算编制，其中的法定利润和计划利润是固定不变的，按此两项之和或略高一点制定工程的目标利润是完全可行的，也是被普遍认同的，但在市场竞争条件下，这种方法就明显表现出不足：

1）目标利润率指标和成本指标之间尽管可互相换算，但在具体操作上有本质区别。利用目标利润率确定成本目标是先有利润率，然后计算出成本目标，也就是企业下达的成本指标是相对指标而不是以后将讨论的绝对成本指标。

2）目标利润率指标的取定往往依据历史资料，如财务年度报告等，或根据行业的平均利润率而定，缺乏对企业本身深层次以及潜在优势的研究，不能挖掘出企业降低成本的潜力。

3）目标利润率指标易产生平均主义思想，不能充分调动管理者的管理积极性。不同时期、不同地点、不同的项目其投标价格的高低有较大的差异，其降低成本的潜力也各不相同。在同一企业内，不同的项目如果制定出相同的目标利润率，会使部分项目的利润流失；而制定出不同的目标利润率，又会导致项目间相互攀比的现象，并会造成心理上的抵触。

4）目标利润率指标不能充分反映各种外部环境对项目成本构成要素的影响。如市场供求关系的变化会影响到人工、材料、机械价格的高低，施工所投入的各种企业资源受经济环境和市场供求关系的影响较大，因此对成本的影响也比较明显。

5）定性的成本目标确定方法不便于企业管理层了解项目的实际情况，也不便于项目成本的分解，更不利于成本的控制，成本目标往往流于形式。

6）利润率的考核往往只能依据财务报表数据，由于工程的变更和工程结算的不及时，容易导致财务成本失真。

（2）定量分析法

定量分析法就是在投标价格的基础上，充分考虑企业的外部环境对各成本要素的影响，通过对各工序中人工、材料、机械消耗的考察和定量分析计算，进而得出项目成本目标的方法。定量分析得出的成本目标为经营者提出的指标更为具体，更为现实，便于管理者抓住成本管理中的关键环节，有利于对成本的分解细化。

4. 项目成本目标的分解

项目成本目标一般可分为直接成本目标和间接成本目标，如果项目没有附属生产单位（如加工厂、预制厂、机械动力站和汽车队等），成本目标还可分解为产品和作业成本目标。

（1）直接成本目标。直接成本目标主要反映工程成本的目标价值，具体来说，要对材料、人工、机械费、运费等主要支出项目加以分解并各自制定目标。

（2）间接成本目标。间接成本目标主要反映施工现场管理费用的目标支出数。间接成本目标应根据工程项目的核算期，以项目总收入费的管理费用为基础，制定各部门的成本目标收支，汇总后作为工程项目的目标管理费用。在间接成本目标制定中，各部门费用的口径应该一致，支出应与会计核算中管理费用的科目一致。间接成本目标的金额，应与项目成本目标中管理费一栏的数额相符。各部门应按照节约开支、压缩费用的原则，制定

150

"管理费用归口包干指标落实办法"，以保证该目标的实现。

（3）成本目标表格。在编制了成本目标以后还需要通过各种成本目标表格的形式将成本降低任务落实到整个项目的施工全过程，以便于在项目实施过程中实现对成本的控制。成本目标表格通常通过直接成本目标总表的形式反映；间接成本目标表格可用施工目标管理费用表格来控制。

1）直接成本目标总表。直接成本目标总表主要是将工程项目的成本目标分解为各个组成部分，通过在成本目标表中加入实际成本栏的方式，并且要在存在较大差异时对其原因进行解释，达到在实际中对施工中发生的费用进行有力控制的目的，见表11-1。

直接成本目标总表   表 11-1

工程名称：　　　　　　项目经理：　　　　　　日期：　　　　　　单位：

项　　目	成本目标	实际发生成本	差　　异	差异说明
1. 直接费用				
人工费				
材料费				
机械使用费				
其他直接费				
2. 间接费用				
施工管理费				
合计				

2）施工现场目标管理费用表格，见表11-2。

施工现场目标管理费用表   表 11-2

项　　目	目标费用	实际支出	差　　异	差异说明
1. 工作人员工资				
2. 生产工人辅助工资				
3. 工资附加费				
4. 办公费				
5. 差旅交通费				
6. 固定资产使用费				
7. 工具用具使用费				
8. 劳动保护费				
9. 检验试验费				
10. 工程保养费				
11. 财产保养费				
12. 取暖、水电费				
13. 排污费				
14. 其他				
合计				

11.4 钢结构工程项目成本计划编制

11.4.1 项目成本计划概述

1. 项目成本计划的概念

成本计划是在多种成本预测的基础上，经过分析、比较、论证、判断之后，以货币形式预先规定计划期内项目施工的耗费和成本所要达到的水平，并且确定各个项目成本比预计要达到的降低额和降低率，提出保证成本计划实施所需要的主要措施方案。

项目成本计划是项目全面计划管理的核心。其内容涉及项目范围内的人、财、物和项目管理职能部门等方方面面，是受企业成本计划制约而又相对独立的计划体系，并且工程项目成本计划的实现，又依赖项目组织对生产要素的有效控制。项目作为基本的成本核算单位，就更加有利于项目成本计划管理体制的改革和完善，更有利于解决传统体制下施工预算与计划成本、施工组织设计与项目成本计划相互脱节的问题，为改革施工组织设计，创立新的成本计划体系，创造有利条件和环境。

2. 项目成本计划的重要性

项目成本计划是项目成本管理的一个重要环节，是实现降低项目成本任务的指导性文件，也是项目成本预测的继续。

项目成本计划的过程是动员项目经理部全体职工，挖掘降低成本潜力的过程；也是检验施工技术质量管理、工期管理、物资消耗和劳动力消耗管理等效果的全过程。

项目成本计划的重要性具体表现为以下几个方面：

（1）是对生产耗费进行控制、分析和考核的重要依据。

（2）是编制核算单位其他有关生产经营计划的基础。

（3）是国家编制国民经济计划的一项重要依据。

（4）可以动员全体职工深入开展增产节约、降低产品成本的活动。

（5）是建立企业成本管理责任制、开展经济核算和控制生产费用的基础。

3. 项目成本计划的特点

（1）具有积极主动性。成本计划不再仅仅是被动地按照已确定的技术设计、工期、实施方案和施工环境来预算工程的成本，更注重进行技术经济分析，从总体上考虑项目工期、成本、质量和实施方案之间的相互影响和平衡，以寻求最优的解决途径。

（2）动态控制的过程。项目不仅在计划阶段进行周密的成本计划，而且要在实施过程中将成本计划和成本控制合为一体，不断根据新情况，如工程设计的变更、施工环境的变化等，随时调整和修改计划，预测项目施工结束时的成本状况以及项目的经济效益，形成一个动态控制过程。

（3）采用全寿命周期理论。成本计划不仅针对建设成本，还要考虑运营成本的高低。在通常情况下，对施工项目的功能要求高、建筑标准高，则施工过程中的工程成本增加，但今后使用期内的运营费用会降低；反之，如果工程成本低，则运营费用会提高。这就在确定成本计划时产生了争执，于是通常通过对项目全寿命周期作总经济性比较和费用优化来确定项目的成本计划。

（4）成本目标的最小化与项目盈利的最大化相统一。盈利的最大化经常是从整个项目的角度分析的。如经过对项目的工期和成本的优化选择一个最佳的工期，以降低成本，但是，如果通过加班加点适当压缩工期，使得项目提前竣工投产，根据合同获得的奖金高于工程成本的增加额，这时成本的最小化与盈利的最大化并不一致，从项目的整体经济效益出发，提前完工是值得的。

11.4.2 项目成本计划的编制

1. 项目成本计划编制的依据

项目成本计划的编制依据如下：

（1）承包合同。合同文件除了包括合同文本外，还包括招标文件、投标文件、设计文件等，合同中的工程内容、数量、规格、质量、工期和支付条款都将对工程的成本计划产生重要的影响，因此，承包方在签订合同前应进行认真地研究与分析，在正确履约的前提下降低工程成本。

（2）项目管理实施规划。其中工程项目施工组织设计文件为核心的项目实施技术方案与管理方案，是在充分调查和研究现场条件及有关法规条件的基础上制定的，不同实施条件下的技术方案和管理方案，将导致工程成本的不同。

（3）可行性研究报告和相关设计文件。

（4）生产要素的价格信息。

（5）反映企业管理水平的消耗定额（企业施工定额）以及类似工程的成本资料等。

2. 项目成本计划编制的要求

项目成本计划的编制应满足下列要求：

（1）由项目经理部负责编制，报组织管理层批准。

（2）自下而上分级编制并逐层汇总。

（3）反映各成本项目指标和降低成本指标。

3. 项目成本计划编制的原则

（1）合法性原则。编制项目成本计划时，必须严格遵守国家的有关法令、政策及财务制度的规定，严格遵守成本开支范围和各项费用开支标准，任何违反财务制度的规定，随意扩大或缩小成本开支范围的行为，必然使计划失去考核实际成本的作用。

（2）先进可行性原则。成本计划既要保持先进性，又必须切实可行。否则，就会因计划指标过高或过低而失去应有的作用。只有这样，才能使制定的成本计划既有科学根据，又有实现的可能；也只有这样，成本计划才能起到促进和激励的作用。

（3）弹性原则。编制成本计划，应留有充分余地，保持计划具有一定的弹性。只有充分考虑各种变化的发展，才能更好地发挥成本计划的责任。

（4）可比性原则。成本计划应与实际成本、前期成本保持可比性。为了保证成本计划的可比性，在编制计划时应注意所采用的计算方法，应与成本核算方法保持一致（包括成本核算对象、成本费用的汇集、结转、分配方法等），只有保证成本计划的可比性，才能有效地进行成本分析，才能更好地发挥成本计划的作用。

（5）统一领导、分级管理原则。编制成本计划，应实行统一领导、分级管理的原则，采取走群众路线的工作方法。应在项目经理的领导下，以财务和计划部门为中心，发动全体职工总结降低成本的经验，找出降低成本的正确途径，使成本计划的制订和执行具有广泛的群众基础。

（6）从实际情况出发的原则。编制成本计划必须从企业的实际情况出发，充分挖掘企业内部潜力，使降低成本指标既积极可靠，又切实可行。工程项目管理部门降低成本的潜力在于正确选择施工方案，合理组织施工，提高劳动生产率，改善材料供应，降低材料消耗，提高机械设备利用率，节约施工管理费用等。

（7）与其他计划结合的原则。编制成本计划必须与工程项目的其他各项计划如施工方案、生产进度、财务计划、资料供应及耗费计划等密切结合，保持平衡。

4. 项目成本计划编制的程序

编制成本计划的程序，因项目的规模大小、管理要求不同而不同。大中型项目一般采用分级编制的方式，即先由各部门提出部门成本计划，再由项目经理部汇总编制全项目工程的成本计划；小型项目一般采用集中编制方式，即由项目经理部先编制各部门成本计划，再汇总编制全项目的成本计划。编制程序如图 11-3 所示。

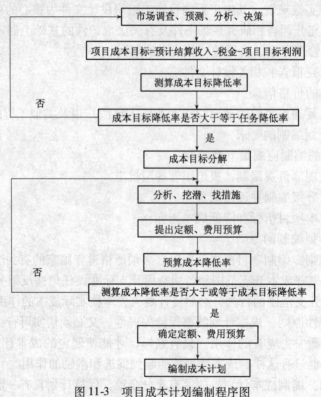

图 11-3　项目成本计划编制程序图

5. 项目成本计划编制的方法

（1）施工预算法

施工预算法，是指以施工图中的工程实物量，套以施工工料消耗定额，计算工料消耗量，并进行工料汇总，然后统一以货币形式反映其施工生产耗费水平。以施工工料消耗定额所计算的施工生产耗费水平，基本是一个不变的常数。一个工程项目要实现较高的经济效益（即较大降低成本水平），就必须在这个常数基础上采取技术节约措施，以降低单位

154

消耗量和降低价格等措施，来达到成本计划的成本目标水平。因此，采用施工预算法编制成本计划时，必须考虑结合技术节约措施计划，以进一步降低施工生产耗费水平。用下式来表示：

$$\begin{matrix} 施工预算法 \\ 的计划成本 \end{matrix} = \begin{matrix} 施工预算施工生产耗费 \\ 水平（工料消耗费用） \end{matrix} - \begin{matrix} 技术节约措施 \\ 计划节约额 \end{matrix} \tag{11-2}$$

（2）技术节约措施法

技术节约措施法是指以工程项目计划采取的技术组织措施和节约措施所能取得的经济效果为项目成本降低额，然后求工程项目的计划成本的方法。用下式表示：

$$\begin{matrix} 工程项目 \\ 计划成本 \end{matrix} = \begin{matrix} 工程项目 \\ 预算成本 \end{matrix} - \begin{matrix} 技术节约措施计划 \\ 节约额（成本降低额） \end{matrix} \tag{11-3}$$

（3）成本习性法

成本习性法是固定成本和变动成本在编制成本计划中的应用，主要按照成本习性，将成本分成固定成本和变动成本两类，以此计算计划成本。具体划分可采用按费用分解的方法。

1）材料费：与产量有直接联系，属于变动成本。

2）人工费：在计时工资形式下，生产工人工资属于固定成本，因为不管生产任务完成与否，工资照发，与产量增减无直接联系。如果采用计件超额工资形式，其计件工资部分属于变动成本，奖金、效益工资和浮动工资部分，亦应计入变动成本。

3）机械使用费：其中有些费用随产量增减而变动，如燃料费、动力费等，属变动成本。有些费用不随产量变动，如机械折旧费、大修理费、机修工和操作工的工资等，属于固定成本。此外还有机械的场外运输费和机械组装拆卸、替换配件、润滑擦拭等经常修理费，由于不直接用于生产，也不随产量增减成正比例变动，而是在生产能力得到充分利用、产量增长时，所分摊的费用就少些，在产量下降时，所分摊的费用就要大一些，所以这部分费用为介于固定成本和变动成本之间的半变动成本，可按一定比例划为固定成本和变动成本。

4）措施费：水、电、风、汽等费用以及现场发生的其他费用，多数与产量发生联系，属于变动成本。

5）施工管理费：其中大部分在一定产量范围内与产量的增减没有直接联系，如工作人员工资、生产工人辅助工资、工资附加费、办公费、差旅交通费、固定资产使用费、职工教育经费、上级管理费等，基本上属于固定成本。检验试验费、外单位管理费等与产量增减有直接联系，则属于变动成本范围。此外，劳动保护费中的劳保服装费、防暑降温费、防寒用品费，劳动部门都有规定的领用标准和使用年限，基本上属于固定成本范围。技术安全措施费、保健费，大部分与产量有关，属于变动成本。工具用具使用费中，行政使用的家具费属固定成本。工人领用工具，随管理制度不同而不同，有些企业对机修工、电工、钢筋、车工、钳工、刨工的工具按定额配备，规定使用年限，定期以旧换新，属于固定成本；而对民工、木工、抹灰工、油漆工的工具采取定额人工数、定价包干，则又属于变动成本。

在成本按习性划分为固定成本和变动成本后，可用下式计算：

$$\frac{\text{工程项目}}{\text{计划成本}} = \frac{\text{工程项目变}}{\text{动成本总额}} + \frac{\text{工程项目固}}{\text{定成本总额}} \tag{11-4}$$

6. 项目月度成本计划编制的基础知识

（1）项目月度成本计划编制

1）项目月度成本计划的概念。

项目月度成本计划是项目成本管理的基础，属于控制性计划，是进行各项施工成本活动的依据。它确定了月度施工成本管理的工作目标，也是对岗位责任人员进行月度岗位成本指标分解的基础。

项目月度成本计划是根据成本目标制定的月度成本支出和月度成本收入计划。包括：月度人工费成本计划、材料费成本计划、机械费成本计划、措施费用成本计划、临设费、项目管理、安全设施成本计划等。

2）项目月度成本计划编制的依据：

① 项目施工责任成本指标和成本目标指标。

② 劳务分包合同、机具租赁合同及材料采购、加工订货合同等。

③ 施工进度计划及计划完成工程量。

④ 施工组织设计或施工方案。

⑤ 成本降低计划及成本降低措施。

3）项目月度成本计划编制的原则：

① 成本收入的确定与项目施工责任成本、成本目标的确定方法一致的原则。只有成本收入与项目施工责任成本、成本目标的确定方法一致，才能保证成本收入计算的准确性，保证与项目施工责任成本、成本目标具有可比性。

② 成本支出计划与实际发生相一致的原则。为完成工程施工任务而进行的支出是可以事先计划和规划的，如机械费的支出是根据机械租赁费按月包干费还是按使用台班计费，不同机械是否按不同计费方式计费，都可以根据租赁合同确定，因此，成本支出按计划应与实际发生相一致。

（2）项目月度成本计划的分解

在编制月度成本计划时，成本计划是根据构成成本的要素进行编制的，但实际上在进行管理时，成本管理的责任是按岗位进行划分的，因此，对按成本构成要素编制的月度成本计划，还要按岗位责任进行分解，作为进行岗位成本责任核算和考核的基础依据。

在具体的成本管理过程中，由于各单位的岗位设置有所不同，项目施工成本计划的分解也可能有所不同，但不管怎样，都应遵守以下原则：

1）指标明确，责任到人。人员的职责分工要明确，指标要明确，目的是为了便于核算，便于管理。

2）量价分离，费用为标。在成本管理过程中，是通过节约量、降低价来达到控制成本费用的目的，因此，分解时要根据人员分工，凡是能量价分离的，要进行量价分离，把成本费用作为一项综合指标来控制。

月度成本计划分解表见表11-3。

按构成要素编制		按岗位责任制分解	
月度成本计划	人工费	预算员、施工员	对人工费中的定额工日或工程量负责
		项目经理、预算员	对定额单价及总价负责
	材料费（不包括周转工具费）	项目经理、预算员	对定额单价及总价负责
		主管材料员	对采购价和材料费总价负责
	周转工具费	设专职或兼职管理人员负责周转工具的管理并对周转工具租赁费负责	
	机械费	机械管理员	对大型机械的使用时间、数量负责
		其他人员	工长对大型机械的使用时间、数量负责，材料运输人员对汽车台班数负责
	项目管理成本	项目经理	对管理人员工资、办公费、交通费、业务费负责
		成本会计、劳资员	对临建费，代清、代扫费负责，协助项目经理进行控制
	安全设施费	项目经理	对方案进行审定，确定应该投入的安全费
	分包工程费用（包工包料）	安全员	对安全设施费负责
		工长	对分包工程量负责
		预算员	对分包工程费用负责

（3）项目月度成本计划的确定

1）项目月度成本支出的确定：

① 人工费计划支出的确定。人工费的计划支出，根据计划完成的工程量，按施工图预算定额计算定额用工量，然后根据分包合同的规定计算人工费。

② 材料费计划支出的确定。根据计划完成的工程量计算出预算材料费（不包括周转材料费），然后乘以相应的计划降低率，降低率可根据经验预估，一般为 5% ~ 7%。

③ 周转工具支出计划的确定。周转工具应按月初现场实际使用和月中计划进货量或退货量乘以租赁单价确定，即

$$周转工具支出 = 本月平均租量 \times 天数 \times 日租赁单价 \qquad (11-5)$$

④ 机械费支出计划的确定。中型和大型机械根据现场实际拥有数量和进出场数量乘以租赁单价确定。小型机械根据预算和计划购置的数量或预计修理费综合考虑后确定。

⑤ 安全措施费用支出的确定。根据当月施工部位的防护方案和措施来确定。

⑥ 其他费用的确定。根据承包合同和计划支出综合考虑后确定。

2）项目月度成本收入的确定：

① 工程量分摊方法：

$$\frac{月度项目施}{工成本收入} = \frac{项目施工负责成本总额}{报价收入或调整后的报价} \times \frac{本月计划完}{成工作量} \qquad (11-6)$$

该方法的优点是成本收入的多少随工程量完成的多少而变动，可以比较合理地反映收入，使用于人工费、机械费、材料费。缺点是在基础、结构阶段工程量较大，可能盈余较多，而在装饰阶段，则由于工程量较小，造成成本收入较低，容易出现亏损。

② 时间分摊法。对周转工具、机械费都可采用此方法。

此方法的优点是简单明了，缺点是若出现工程延期，则延期时间内没有收入只有支出，成本盈亏相差较大。采用此方法的前提是工期要有可靠的保证。

时间分排方法是根据排好的工期，按分部工程分阶段分别确定配置的机械（主要指大型机械费），然后按时间分别确定每月的成本收入。而不是简单地用机械费成本总收入除以总工期（月数），确定月度机械费成本收入。

各项费用的成本收入都可以选择其中一种或两种方法相结合来确定。

（4）项目月度成本计划的调整

在执行过程中，要保证月度成本计划的严肃性。一旦确定就要严格地执行，不得随意调整、变动。但由于成本的形成是一个动态的过程，在实施过程中，由于客观条件的变化，可能导致成本的变化。因此，在这种情况下，若对月度成本计划不及时进行调整，就会影响到成本核算的准确性。为保证月度成本计划的准确性，就要对月度成本计划进行调整。

一般情况下，出现下列三种情况时要对成本计划进行调整：

1）公司对该项目的责任成本确定办法进行更改时进行调整。这种情况主要是市场波动，材料价格变化较大，对成本影响较严重时才会出现。

2）月度施工计划调整时进行调整。由于工程进度，增加施工内容，或由于材料、机械、图纸变更等的影响，原定施工内容不能进行而对施工内容进行调整时，在这种情况下，就需要对新增加或更换的工程项目按成本计划的编制原则和方法重新进行计算，并下发月度成本计划变更通知单。

3）月度施工计划超额或未完成时进行调整。由于施工条件的复杂性和可变性，月度施工计划工程量与实际完成工作量是不同的，因此，每到月底要对实际完成工作量进行统计，根据统计结果将根据计划编制的月度成本计划调整为实际完成工作量的月度成本计划。

11.5 钢结构工程项目成本控制的措施

11.5.1 项目成本控制概述

1. 项目成本控制的概念

项目成本控制是指项目经理部在项目成本形成的过程中，为控制人、机、材消耗和费用支出，降低工程成本，达到预期的项目成本目标，所进行的成本预测、计划、实施、核算、分析、考核、整理成本资料与编制成本报告等一系列活动。

项目成本控制是在成本发生和形成的过程中，对成本进行的监督检查。成本的发生和形成是一个动态的过程，这就决定了成本的控制也应该是一个动态过程，因此，也可称为成本的过程控制。

2. 项目成本控制的原则

（1）全面控制原则

1）项目成本的全员控制。项目成本的全员控制，并不是抽象的概念，而应该有一个系统的实质性内容，其中包括各部门、各单位的责任网络和班组经济核算等，防止成本控制人人有责又都人人不管。

2）项目成本的全过程控制。项目成本的全过程控制，是指在工程项目确定以后，自施工准备开始，经过工程施工，到竣工交付使用后的保修期结束，其中每一项经济业务，都要纳入成本控制的轨道。

（2）动态控制原则

1）项目施工是一次性行为，其成本控制应更重视事前、事中控制。

2）在施工开始之前进行成本预测，确定成本目标，编制成本计划，制定或修订各种消耗定额和费用开支标准。

3）施工阶段重在执行成本计划，落实降低成本措施，实行成本目标管理。

4）成本控制随施工过程连续进行，与施工进度同步，不能时紧时松，不能拖延。

5）建立灵敏的成本信息反馈系统，使成本责任部门（人员）能及时获得信息，纠正不利成本偏差。

6）制止不合理开支，把可能导致损失和浪费的因素消灭在萌芽状态。

7）竣工阶段成本盈亏已成定局，主要进行整个项目的成本核算、分析、考评。

（3）目标管理原则

目标管理是贯彻执行计划的一种方法，它把计划的方针、任务、目的和措施等逐一加以分解，提出进一步的具体要求，并分别落实到执行计划的部门、单位甚至个人。

（4）责、权、利相结合原则

要使成本控制真正发挥及时有效的作用，必须严格按照经济责任制的要求，贯彻责、权、利相结合的原则。实践证明，只有责、权、利相结合的成本控制，才是名实相符的项目成本控制。

（5）节约原则

1）施工生产既是消耗资财人力的过程，也是创造财富增加收入的过程，其成本控制也应坚持增收与节约相结合的原则。

2）作为合同签约依据，编制工程预算时，应"以支定收"，保证预算收入；在施工过程中，要"以收定支"，控制资源消耗和费用支出。

3）每发生一笔成本费用，都要核查是否合理。

4）经常性的成本核算时，要进行实际成本与预算收入的对比分析。

5）抓住索赔时机，搞好索赔、合理力争甲方给予经济补偿。

6）严格控制成本开支范围，费用开支标准和有关财务制度，对各项成本费用的支出进行限制和监督。

7）提高工程项目的科学管理水平、优化施工方案，提高生产效率，节约人、财、物的消耗。

8）采取预防成本失控的技术组织措施，制止可能发生的浪费。

9）施工的质量、进度、安全都对工程成本有很大的影响，因而成本控制必须与质量控制、进度控制、安全控制等工作相结合、相协调，避免返工（修）损失，降低质量成本，减少并杜绝工程延期违约罚款、安全事故损失等费用支出发生。

10）坚持现场管理标准化，堵塞浪费的漏洞。

（6）开源与节流相结合原则

降低项目成本，需要一面增加收入，一面节约支出。因此，每发生一笔金额较大的成本费用，都要查一查有无与其相对应的预算收入，是否支大于收。

11.5.2 项目成本控制的实施

1. 项目成本控制实施内容

（1）工程投标阶段

1）根据工程概况和招标文件，联系建筑市场和竞争对手的情况，进行成本预测，提出投标决策意见。

2）中标以后，应根据项目的建设规模，组建与之相适应的项目经理部，同时以"标书"为依据确定项目的成本目标，并下达给项目经理部。

（2）施工准备阶段

1）根据设计图纸和有关技术资料，对施工方法、施工顺序、作业组织形式、机械设备选型、技术组织措施等进行认真的研究分析，并运用价值工程原理，制定出科学先进、经济合理的施工方案。

2）根据企业下达的成本目标，以分部分项工程实物工程量为基础，联系劳动定额、材料消耗定额和技术组织措施的节约计划，在优化的施工方案的指导下，编制明细而具体的成本计划，并按照部门、施工队和班组的分工进行分解，作为部门、施工队和班组的责任成本落实下去，为今后的成本控制做好准备。

2. 项目成本控制的实施重点

（1）材料管理

在项目成本中，材料费要占总额的50%～60%，甚至更多。因此，在成本管理工作中，材料的控制既是成本控制的重点，也是成本控制的难点。

通过对部分项目施工成本的盈亏进行分析，成本盈利或亏损的主要原因都出在材料方面。在一定程度上可以说，材料费的盈亏左右着整个工程项目施工成本的盈亏。要想根本解决材料管理工作中的问题，切实搞好材料成本的控制工作，就必须更新观念，进行机制创新，从管理理念和管理机制两个方面对材料管理工作进行改革。

应该从材料管理的流程开始讨论材料成本的控制方法。图11-4是材料管理中的材料流转程序图。

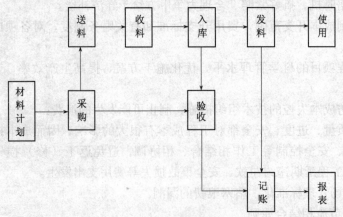

图11-4　材料流转程序图

从材料的流转程序图中可以看出，对材料的管理工作有六个重要环节，就是采购、收料、验收、入库、发料、使用。要搞好材料成本的控制工作，必须对上述六个环节进行重点控制。

（2）劳动管理

在项目成本管理中，搞好劳动管理，节约使用劳动力，充分发挥每个劳动者的积极性和创造性，这就为企业的成本管理工作打下了良好的基础，对保证本企业的成本管理工作顺利进行具有十分重要的意义。

（3）机械设备管理

机械设备管理是建筑企业管理的一项重要内容，设备管理的好坏，对于减轻劳动强度、提高劳动效率以及减少原材料消耗、降低成本，具有极其重要的作用。如果机械管理不善，将使产品质量下降、产量减少、消耗增加、成本上升，对于某些需连续性施工的项目，如混凝土浇筑、大坝施工等，由于设备故障停工，会造成严重的经济损失和社会影响。如果一个企业的设备发生故障停产，还会引起连锁反应，影响整个工程的进展甚至成败。

（4）工程项目间接费的管理

间接费包括施工企业为组织和管理施工生产经营活动所发生的管理费用，企业为筹集资金而发生的财务费用以及项目部为施工准备、组织施工生产和经营管理所需要的现场施工费用。这些费用包括的范围广、项目多、内容繁杂，因此，也成了企业成本和费用控制的重要方面。

（5）分包项目的成本管理

由于建筑工程是由多工种、多专业密切配合完成的劳动密集型工作，在施工过程中，有部分专业工程或项目是采用分包形式完成的。这里所指的分包主要是指专业分包。由于分包工程或项目的成本管理与施工企业通过劳务分包自行完成的工程成本管理有所不同。

为加强成本管理，增加经济效益，分包项目的分包造价一般是通过招标方式确定的。其中，专业工程分包是通过单独招标或议标确定的，而对机械、工具分包及材料分包是在进行劳务分包招标的同时确定的。

11.5.3 降低项目成本的措施

1. 降低项目成本的目的

（1）降低成本是企业发展的需要。施工企业的发展必须要更新设备。企业有了先进设备和职工的生产积极性，才能建设出质量好、工期快，又安全的项目，使项目早发挥投资效益。

（2）降低成本是企业在市场竞争的需要。现在建筑市场是僧多粥少，市场竞争空前激烈，企业要想在众多的竞争对手面前取得胜利，往往是投标报价偏低才能中标。低价中标要求项目施工过程中必须要降低施工成本，才能不亏损。

（3）降低成本是提高企业全体职工物质待遇的需要。社会主义国家的总方针之一就是要不断提高人们的物质生活待遇，这是基本国策。社会主义国家的国有企业、集体企业或个体企业也要执行这一基本国策。企业提高了职工物质生活，才能调动和发挥职工的施工生产积极性。在施工生产过程中，人是活跃的生产要素，也是最重要的，所以，调动人员的生产积极性可以降低成本，提高项目的经济效益，有了效益也就可以提高职工的物质生活。

（4）降低成本必须以最少的投入获取最大的产出。在市场经济条件下，对资源采购、管理和使用，必须符合市场经济规律。组织施工必须按着施工规律、技术规律、经济规律，一句话就是我们必须按照客观规律组织施工活动，优化资源配置，才能降低成本，以最少的投入获取最大的产出，取得较好的经济效益。

2. 降低施工项目成本的主要措施

（1）制定先进合理，经济实用的施工方案

1）施工方案主要包括四项内容：施工方法的确定、施工机具的选样、施工顺序的安排和流水施工的组织。正确选择施工方案是降低成本的关键所在。

2）制定施工方案要以合同工期和上级要求为依据，联系项目的规模、性质、复杂程度、现场条件、装备情况、人员素质等因素综合考虑。

3）同时制定两个或两个以上的先进可行的施工方案，以便从中优选最合理、最经济的一个。

（2）认真审核图纸，积极提出修改意见

在项目实施过程中，施工单位必须按图施工。但是，图纸是由设计单位按照用户要求和项目所在地的自然地理条件（如水文地质情况等）设计的，其中起决定作用的是设计人员的主观意图，设计人员很少考虑为施工单位提供方便，有时还可能给施工单位出些难题。因此，施工单位应该在满足用户要求和保证工程质量的前提下，在取得用户和设计单位的同意后，修改设计图纸，同时办理增减账。

在会审图纸的时候，对于结构复杂、施工难度高的项目，更要加倍认真，并且要从方便施工，有利于加快工程进度和保证工程质量，又能降低资源消耗、增加工程收入等方面综合考虑，提出有科学根据的合理化建议，争取得到建设单位和设计单位的认同。

（3）组织流水施工，加快施工进度

1）凡按时间计算的成本费用，在加快施工进度缩短施工周期的情况下，都会有明显的节约。除此之外，还可从用户那里得到一笔提前竣工奖。

2）加快施工进度，将会增加一定的成本支出。因此，在签订合同时，应根据用户和赶工的要求，将赶工费列入施工图预算。如果事先并未明确，而由用户在施工中临时提出要求，则应该请用户签字，费用按实计算。

3）在加快施工进度的同时，必须根据实际情况，组织均衡施工，切实做到快而不乱，以免发生不必要的损失。

（4）切实落实技术组织措施

落实技术组织措施，走技术与经济相结合的道路，以技术优势来取得经济效益，是降低项目成本的又一个关键。为了保证技术组织措施计划的落实，并取得预期的效果，应在项目经理的领导下明确分工：由工程技术人员定措施，材料人员供材料，现场管理人员和班组负责执行，财务成本员计算节约效果，最后由项目经理根据措施执行情况和节约效果对有关人员进行奖励，形成落实技术组织措施的一条龙。必须强调，在结算技术组织措施执行效果时，除要按照定额数据等进行理论计算外，还要做好节约实物的验收，防止"理论上节约，实际上超用"的情况发生。

（5）以激励机制调动职工增产节约的积极性

1）对关键工序施工的关键班组要实行重奖。如高层建筑的每一层结构施工结束后，应对在进度和质量起主要保证作用的班组实行重奖，而且要说到做到，立即兑现。

2）对材料操作损耗特别大的工序，可由生产班组直接承包。对在采购、保管和施工等过程中，往往会超过定额规定的损耗系数，甚至超过很多。如果将采购来的原材料直接交生产班组验收、保管和使用，并按规定的损耗率由班组承包，节约效果将相当可观。

（6）加强合同管理，增创工程收入

1）深入研究招标文件和投标策略，正确编制施工图概预算，在此基础上，充分考虑可能发生的成本费用，正确编制施工图概预算。凡是政策规定允许的，要做到不少算、不漏项，以保证项目的预算收入。

2）加强合同管理，及时办理增减账和进行索赔。由于设计、施工和业主使用要求等各种原因，在工程项目中会经常发生工程、材料选用变更；也必然会带来工程内容的增减和施工工序的改变，从而影响成本费用的支出。这就要求项目承包方要加强合同的管理，要利用合同赋予的权力，开展索赔工作，及时办理增减账手续，通过工程款结算从业主那里得到补偿。

（7）降低材料成本

1）加强材料采购、运输、收发、保管等工作，减少各环节的损耗，节约采购费用。

2）加强现场材料管理，组织分批进场，减少搬运。

3）对进场材料的数量、质量要严格签收，实行材料的限额领料。

4）推广使用新技术、新工艺、新材料。

5）制定并贯彻节约材料措施，合理使用材料，扩大代用材料、修旧利废和废料回收。

（8）降低机械使用费

1）结合施工方案的制定，从机械性能、操作运行和台班成本等因素综合考虑，选择最适合项目施工特点的施工机械，要求做到既实用又经济。

2）做好工序、工种机械施工的组织工作，最大限度地发挥机械效能；同时，对机械操作人员的技能也要有一定的要求，防止因不规范操作或操作不熟练影响正常施工，降低机械利用率。

3）做好平时的机械维修保养工作，使机械始终保持完好状态，随时都能正常运转。严禁在机械维修时将零部件拆东补西，人为地损坏机械。

11.6 钢结构工程项目成本核算办法

11.6.1 项目成本核算概述

1. 项目成本核算的概念

项目成本核算是在项目法施工条件下诞生的，是企业探索适合行业特点管理方式的一个重要体现。它是建立在企业管理方式和管理水平基础上，适合施工企业特点的一个降低成本开支、提高企业利润水平的主要途径。

项目法施工的成本核算体系是以工程项目为对象，对施工生产过程中各项耗费进行的一系列科学管理活动。它对加强项目全过程管理、理顺项目各层经济关系、实施项目全过程经济核算、落实项目责任制、增进项目及企业的经济活力和社会效益、深化项目法施工有着重要作用。项目法施工的成本核算体系，基本指导思想是以提高经济效益为目标，按项目法施工内在要求，通过全面全员的项目成本核算，优化项目经营管理和施工作业管理，建立适应市场经济的企业内部运行机制。

2. 项目成本核算的特点

由于建筑产品具有多样性、固定性、形体庞大、价值巨大等不同于其他工业产品的特点，所以建筑产品的成本核算也具有如下特点：

（1）项目成本核算内容繁杂、周期长。

（2）成本核算需要全员的分工与协作，共同完成。

（3）成本核算满足三同步要求难度大。

（4）在项目总分包制条件下，对分包商的实际成本很难把握。

（5）在成本核算过程中，数据处理工作量巨大，应充分利用计算机，使核算工作程序化、标准化。

3. 项目成本核算的要求

项目成本核算的基本要求如下：

（1）项目经理部应根据财务制度和会计制度的有关规定，建立项目成本核算制，明确项目成本核算的原则、范围、程序、方法、内容、责任及要求，并设置核算台账，记录原始数据。

（2）项目经理部应按照规定的时间间隔进行项目成本核算。

（3）项目成本核算应坚持形象进度、产值统计、成本归集三同步的原则。

（4）项目经理部应编制定期成本报告。

4. 项目成本核算的对象

（1）一个单位工程由几个施工单位共同施工时，各施工单位都应以同一单位工程为成本核算对象，各自核算自行完成的部分。

（2）规模大、工期长的单位工程，可以将工程划分为若干部位，以分部位的工程作为成本核算对象。

（3）同一建设项目，由同一施工单位施工，并在同一施工地点，属于同一建设项目的各个单位工程合并作为一个成本核算对象。

（4）改建、扩建的零星工程，可根据实际情况和管理需要，以一个单项工程为成本核算对象，或将同一施工地点的若干个工程量较少的单项工程合并作为一个成本核算对象。

5. 项目成本核算的任务

（1）执行国家有关成本开支范围，费用开支标准，工程预算定额和企业施工预算，成本计划的有关规定。控制费用，促使项目合理、节约地使用人力、物力和财力。这是项目成本核算的先决前提和首要任务。

（2）正确及时地核算施工过程中发生的各项费用，计算工程项目的实际成本。这是项目成本核算的主体和中心任务。

（3）反映和监督项目成本计划的完成情况，为项目成本预测，为参与项目施工生产、技术和经营决策提供可靠的成本报告和有关资料，促进项目改善经营管理，降低成本，提高经济效益。这是项目成本核算的根本目的。

11.6.2 项目成本核算方法

1. 项目成本表格核算的方法

表格核算法是建立在内部各项成本核算基础上，各要素部门和核算单位定期采集信息，填制相应的表格，并通过一系列的表格，形成项目成本核算体系，作为支撑项目成本核算平台的方法。

2. 项目成本会计核算的方法

会计核算法是指建立在会计核算基础上，利用会计核算所独有的借贷记账法和收支全面核算的综合特点，按项目成本内容和收支范围，组织项目成本核算的方法。

（1）项目成本的直接核算。项目除及时上报规定的工程成本核算资料外，还要直接进行项目施工的成本核算，编制会计报表，落实项目成本的盈亏。直接核算是将核算放在项目上，便于项目及时了解项目各项成本情况，也可以减少一些扯皮。此种核算方式，一般适用于大型项目。

（2）项目成本的间接核算。项目经理部不设置专职的会计核算部门，是将核算放在企业的财务部门，项目经理部不配专职的会计核算部门，由项目有关人员按期与相应部门共同确定当期的项目成本收入。项目按规定的时间、程序和质量向财务部门提供成本核算资料，委托企业的财务部门在项目成本收支范围内，进行项目成本支出的核算，落实当期项目成本的盈亏。

（3）项目成本列账核算。项目成本列账核算是介于直接核算和间接核算之间的一种方法。项目经理部组织相对直接核算，正规的核算资料留在企业的财务部门。项目每发生一笔业务，其正规资料由财务部门审核存档后，与项目成本员办理确认和签认手续。项目凭此列账通知作为核算凭证和项目成本收支的依据，对项目成本范围的各项收支，登记台账会计核算，编制项目成本及相关的报表。企业财务部门按期以确认资料，对其审核。列账核算法的正规资料在企业财务部门，方便档案保管，项目凭相关资料进行核算，也有利于项目开展项目成本核算和项目岗位成本责任考核。但企业和项目要核算两次，相互之间往返较多，比较繁琐。因此它适用于较大工程。

3. 两种核算方法的并行运用

由于表格核算法便于操作和表格格式自由的特点，它可以根据我们管理方式和要求设置各种表式。使用表格法核算项目岗位成本责任，能较好地解决核算主体和载体的统一、和谐问题，便于项目成本核算工作的开展。并且随着项目成本核算工作的深入发展，表格的种类、数量、格式、内容、流程都在不断地发展和改进，以适应各个岗位的成本控制和考核。

随着项目成本管理的深入开展，要求项目成本核算内容更全面，结论更权威。表格核算由于它的局限性，显然不能满足。于是，采用会计核算法进行项目成本核算提到了会计部门的议事日程。

基于近年来对项目成本核算方法的认识已趋于统一，计算机及其网络的使用和普及、财务软件的迅速发展，为开展项目成本核算的自动化和信息化提供了可能。已具备了采用会计核算法开展项目成本核算的条件。

总的说来，用表格核算法进行项目施工各岗位成本的责任考核和控制，用会计核算法进行项目成本核算，两者互补，相得益彰。

11.7 钢结构工程项目成本分析与考核

11.7.1 项目成本分析

1. 项目成本分析的概念

项目成本分析，就是根据统计核算、业务核算和会计核算提供的资料，对项目成本的形成过程和影响成本升降的因素进行分析，以寻求进一步降低成本的途径（包括项目成本中的有利偏差的挖潜和不利偏差的纠正）；另一方面，通过成本分析，可从账簿、报表反映的成本现象看清成本的实质，从而增强项目成本的透明度和可控性，为加强成本控制，实现项目成本目标创造条件。由此可见，项目成本分析，也是降低成本、提高项目经济效益的重要手段之一。

2. 项目成本分析的作用

（1）有助于恰当评价成本计划的执行结果。工程项目的经济活动错综复杂，在实施成本管理时制订的成本计划，其执行结果往往存在一定偏差，如果简单地根据成本核算资料直接作出结论，则势必影响结论的正确性。反之，若在核算资料的基础上，通过深入的分析，则可能作出比较正确的评价。

（2）揭示成本节约和超支的原因，进一步提高企业管理水平。成本是反映工程项目经济活动的综合性指标，它直接影响着项目经理部和施工企业生产经营活动的成果。如果工程项目降低了原材料的消耗，减少了其他费用的支出，提高了劳动生产率和设备利用率，这必定会在成本上综合反映出来。

（3）寻求进一步降低成本的途径和方法，不断提高企业的经济效益。对项目成本执行情况进行评价，找出成本升降的原因，归根到底，是为了挖掘潜力，寻求进一步降低成本的途径和方法。只有把企业的潜力充分挖掘出来，才会使企业的经济效益越来越好。

3. 项目成本分析的原则

（1）实事求是的原则。在成本分析中，必然会涉及一些人和事，因此要注意人为因素的干扰。成本分析一定要有充分的事实依据，对事物进行实事求是的评价。

（2）用数据说话的原则。成本分析要充分利用统计核算和有关台账的数据进行定量分析，尽量避免抽象的定性分析。

（3）注重时效的原则。项目成本分析贯穿于项目成本管理的全过程。这就要求要及时进行成本分析，及时发现问题，及时予以纠正，否则，就有可能贻误解决问题的最好时机，造成成本失控、效益流失。

（4）为生产经营服务的原则。成本分析不仅要揭露矛盾，而且要分析产生矛盾的原因，提出积极有效的解决矛盾的合理化建议。这样的成本分析，必然会深得人心，从而受到项目经理部有关部门和人员的积极支持与配合，使项目的成本分析更健康地开展下去。

4. 项目成本分析的内容

（1）人工费用水平的合理性

在实行管理层和作业层两层分离的情况下，项目施工需要的人工和人工费，由项目经理部与施工队签订劳务承包合同，明确承包范围、承包金额和双方的权利、义务。对项目经理部来说，除了按合同规定支付劳务费以外，还可能发生一些其他人工费支出：

1）因实物工程量增减而调整的人工和人工费。

2）定额人工以外的工人工资（已按定额人工的一定比例由施工队包干，并已列入承包合同的，不再另行支付）。

3）对在进度、质量、节约、文明施工等方面作出贡献的班组和个人进行奖励的费用。

项目经理部应分析上述人工费的合理性。人工费用合理性是指人工费既不过高，也不过低。如果人工费过高，就会增加工程项目的成本，而人工费过低，工人的积极性不高，工程项目的质量就有可能得不到保证。

（2）材料、能源利用效果

在其他条件不变的情况下，材料、能源消耗定额的高低，直接影响材料、燃料成本的升降。材料、燃料价格的变动，也直接影响产品成本的升降。可见，材料、能源利用的效果及其价格水平是影响产品成本升降的重要因素。

（3）机械设备的利用效果

施工企业的机械设备有自有和租用两种。在机械设备的租用过程中，存在着两种情况：一是按产量进行承包，并按完成产量计算费用的；另一种是按使用时间（台班）计算机械费用的。

（4）施工质量水平的高低

对施工企业来说，提高工程项目质量水平就可以降低施工中的故障成本，减少未达到质量标准而发生的一切损失费用，但这也意味着为保证和提高项目质量而支出的费用就会增加。可见，施工质量水平的高低也是影响项目成本的主要因素之一。

（5）其他影响项目成本变动的因素

其他影响项目成本变动的因素，包括除上述四项以外的措施费用，以及为施工准备、组织施工和管理所需要的费用。

5. 项目成本分析的方法

（1）项目成本分析的基本方法

1）比较法。通常有下列形式：

①将实际指标与目标指标对比。②本期实际指标与上期实际指标对比。③与本行业平均水平、先进水平对比。

2）因素分析法。因素分析法的步骤：①确定分析对象，并计算出实际数与目标数的差异。②确定该指标是由哪几个因素组成的，并按其相互关系进行排序。③以目标数为基础，将各因素的目标数相乘，作为分析替代的基数。④将各个因素的实际数按照上面的排列顺序进行替换计算，并将替换后的实际数保留下来。⑤将每次替换计算所得的结果，与前一次的计算结果相比较，两者的差异即为该因素对成本的影响程度。⑥各个因素的影响程度之和，应与分析对象的总差异相等。

因素分析法是把项目施工成本综合指标分解为各个项目联系的原始因素，以确定引起指标变动的各个因素的影响程度的一种成本费用分析方法，它可以衡量各项因素影响程度的大小，以便查明原因，明确问题所在，提出改进措施，达到降低成本的目的。

3）差额计算法。差额计算法是因素分析法的一种简化形式，它利用各个因素的目标与实际的差额来计算其对成本的影响程度。

4）比率法。比率法是指用两个以上的指标的比例进行分析的方法。它的基本特点是：先把对比分析的数值变成相对数，再观察其相互之间的关系。常用的比率法有以下几种：

①相关比率法。由于项目经济活动的各个方面是相互联系，相互依存，又相互影响的，因而可以将两个性质不同而又相关的指标加以对比，求出比率，以此来考察经营成果的好坏。

②构成比率法。又称比重分析法或结构对比分析法。通过构成比率，可以考察成本总量的构成情况及各成本项目占成本总量的比重，同时也可看出量、本、利的比例关系（即预算成本、实际成本和降低成本的比例关系），从而为寻求降低成本的途径指明方向。

③动态比率。动态比率法就是将同类指标不同时期的数值进行对比，求出比率，用以分析该项指标的发展方向和发展速度。动态比率的计算通常采用基期指数和环比指数两种方法。

5）"两算对比"法。"两算对比"，是指施工预算和施工图预算对比。施工图预算确定的是工程预算成本，施工预算确定的是工程计划成本，它们是从不同角度计算的两本经济账。"两算"的核心是工程量对比。尽管"两算"采用的定额不同、工序不同，工程量有一定区别，但二者的主要工程量应当是一致的。如果"两算"的工程量不一致，必然有一份出现了问题，应当认真检查并解决问题。

"两算"对比是施工企业加强经营管理的手段。通过施工预算和施工图预算的对比，可预先找出节约或超支的原因，研究解决措施，实现对人工、材料和机械的事先控制，避免发生计划成本亏损。

（2）项目综合成本的分析方法

1）分部分项工程成本分析。分部分项工程成本分析是项目成本分析的基础，分析的对象为已完成分部分项工程。分析的方法是：进行预算成本、成本目标和实际成本的"三算"对比，分别计算实际偏差和目标偏差，分析偏差产生的原因，为今后的分部分项工程成本寻求节约途径。

2）月（季）度成本分析。月（季）度的成本分析，是工程项目定期的、经常性的中间成本分析。它对于有一次性特点的工程项目来说，有着特别重要的意义。因为，通过月（季）度成本分析，可以及时发现问题，以便按照成本目标指示的方向进行监督和控制，保证项目成本目标的实现。月（季）度的成本分析的依据是当月（季）的成本报表。分析的方法，通常有以下几个方面：

① 通过实际成本与预算成本的对比，分析当月（季）的成本降低水平，通过累计实际成本与累计预算成本的对比，分析累计的成本降低水平，预测实现项目成本目标的前景。

② 通过实际成本与成本目标的对比，分析成本目标的落实情况，发现目标管理中的问题和不足，进而采取措施，加强成本管理，保证成本目标的落实。

③ 通过对各成本项目的成本分析，可以了解成本总量的构成比例和成本管理的薄弱环节。例如：在成本分析中，发现人工费、机械费和间接费等项目大幅度超支，就应该对这些费用的收支配比关系认真研究，并采取对应的增收节支措施，防止今后再超支。如果

是属于预算定额规定的"政策性"亏损，则应从控制支出着手，把超支额压缩到最低限度。

④ 通过主要技术经济指标的实际与目标的对比，分析产量、工期、质量"三材"节约率、机械利用率等对成本的影响。

⑤ 通过对技术组织措施执行效果的分析，寻求更加有效的节约途径。

⑥ 分析其他有利条件和不利条件对成本的影响。

3）年度成本分析。企业成本要求一年结算一次，不得将本年成本转入下一年度。而项目成本则以项目的寿命周期为结算期，要求从开工、竣工到保修期结束连续计算，最后结算出成本总量及其盈亏。由于项目的施工周期一般较长，除进行月（季）度成本核算和分析外，还要进行年度成本的核算和分析。这不仅是为了满足企业汇编年度成本报表的需要，同时也是项目成本管理的需要。因为通过年度成本的综合分析，可以总结一年来成本管理的成绩和不足，为今后的成本管理提供经验和教训，从而可对项目成本进行更有效的管理。

年度成本分析的依据是年度成本报表。年度成本分析的内容，除了月（季）度成本分析的六个方面以外，重点是针对下一年度的施工进展情况规划提出切实可行的成本管理措施，以保证项目成本目标的实现。

4）竣工成本的综合分析。凡是有几个单位工程而且是单独进行成本核算（即成本核算对象）的工程项目，其竣工成本分析应以各单位工程竣工成本分析资料为基础，再加上项目经理部的经营效益（如资金调度、对外分包等所产生的效益）进行综合分析。如果工程项目只有一个成本核算对象（单位工程），就以该成本核算对象的竣工成本资料作为成本分析的依据。

单位工程竣工成本分析，应包括以下三方面内容：

① 竣工成本分析。

② 主要资源节超对比分析。

③ 主要技术节约措施及经济效果分析。

（3）项目专项成本的分析方法

1）成本盈亏异常分析。对工程项目来说，成本出现盈亏异常情况，必须引起高度重视，彻底查明原因，立即加以纠正。

"三同步"检查是提高项目经济核算水平的有效手段，不仅适用于成本盈亏异常的检查，也可用于月度成本的检查。"三同步"检查可以通过以下五方面的对比分析来实现。

① 产值与施工任务单的实际工程量和形象进度是否同步。

② 资源消耗与施工任务单的实耗人工、限额领料单的实耗材料，当期租用的周转材料和施工机械是否同步。

③ 其他费用（如材料价差、超高费和台班费等）的产值统计与实际支付是否同步。

④ 预算成本与产值统计是否同步。

⑤ 实际成本与资源消耗是否同步。

2）工期成本分析。一般来说，工期越长费用支出越多，工期越短费用支出越少。特别是固定成本的支出，基本上是与工期长短成正比增减的，它是进行工期成本分析的重点。工期成本分析，就是计划工期成本与实际工期成本的比较分析。

工期成本分析的方法一般采用比较法，即将计划工期成本与实际工期成本进行比较，然后应用"因素分析法"分析各种因素的变动对工期成本差异的影响程度。

进行工期成本分析的前提条件是，根据施工图预算和施工组织设计进行量本利分析，计算工程项目的产量、成本和利润的比例关系，然后用固定成本除以合同工期，求出每月支用的固定成本。

3）资金成本分析。资金与成本的关系，就是工程收入与成本支出的关系。根据工程成本核算的特点，工程收入与成本支出有很强的配比性。在一般情况下，都希望工程收入越多越好，成本支出越少越好。

工程项目的资金来源，主要是工程款收入；而施工耗用的人、财、物的货币表现，则是工程成本支出。因此，减少人、财、物的消耗，既能降低成本，又能节约资金。

进行资金成本分析，通常应用"成本支出率"指标，即成本支出占工程款收入的比例。其计算公式如下：

$$成本支出率 = \frac{计算期实际成本支出}{计算实际工程款收入} \times 100\% \qquad (11\text{-}7)$$

通过对"成本支出率"的分析，可以看出资金收入中用于成本支出的比重有多大；也可通过加强资金管理来控制成本支出；还可联系储备金和结存资金的比重，分析资金使用的合理性。

4）技术组织措施执行效果分析。技术组织措施是工程项目降低工程成本、提高经济效益的有效途径。因此，在开工以前都要根据工程特点编制技术组织措施计划，列入施工组织设计。

在实际工作中，往往有些措施已按计划实施，有些措施并未实施，还有一些措施则是计划以外的。因此，在检查和考核措施计划执行情况的时候，必须分析未按计划实施的具体原因，作出正确的评价，以免挫伤有关人员的积极性。

对执行效果的分析也要实事求是，既要按理论计算，又要联系实际，对节约的实物进行验收，然后根据实际节约效果论功行赏，以激励有关人员执行技术组织措施的积极性。

计算节约效果的方法一般按以下公式计算：

$$措施节约效果 = 措施前的成本 - 措施后的成本 \qquad (11\text{-}8)$$

对节约效果的分析，需要联系措施的内容和执行经过来进行。有些措施难度比较大，但节约效果并不高；而有些措施难度并不大，但节约效果却很高。对于在项目施工管理中影响比较大、节约效果比较好的技术组织措施，应该以专题分析的形式进行深入详细的分析，以便推广应用。

5）其他有利因素和不利因素对成本影响的分析。在项目施工过程中，必然会有很多有利因素，同时也会碰到不少不利因素。不管是有利因素还是不利因素，都将对项目成本产生影响。

（4）项目成本目标差异分析方法

1）人工费分析：

① 人工费量差。计算人工费量差首先要计算工日差，即实际耗用工日数同预算定额工日数的差异。预算定额工日的取得，根据验工月报或设计预算中的人工费补差中取得工日数，实耗人工根据外包管理部门的包清工成本工程款月报，列出实物量定额工日数和估

170

点工工日数。工日差乘以预算人工单价计算得人工费量差，计算后可以看出由于实际用工增加或减少，使人工费增加或减少。

② 人工费价差。计算人工费价差先要计算出每工人工费价差，即预算人工单价和实际人工单价之差。预算人工单价根据预算人工费除以预算工日数得出预算人工平均单价。实际人工单价等于实际人工费除以实耗工日数，每工人工费价差乘以实耗工日数得人工费价差，计算后可以看出由于每工人工单价增加或减少，使人工费增加或减少。

2）材料费分析：

① 主要材料和结构性费用的分析。主要材料和结构性费用的高低，主要受价格和消耗数量的影响。

② 周转材料使用费分析。在实行周转材料内部租赁制的情况下，项目周转材料费的节约或超支，决定于周转材料的周转利用率和损耗率。如果周转慢，周转材料的使用时间就长，就会增加租赁费支出，而超过规定的损耗，更要照原价赔偿。

③ 采购保管费分析。材料采购保管属于材料的采购成本，包括：材料采购保管人员的工资、工资附加费、劳动保护费、办公费、差旅费，以及材料采购保管过程中发生的固定资产使用费、工具用具使用费、检验试验费、材料整理及零星运费和材料物资的盘亏及毁损等。材料采购保管费一般应与材料采购数量同步，即材料采购多，采购保管费也会相应增加。因此，应该根据每月实际采购的材料数量（金额）和实际发生的材料采购保管费，计算"材料采购保管费支用率"，作为前后期材料采购保管费的对比分析之用。

④ 材料储备资金分析：材料的储备资金，是根据日平均用量、材料单价和储备天数（即从采购到进场所需要的时间）计算的。上述任何一个因素的变动，都会影响储备资金的占用量。材料储备资金的分析，可以应用因素分析法。

3）机械使用费分析。主要通过实际成本与成本目标之间的差异分析，成本目标分析主要列出超高费和机械费补差收入。施工机械有自有和租赁两种。租赁的机械在使用时要支付使用台班费；停用时要支付停班费，因此，要充分利用机械，以减少台班使用费和停班费的支出。自有机械也要提高机械完好率和利用率，因为自有机械停用，仍要负担固定费用。

4）施工措施费分析。措施费的分析，主要应通过预算与实际数的比较来进行。如果没有预算数，可以计划数代替预算数。

5）间接费用分析。间接成本是指为施工设备、组织施工生产和管理所需要的费用，主要包括现场管理人员的工资和进行现场管理所需要的费用。

应将其实际成本和成本目标进行比较，将其实际发生数逐项与目标数加以比较，就能发现超额完成施工计划对间接成本的节约或浪费及其发生的原因。

6）项目成本目标差异汇总分析。用成本目标差异分析方法分析完各成本项目后，再将所有成本差异汇总进行分析。

11.7.2 项目成本考核

1. 项目成本考核概要

（1）项目成本考核的概念

项目成本考核，是指对项目成本目标（降低成本目标）完成情况和成本管理工作业绩两方面的考核。这两方面的考核，都属于企业对项目经理部成本监督的范畴。应该说，成本降低水平与成本管理工作之间有着必然的联系，又同受偶然因素的影响，但都是对项目成本评价的一个方面，都是企业对项目成本进行考核和奖罚的依据。

项目的成本考核，特别要强调施工过程中的中间考核，这对具有一次性特点的施工项目来说尤为重要。因为通过中间考核发现问题，还能及时弥补；而竣工后的成本考核虽然也很重要，但对成本管理的不足和由此造成的损失，已经无法弥补。

（2）项目成本考核的意义

项目成本考核的目的，在于贯彻落实责、权、利相结合的原则，促进成本管理工作的健康发展，更好地完成工程项目的成本目标。在工程项目的成本管理中，项目经理和所属部门、施工队直到生产班组，都有明确的成本管理责任，而且有定量的责任成本目标。通过定期和不定期的成本考核，既可对他们加强督促，又可调动他们对成本管理的积极性。

（3）项目成本考核的原则

1）按照项目经理部人员分工，进行成本内容确定。每个项目有大有小，管理人员投入量也有不同，项目大的，管理人员就多一些，项目有几个栋号施工时，还可能设立相应的栋号长，分别对每个单体工程或几个单体工程进行协调管理。

2）简单易行、便于操作。项目的施工生产，每时每刻都在发生变化，考核项目的成本，必须让项目相关管理人员明白，由于管理人员的专业特点，对一些相关概念不可能很清楚，所以我们确定的考核内容，必须简单明了，要让考核者一看就能明白。

3）及时性原则。岗位成本是项目成本要考核的实时成本，如果以传统的会计核算对项目成本进行考核，就偏离了考核的目的，所以时效性是项目成本考核的生命。

2. 项目成本考核的内容

项目成本考核，可以分为两个层次：一是企业对项目经理的考核；二是项目经理对所属部门、施工队和班组的考核。通过层层考核，督促项目经理、责任部门和责任者更好地完成自己的责任成本，从而形成实现项目成本目标的层层保证体系。

（1）企业对项目经理考核的内容

1）项目成本目标和阶段成本目标的完成情况。

2）建立以项目经理为核心的成本管理责任制的落实情况。

3）成本计划的编制和落实情况。

4）对各部门、各作业队和班组责任成本的检查和考核情况。

5）在成本管理中贯彻责权利相结合原则的执行情况。

（2）项目经理对所属各部门、各作业队和班组考核的内容

1）对各部门的考核内容：

① 本部门、本岗位责任成本的完成情况。

② 本部门、本岗位成本管理责任的执行情况。

2）对各作业队的考核内容：

① 对劳务合同规定的承包范围和承包内容的执行情况。

② 劳务合同以外的补充收费情况。

③ 对班组施工任务单的管理情况，以及班组完成施工任务后的考核情况。

3）对生产班组的考核内容（平时由作业队考核）

以分部分项工程成本作为班组的责任成本。以施工任务单和限额领料单的结算资料为依据，与施工预算进行对比，考核班组责任成本的完成情况。

3. 项目成本考核的实施

（1）项目成本考核采取评分制

项目成本考核是工程项目根据责任成本完成情况和成本管理工作业绩确定权重后，按考核的内容评分。

具体方法为：先按考核内容评分，然后按7：3的比例加权平均，即：责任成本完成情况的评分为7，成本管理工作业绩的评分为3。这是一个假设的比例，工程项目可以根据自己的具体情况进行调整。

（2）项目的成本考核要与相关指标的完成情况相结合

项目成本的考核评分要考虑相关指标的完成情况，予以嘉奖或扣罚。与成本考核相结合的相关指标，一般有进度、质量、安全和现场标准化管理。

（3）强调项目成本的中间考核

项目成本的中间考核，一般有月度成本考核和阶段成本考核。成本的中间考核，能更好地带动今后成本的管理工作，保证项目成本目标的实现。

1）月度成本考核：一般是在月度成本报表编制以后，根据月度成本报表的内容进行考核。在进行月度成本考核的时候，不能单凭报表数据，还要结合成本分析资料和施工生产、成本管理的实际情况，然后才能作出正确的评价，带动今后的成本管理工作，保证项目成本目标的实现。

2）阶段成本考核：项目的施工阶段，一般可分为：基础、结构、装饰、总体等四个阶段。如果是高层建筑，可对结构阶段的成本进行分层考核。

阶段成本考核能对施工告一段落后的成本进行考核，可与施工阶段其他指标（如进度、质量等）的考核结合得更好，也更能反映工程项目的管理水平。

（4）正确考核项目的竣工成本

项目的竣工成本，是在工程竣工和工程款结算的基础上编制的，它是竣工成本考核的依据，是项目成本管理水平和项目经济效益的最终反映，是考核承包经营情况、实施奖罚的依据，必须做到核算无误，考核正确。

（5）项目成本的奖罚

工程项目的成本考核，可分为月度考核、阶段考核和竣工考核三种。为贯彻责、权利相结合原则，应在项目成本考核的基础上，确定成本奖罚标准，并通过经济合同的形式明确规定，及时兑现。

由于月度成本考核和阶段成本考核属假设性的，因而，实施奖罚应留有余地，待项目竣工成本考核后再进行调整。

项目成本奖罚的标准，应通过经济合同的形式明确规定。因为经济合同规定的奖罚标准具有法律效力，任何人都无权中途变更，或者拒不执行。另外，通过经济合同明确奖罚标准以后，职工就有了奋斗目标，因而也会在实现项目成本目标中发挥更积极的作用。

在确定项目成本奖罚标准的时候，必须从本项目的客观情况出发，既要考虑职工的利益，又要考虑项目成本的承受能力。在一般情况下，造价低的项目，奖金水平要定得低一些；造价高的项目，奖金水平可以适当提高。具体的奖罚标准，应该经过认真测算再行确定。

除此之外，企业领导和项目经理还可对完成项目成本目标有突出贡献的部门、作业队、班组和个人进行随机奖励。这是项目成本奖励的另一种形式，显然不属于上述成本奖罚的范围，但往往能起到很好的效果。

12 钢结构工程项目资源管理

12.1 钢结构工程项目资源管理概述

12.1.1 项目资源的种类

1. 人力资源

在工程项目资源中，人力资源是各生产要素中"人"的因素，具有非常重要的作用，主要包括劳动力总量，各专业、各级别的劳动力，操作工、修理工以及不同层次和职能的管理人员。

2. 材料

材料主要包括原材料、设备和周转材料。其中，原材料和设备构成工程建筑的实体。

按在生产中的作用分类，建筑材料可分为主要材料、辅助材料和其他材料。主要材料是指在施工中被直接加工、构成工程实体的各种材料，如钢材、水泥、木材、砂、石等。辅助材料是指在施工中有助于产品形成，但不构成实体的材料，如促凝剂、脱模剂、润滑剂等。其他材料指不构成工程实体，但又是施工中必须的材料，如燃料、油料、砂纸、棉纱等。

周转材料，如脚手架材、模板、工具、预制构配件、机械零配件等，都因在施工中有独特作用而自成一类，其管理方式与材料基本相同。

3. 机械设备

工程项目的机械设备主要是指项目施工所需的施工设备、临时设施和必需的后勤供应。施工设备，如塔吊、混凝土拌合设备、运输设备等。临时设施，如施工用仓库、宿舍、办公室、工棚、厕所、现场施工用供排系统（水电管网、道路等）。

4. 技术

技术的含义很广，指操作技能、劳动手段、劳动者素质、生产工艺、试验检验、管理程序和方法等。任何物质生产活动都是建立在一定的技术基础上的，也是在一定技术要求和技术标准的控制下进行的。随着生产的发展，技术水平也在不断提高，技术在生产中的地位和作用也就越来越重要。

5. 资金

资金也是一种资源，从流动过程来讲，首先是投入，即筹集到的资金投入到施工项目上；其次是使用，也就是支出。资金的合理使用是施工顺序有序进行的重要保证，这也是常说的"资金是项目的生命线"的原因。

此外，项目资源还可能包括计算机软件、信息系统、服务、专利技术等。

12.1.2 项目资源管理的过程与程序

项目资源管理的全过程应包括项目资源的计划、配置、控制和处置。

项目资源管理应遵循下列程序：

（1）按合同要求，编制资源配置计划，确定投入资源的数量与时间。

（2）根据资源配置计划，做好各种资源的供应工作。

（3）根据各种资源的特性，采取科学的措施，进行有效组合，合理投入，动态调控。

（4）对资源投入和使用情况进行定期分析，找出问题，总结经验并持续改进。

12.1.3 项目资源管理的基本工作

1. 编制项目资源管理计划

项目施工过程中，往往涉及多种资源，如人力资源、原材料、机械设备、施工工艺及资金等，因此，在施工前必须编制项目资源管理计划。施工前，工程总承包商的项目经理部必须做出指导工程施工全局的施工组织计划，其中，编制项目资源计划便是施工组织设计中的一项重要内容。

2. 保证资源的供应

在项目施工过程中，为保证资源的供应，应当按照编制的各种资源计划，派专业部门人员负责组织资源的来源，进行优化选择，并把它投入到施工项目管理中，使计划得以实施，施工项目的需要得以保证。

3. 节约使用资源

在项目施工过程中，资源管理的最根本的意义就在于节约活劳动及物化劳动，因此，节约使用资源应该是资源管理诸环节中最为重要的一环。要节约使用资源，就要根据每种资源的特性，设计出科学的措施，进行动态配置和组合，协调投入，合理使用，不断地纠正偏差，以尽可能少的资源，满足项目的使用要求，达到节约的目的。

4. 对资源使用情况进行核算

资源管理的另一个重要环节，就是对施工项目投入的资源的使用和产出情况进行核算。只有完成了这个程序，资源管理者才能做到心中有数，才知道哪些资源的投入、使用是恰当的，哪些资源还需要进行重新调整。

5. 对资源使用效果进行分析

对资源使用效果进行分析，一方面是对管理效果的总结，找出经验与问题，评价管理活动；另一方面又为管理者提供储备与反馈信息，以指导以后的管理工作。

12.1.4 项目资源管理的目的

项目资源管理的目的，就是在保证工程施工质量和工期的前提下，节约活劳动和物化劳动，从而节约资源，达到降低工程成本的目的。为达到此种目的，项目资源管理应注意以下几个方面：

（1）项目资源管理就是对资源进行优化配置，即适时、适量地按照一定比例配置资源，并投入到施工生产中，以满足需要。

（2）进行资源的优化组合，即投入项目的各种资源在施工项目中搭配适当、协调，能够充分发挥作用，更有效地形成生产力。

（3）在整个项目运行过程中，对资源进行动态管理。由于项目的实施过程是一个不断变化的过程，对资源的需求也会不断发生变化，因此资源的配置与组合也需要不断地调整

176

以适应工程的需要，这就是一种动态的管理。

（4）在施工项目运行中，合理地、节约地使用资源，也是实现节约资源（资金、材料、设备、劳动力）的一种重要手段。

12.1.5 项目资源管理的重要性

资源作为工程实施的必不可少的前提条件，它们的费用一般占工程总费用的80%以上，如果资源不能保证，任何考虑得再周密的工期计划也不能实行。

在项目工程施工过程中，由于资源的配置组合不当往往会给项目造成很大的损失，例如由于供应不及时造成工程活动不能正常进行，整个工程停工或不能及时开工，不仅浪费时间，还会造成窝工，增加施工成本。此外，还由于不能经济地使用资源或不能获取更为廉价的资源，也将造成成本的增加。

由于未能采购符合规定的材料，使材料或工程报废，或采购超量、采购过早造成浪费、造成仓库费用增加等。

综上所述，加强项目资源管理在现代建筑施工项目管理中具有非常重要的意义。

12.2 钢结构工程项目资源管理计划概述

12.2.1 项目资源管理计划概述

1. 项目资源管理计划的基本要求

（1）资源管理计划应包括建立资源管理制度，编制资源使用计划、供应计划和处置计划，规定控制程序和责任体系。

（2）资源管理计划应依据资源供应条件、现场条件和项目管理实施规划编制。

（3）资源管理计划必须纳入到进度管理中。由于资源作为网络的限制条件，在安排逻辑关系和各工程活动时就要考虑到资源的限制和资源的供应过程对工期的影响。通常在工期计划前，人们已假设可用资源的投入量。因此，如果网络编制时不顾及资源供应条件的限制，则网络计划是不可执行的。

（4）资源管理计划必须纳入到项目成本管理中，以作为降低成本的重要措施。

（5）在制定实施方案以及技术管理和质量控制中必须包括资源管理的内容。

2. 项目资源管理计划的内容

（1）资源管理制度。包括人力资源管理制度、材料管理制度、机械设备管理制度、技术管理制度、资金管理制度。

（2）资源使用计划。包括人力资源使用计划、材料使用计划、机械设备使用计划、技术使用计划、资金使用计划。

（3）资源供应计划。包括人力资源供应计划、材料供应计划、机械设备供应计划、资金供应计划。

（4）资源处置计划。包括人力资源处置计划、材料处置计划、机械设备处置计划、技术处置计划、资金处置计划。

3. 项目资源管理计划编制的依据

项目资源管理计划的主要依据有如下几点：

（1）项目目标分析。通过对项目目标的分析，把项目的总体目标分解为各个具体的子目标，以便于了解项目所需资源的总体情况。

（2）工作分解结构。工作分解结构确定了完成项目目标所必须进行的各项具体活动，根据工作分解结构的结果可以估算出完成各项活动所需资源的数量、质量和具体要求等信息。

（3）项目进度计划。项目进度计划提供了项目的各项活动何时需要相应的资源以及占用这些资源的时间，据此，可以合理地配置项目所需的资源。

（4）制约因素。在进行资源计划时，应充分考虑各类制约因素，如项目的组织结构、资源供应条件等。

（5）历史资料。资源计划可以借鉴类似项目的成功经验，以便于项目资源计划的顺利完成，既可节约时间又可降低风险。

4. 项目资源管理计划编制的过程

项目资源管理计划是施工组织设计的一项重要内容，应纳入工程项目的整体计划和组织系统中。通常，项目资源计划应包括如下过程：

（1）确定资源的种类、质量和用量。根据工程技术设计和施工方案，初步确定资源的种类、质量和需用量，然后再逐步汇总，最终得到整个项目各种资源的总用量表。

（2）调查市场上资源的供应情况。在确定资源的种类、质量和用量后，即可着手调查市场上这些资源的供应情况。其调查内容主要包括各种资源的单价，据此进而确定各种资源所需的费用；调查如何得到这些资源，从何处得到这些资源，这些资源供应商的供应能力怎样、供应的质量如何、供应的稳定性及其可能的变化；对各种资源供应状况进行对比分析等。

（3）资源的使用情况。主要是确定各种资源使用的约束条件，包括总量限制、单位时间用量限制、供应条件和过程的限制等。对于某些外国进口的材料或设备，在使用时还应考虑资源的安全性、可用性、对周围环境的影响、国家的法规和政策以及国际关系等因素。

（4）确定资源使用计划。通常是在进度计划的基础上确定资源的使用计划的，即确定资源投入量—时间关系直方图（表），确定各资源的使用时间和地点。在做此计划时，可假设它在活动时间上平均分配，从而得到单位时间的投入量（强度）。进度计划的制订和资源计划的制订，往往需要结合在一起共同考虑。

（5）确定具体资源供应方案。在编制的资源计划中，应明确各种资源的供应方案、供应环节及具体时间安排等，如人力资源的招雇、培训、调遣、解聘计划，材料的采购、运输、仓储、生产、加工计划等。如把这些供应活动组成供应网络，应与工期网络计划相互对应，协调一致。

（6）确定后勤保障体系。在资源计划中，应根据资源使用计划确定项目的后勤保障体系，如确定施工现场的水电管网的位置及其布置情况，确定材料仓储位置、项目办公室、职工宿舍、工棚、运输汽车的数量及平面布置等。这些虽不能直接作用于生产，但对项目的施工具有不可忽视的作用，在资源计划中必须予以考虑。

12.2.2 项目人力资源管理计划

1. 人力资源管理计划编制要求

人力资源管理计划是工程项目施工期限得以实现的重要保证，对其进行编制时，有如下要求：

（1）要保持劳动力均衡使用。如果劳动力使用不均衡，不仅给劳动力调配带来困难，还会出现过多、过大的需求高峰，同时也增加了劳动力的成本，还带来了住宿、交通、饮食、工具等方面的问题。

（2）要根据工程的实物量和定额标准分析劳动需用总工日数，确定生产工人、工程技术人员、徒工的数量和比例，以便对现有人员进行调整、组织、培训，以保证现场施工的人力资源。

（3）要准确计算工程量和施工期限。劳动力管理计划的编制质量，不仅与计算的工程量的准确程度，而且与工程工期计划得合理与否，有着直接关系。工程量越准确，工期越合理，劳动力使用计划才能越合理。

2. 人力资源需求计划

（1）确定劳动效率。确定劳动力的劳动效率，是劳动力需求计划编制的重要前提，只有确定了劳动力的劳动效率，才能制订出科学合理的计划。工程施工中，劳动效率通常用"产量/单位时间"，或"工时消耗量/单位工作量"来表示。

在一个工程中，分项工程量一般是确定的，它可以通过图纸和规范的计算得到，而劳动效率的确定却十分复杂。在建筑工程中，劳动效率可以在《劳动定额》中直接查到，它代表社会平均先进的劳动效率。但在实际应用时，必须考虑到具体情况，如环境、气候、地形、地质、工程特点、实施方案的特点、现场平面布置、劳动组合等，进行合理调整。

根据劳动力的劳动效率，即可得出劳动力投入的总工时，其计算式为：

$$劳动力投入总工时 = 工程量/（产量/单位时间）$$
$$= 工程量 \times 工时消耗/单位工程量 \tag{12-1}$$

（2）确定劳动力投入量。劳动力投入量也称劳动组合或投入强度，在工程劳动力投入总工时一定的情况下，假设在持续的时间内，劳动力投入强度相等，而且劳动效率也相等，在确定每日班次及每班次的劳动时间时，可依下式进行：

$$某活动劳动力投入量 = \frac{劳动力投入总工时}{班次/日 \times 工时/班次 \times 活动持续时间}$$
$$= \frac{工程量 \times 工时消耗量 \times 单位工作量}{班次/日 \times 工时/班次 \times 活动持续时间} \tag{12-2}$$

（3）人力资源需求计划的编制：

1）在编制劳动力需要量计划时，由于工程量、劳动力投入量、持续时间、班次、劳动效率、每班工作时间之间存在一定的变量关系，因此，在计划中要注意它们之间的相互调节。

2）在工程项目施工中，经常安排混合班组承担一些工作任务，此时，不仅要考虑整体劳动效率，还要考虑到设备能力和材料供应能力的制约，以及与其他班组工作的协调。

3）劳动力需要量计划中还应包括对现场其他人员的使用计划，如劳动力服务的人员

（如医生、厨师、司机等）、工地警卫、勤杂人员、工地管理人员等，可根据劳动力投入量计划按比例计算，或根据现场的实际需要安排。

3. 人力资源配置计划

（1）人力资源配置计划编制的依据：

1）人力资源配备计划。人力资源配备计划阐述人力资源在何时、以何种方式加入和离开项目小组。人员计划可能是正式的，也可能是非正式的，可能是十分详细的，也可能是框架概括型的。

2）资源库说明。可供项目使用的人力资源情况。

3）制约因素。外部获取时的招聘惯例、招聘原则和程序。

（2）人力资源配置计划编制的内容：

1）研究制定合理的工作制度与运营班次，根据类型和生产过程特点，提出工作时间、工作制度和工作班次方案。

2）研究员工配置数量，根据精简、高效的原则和劳动定额，提出配备各岗位所需人员的数量，技术改造项目，优化人员配置。

3）研究确定各类人员应具备的劳动技能和文化素质。

4）研究测算职工工资和福利费用。

5）研究测算劳动生产率。

6）研究提出员工选聘方案，特别是高层次管理人员和技术人员的来源和选聘方案。

（3）人力资源配置计划编制的方法：

1）按设备计算定员，即根据机器设备的数量、工人操作设备定额和生产班次等计算生产定员人数。

2）按劳动定额定员，根据工作量或生产任务量，按劳动定额计算生产定员人数。

3）按岗位计算定员，根据设备操作岗位和每个岗位需要的工人数计算生产定员人数。

4）按比例计算定员，按服务人数占职工总数或者生产人员数量的比例计算所需服务人员的数量。

5）按劳动效率计算定员，根据生产任务和生产人员的劳动效率计算生产定员人数。

6）按组织机构职责范围、业务分工计算管理人员的人数。

（4）劳动生产率的计算和提高途径：

1）按实物量计算劳动生产率。该计算方法是以每人每日可完成的实物量来表示的，这种方法比较直观，可以直接比较某工种的劳动生产率。但由于各个分部工程不能综合，难以进行全面比较。其计算公式为：

$$实物劳动生产率 = \frac{实际完成某工种实物工程量（m^2 或 m^3）}{完成该实物量的工日数（包括辅助工人）} \qquad (12-3)$$

2）以产值计算劳动生产率。该计算方法是以每人每年完成的产值来进行计算的，通过工程项目施工所完成的各种实物量转换成以价值形式表示的金额进行计算，最后都折算成以人年为计算单位的形式来表示其总产值。

为了便于比较，常折算成以人年为计算单位的形式，然后加以比较。其计算公式为：

$$建筑（安装）工人劳动生产率 = \frac{自行完成的施工产值（元）}{建筑（安装）工人及学徒平均人数（人）} \qquad (12-4)$$

$$全员劳动生产率 = \frac{自行完成的建筑总产值（元）}{全部人员平均人数（人）} \qquad (12\text{-}5)$$

3）以定额工日计算的劳动生产率。这种方法是以所完成的实物工程量，用它的时间定额（定额工日）来表示的，即

$$建筑（安装）工人劳动生产率 = \frac{额定工日总额（工日）}{建筑（安装）工人及学徒平均人数（人）} \qquad (12\text{-}6)$$

$$全员劳动生产率 = \frac{额定工日总额（工日）}{全部人员平均人数（人）} \qquad (12\text{-}7)$$

这种计算方法可比性较高，因为即使工程对象性质不同，但都可计算出消耗的劳动时间，即定额工日总数，这就具有共同比较的基础。

4）提高劳动生产率的途径。劳动生产率提高，不是靠拼体力，增加劳动强度，这是由于人类自身条件的限制，这样做只能导致生产率的有限增长。而提高劳动生产率，主要途径有以下几条：

① 提高全体员工的业务技术水平和文化知识水平，充分开发职工的能力；

② 加强思想政治工作，提高职工的道德水准，搞好企业文化建设，增加企业凝聚力；

③ 提高生产技术和装备水平，采用先进施工工艺和操作方法，提高施工机械化水平；

④ 不断改进生产劳动组织，实行先进合理的定员和劳动定额；

⑤ 改善劳动条件，加强劳动纪律；

⑥ 有效地使用激励机制。

4. 人力资源的培训和激励

项目管理的目的就是经济地实现施工目标，为此，常采用手段有定期对劳动力进行培训、建立激励机制等，以提高产量和生产率。其中常用的激励方法有行为激励方法和经济激励两种。

经济激励计划的类型。目前，在工程施工过程中，已经形成了多种经济激励计划，但这些计划常随着工程项目类型、任务和工人工作小组的性质而改变。大致上，经济激励计划可分成以下几类：

（1）时间相关激励计划。即按基本小时工资成比例地付给工人超时工资。

（2）工作相关激励计划。即按照可以测量的完成工作量付给工人工资。

（3）一次付清工作报酬。该计划有两种方式：一种是按从完成工作的标准时间中省出的时间付给工人工资；另一种是按完成特定工作的固定量，一次付清。

（4）按利润分享奖金。在预先确定的时间，例如一季度、半年或一年支付奖金。

确定给定工作的最终经济激励计划是很困难的过程，但是，一项计划一旦达成，若没有相关各方的同意是不能更改的。

5. 其他人力资源计划

作为一个完整的工程建设项目，人力资源计划常常还包括项目运行阶段的人力资源计划，包括项目运行操作人员、管理人员的招雇、调遣、培训的安排，如对设备和工艺由外国引进的项目，常常还要将操作人员和管理人员送到国外培训。通常按照项目顺利、正常投入运行的要求，编排子网络计划，并由项目交付使用期向前安排。

有的业主还希望通过项目的建设，有计划地培养一批项目管理和运营管理的人员。

12.2.3 项目材料管理计划

1. 材料需求计划

材料需求量计算。根据不同的情况，可分别采用直接计算法或间接计算法确定材料需用量。

（1）直接计算法。对于工程任务明确，施工图纸齐全，可直接按施工图纸计算出分部分项工程实物工程量，套用相应的材料消耗定额，逐条逐项计算各种材料的需用量，然后汇总编制材料需用计划。然后，再按施工进度计划分期编制各期材料需用计划。

直接计算法的公式如下：

$$某种材料计划需用量 = 建筑安装工程实物工程量 \times 某种材料消耗定额 \qquad (12\text{-}8)$$

上式中，材料消耗定额的选用要视计划的用途而定，如计划需用量用于向建设单位结算或编制订货、采购计划，则应采用概算定额计算材料需用量；如计划需用量用于向单位工程承包人和班组实行定额供料，作为承包核算基础，则要采用施工定额计算材料需用量。

（2）间接计算法。对于工程任务已经落实，但设计尚未完成，技术资料不全，不具备直接计算需用量条件的情况，为了事前做好备料工作，便可采用间接计算法。当设计图纸等技术资料具备后，应按直接计算法进行计算调整。间接计算法主要有以下几种：

1）概算指标法。即利用概算指标计算材料需用量的方法。

当已知某工程的结构类型和建筑面积时，可采用下式概算工程主要材料的需用量：

$$\begin{matrix} 某种材料 \\ 计划需用量 \end{matrix} = 建筑面积 \times \begin{matrix} 同类型工程每平方米建筑面积 \\ 某种材料消耗定额 \end{matrix} \times 调整系数 \qquad (12\text{-}9)$$

2）当某项工程的类型不具体，只知道计划总投资额的情况时，可采用下式计算工程材料的需用量。但是，由于该方法只考虑了工程的投资报价，而未考虑不同结构类型工程之间材料消耗的区别，故其准确度差。

$$材料需用量 = \begin{matrix} 对比期材料 \\ 实际耗用量 \end{matrix} \times \frac{计划期工程量}{对比期实际完成工程量} \times 调整系数 \qquad (12\text{-}10)$$

式中，调整系数，一般可根据计划期与对比期生产技术组织条件的对比分析、降低材料消耗的要求。采取节约措施后的效果等来确定。

3）类比计算法。多用于计算新产品对某些材料的需用量。它是以参考类似产品的材料消耗定额，来确定该产品或该工艺的材料需用量的一种方法。其计算公式为：

$$材料需用量 = 工程量 \times \begin{matrix} 类似产品的材料 \\ 消耗定额 \end{matrix} \times 调整系数 \qquad (12\text{-}11)$$

式中，调整系数可根据该种产品与类似产品在质量、结构、工艺等方面的对比分析来确定。

4）经验估计法。根据计划人员以往的经验来估算材料需用量的一种方法。此种方法科学性差，只限于不能或不值得用其他方法的情况。

2. 分阶段材料计划

大型、复杂、工期长的项目要实行分段编制的方法，对不同阶段、不同时期提出相应的分阶段材料需求、使用计划，以保证项目的顺利实施。

（1）年度材料计划。是各项材料工作的全面计划，是全面指导供应工作的主要依据。在实际工作中，由于材料计划编制在前，施工计划安排在后，因此，在计划执行过程中要根据施工情况的变化，注意对材料年度计划的调整。

（2）季度材料计划。是年度材料计划的具体化，也是为适应情况变化而编制的一种平衡调整计划。

（3）月度材料计划。是基层单位根据当月施工生产进度安排编制的需用材料计划。它比年度、季度计划更细致，内容更全面。

12.2.4 项目机械设备管理计划

1. 机械设备需求计划

施工机械设备需求计划主要用于确定施工机具设备的类型、数量、进场时间，可据此落实施工机具设备来源，组织进场。其编制方法为：将工程施工进度计划表中的每一个施工过程每天所需的机具设备类型、数量和施工日期进行汇总，即得出施工机具设备需要量计划。

2. 机械设备使用计划

施工组织设计包括工程的施工方案、方法、措施等，因此编制施工组织设计，应在考虑合理的施工方法、工艺、技术安全措施时，同时考虑用什么设备去组织生产，才能最合理、最有效地保证工期和质量，降低生产成本。

机械设备使用计划一般由项目经理部机械管理员或施工准备员负责编制。中、小型设备机械一般由项目经理部主管经理审批。大型设备经主管项目经理审批后，报组织有关职能部门审批，方可实施运作。租赁大型起重机械设备，主要考虑机械设备配置的合理性（是否符合使用、安全要求）以及是否符合资质要求（包括租赁企业、安装设备组织的资质要求），设备本身在本地区的注册情况及年检情况、设备操作人员的资格情况等。

3. 机械设备保养计划

机械设备保养的目的是为了保持机械设备的良好技术状态，提高设备运转的可靠性和安全性，减少零件的磨损，延长使用寿命，降低消耗，提高经济效益。

（1）例行保养。例行保养属于正常使用管理工作，不占用设备的运转时间，由操作人员在机械运转间隙进行。

（2）强制保养。强制保养是隔一定的周期，需要占用机械设备正常运转时间而停工进行的保养。强制保养是按照一定周期和内容分级进行，保养周期根据各类机械设备的磨损规律、作业条件、维护水平及经济性四个主要因素确定。强制保养根据工作和复杂程度分为一级保养、二级保养、三级保养和四级保养，级数越高，保养工作量越大。

机械设备的修理，是对机械设备的自然损耗进行修复，排除机械运行的故障，对损坏的零部件进行更换、修复，可以保证机械的使用效率，延长使用寿命。可以分为大修、中修和零星小修。大修和中修要列入修理计划，并由组织负责安排机械设备预检修计划对机械设备进行检修。

12.2.5 项目技术管理计划

技术管理计划应包括技术开发计划、设计技术计划和工艺技术计划。

（1）技术开发计划。技术开发的依据有：国家的技术政策，包括科学技术的专利政策、技术成果有偿转让；产品生产发展的需要，是指未来对建筑产品的种类、规模、质量以及功能等需要；组织的实际情况，指企业的人力、物力、财力以及外部协作条件等。

（2）设计技术计划。设计计划主要是涉及技术方案的确立、设计文件的形成以及有关指导意见和措施的计划。

（3）工艺技术计划。施工工艺上存在客观规律和相互制约关系，一般是不能违背的。如基础部分未完成，后序主体工程就不能施工，装修部分只有主体结构墙面和楼面工作完成后，才能施工。因此，要对工艺技术进行科学、周密的计划和安排。

12.2.6 项目资金管理计划

1. 项目资金流动计划

（1）资金支出计划

承包商工程项目的支付计划包括：人工费支付计划；材料费支付计划；设备费支付计划；分包工程款支付计划；现场管理费支付计划；其他费用计划，如上级管理费、保险费、利息等各种其他开支。

成本计划中的材料费是工程上实际消耗的材料价值。在材料使用前有一个采购、订货、运输、入库、储存的过程，材料货款的支付通常按采购合同规定支付，其支付方式有以下几种：

1）订货时交定金；到货后付清；

2）提货时一笔付清；

3）供应方负责送到工地，货到后付款；

4）在供应后一段时间内付款。

（2）工程款收入计划

承包商工程款收入计划，即业主工程款支付计划，它与工程进度（即按照成本计划确定的工程完成状况）和合同确定的付款方式有关。

1）在合同签订后，工程正式施工前，业主可以根据合同中工程预付款（备料款、准备金）的规定，事先支付一笔款项，让承包商做施工准备，而这笔款项，在以后工程进度款中按一定比例扣除。

2）按月进度收款，根据合同规定，工程款可以按月进度进行收取，即在每月月末将该月实际完成的分项工程量按合同规定进行结算，即可得出当月的工程款。但实际上，这笔工程款一般要在第二个月，甚至是第三个月才能收取。

根据 FIDIC 条件规定，月末承包商提交该月工程进度账单，由工程师在 28d 内审核并递交业主；业主在收到账单后 28d 内支付，所以工程款的收取比成本计划要滞后 1~2 个月，并且许多未完工程还不能结算。

3）按工程形象进度分阶段收取。工程项目一般可分为开工、基础完工、标准层完工、封顶、竣工等几个阶段，工程款的收取可以按阶段进行收取。这样编制的工程款收入计划呈阶梯状。

（3）现金流量计划

在工程款支付计划和工程款收入计划的基础上可以得到工程的现金流量。它可以通过表或图的形式反映出来。通常，按时间将工程款支付和工程款收入的主要费用项目罗列在一张表中，按时间计算出当期收支相抵的余额，再按时间计算到该期末的累计余额，并在此基础上绘制出现金流量图。

对于工程承包商来说，工程项目现金流量计划的作用如下：

1）项目资金的安排，应以保证工程项目的正常施工为目标，如需借贷，可根据工程现金流量计划，制订工程款借贷计划。

2）计算项目资金的成本，即计算由于工程负现金流量（支出＞收益时）带来的利息支出。

3）与财务风险问题的考虑，资金垫付得越多，资金缺口越大，财务风险也越大，由于工程成本计划与工程收支有密切的联系，但又不是一回事，对承包商来说，按承包合同确定的付款方式，既可能提前取得资金，如开办费、定金、预付款，也有可能推迟收款，如按照合同工程进度收款，一般要滞后 1~2 个月。

（4）项目融资计划

由于工程款收入计划与工程款支付计划之间存在一定的差异，如果出现正现金流量，即承包商占用他人的资金进行施工，这固然是好，但是在工程实践中却很困难，而且现在工程款的支付条件也越来越苛刻，承包商很难占用他人的资金进行施工。现实中，工程款收入与工程款支付计划之间常出现负现金流量，为了保证项目的顺利施工，承包商必须自己首先垫入这部分资金。因此，要取得项目的成功，必须有财务支持，而现实中要解决这类问题，往往采取融资这类方式。

不同来源的融资渠道具有不同的项目借贷条件和使用条件，不同的资金成本，投资者（借贷者）有不同的权力和利益，有不同的宽限期，最终有不同的风险。通常要综合考虑风险、资金成本、收益等各种因素，确定本项目的资金来源、结构、币制、筹集时间，以及还款的计划安排等，确定符合技术、经济和法律要求的融资计划或投资计划。

2. 财务用款计划表（见表 12-1）

部门财务用款计划表　　　　　　　　　　　表 12-1

用款部门：　　　　　　　　　　　　　　　　　　　　　　　　　　金额单位：元

支出内容	计划金额	审批金额
合计		

项目经理签字：　　　　　　　　　　　　　　　　用款部门负责人签字：

3. 年、季、月度资金管理计划

项目经理部应编制年、季、月进度资金管理（收支）计划，有条件的可以考虑编制旬、周、日的资金管理（收支）计划，上报组织主管部门审批实施。

年度资金管理（收支）计划的编制，要根据施工合同工程款支付的条款和年度生产计划安排，预测年内可能达到的资金收入，要参照施工方案，安排工、料、机费用等资金分阶段投入，做好收入与支出在时间上的平衡。编制年度资金计划，主要是摸清工程款到位情况，测算筹集资金的额度，安排资金分期支付，平衡资金，确立年度资金管理工作总体安排。

季度、月度资金管理（收支）计划的编制，是年度资金收支计划的落实和调整，要结合生产计划的变化，安排好季、月度资金收支。特别是月度资金收支计划，要以收定支，量入为出，要根据施工月度作业计划，计算出主要工、料、机费用及分项收入，结合材料月末库存，由项目经理部各用款部门分别编制材料、人工、机械、管理费用及分包单位支出等分项用款计划，报项目财务部门汇总平衡。汇总平衡后，由项目经理主持召开计划平衡会，确定各个部门用款数，经平衡确定的资金收支计划报公司审批后，项目经理部作为执行依据，组织实施。

12.3 钢结构工程项目资源管理控制概述

12.3.1 项目资源管理控制基础知识

项目资源管理控制包括按资源管理计划进行资源的选择、资源的组织和进场后的管理等内容，具体说有以下几点：

（1）人力资源管理控制。包括人力资源的选择、订立劳务分包合同、教育培训和考核等。

（2）材料管理控制。包括供应单位的选择、订立采购供应合同、出厂或进场验收、储存管理、使用管理及不合格品处置等。

（3）机械设备管理控制。包括机械设备购置与租赁管理、使用管理、操作人员管理、报废和出场管理等。

（4）技术管理控制。包括技术开发管理，新产品、新材料、新工艺的应用管理，项目管理实施规划和技术方案的管理，技术档案管理，测试仪器管理等。

（5）资金管理控制。包括资金收入与支出管理、资金使用成本管理、资金风险管理等。

12.3.2 项目人力资源管理控制

1. 人力资源的选择

人力资源的优化配置。劳动力优化配置的目的是保证生产计划或施工项目进度计划的实现，在考虑相关因素变化的基础上，合理配置劳动力资源，使劳动者之间、劳动者与生产资料和生产环境之间，达到最佳的组合，使人尽其才，物尽其用，财尽其效，不断地提高劳动生产率，降低工程成本。与此相关的问题是：人力资源配置的依据与数量，人力资源的配置方法和来源。

人力资源优化配置的方法

（1）应在人力资源需求计划的基础上再具体化，防止漏配，必要时根据实际情况对人力资源计划进行调整。

（2）如果现有的人力资源能满足要求，配置时尚应贯彻节约原则。如果现有劳动力不能满足要求，项目经理部应向公司申请加配，或在企业经理授权范围内进行招募，也可以把任务转包出去。

（3）配置劳动力时应积极可靠，让工人有超额完成的可能，以获得奖励，进而激发出工人的劳动热情。

（4）尽量使作业层正在使用的劳动力和劳动组织保持稳定，防止频繁调动。当在用劳动组织不适应任务要求时，应进行劳动组织调整，并应敢于打乱原建制进行优化组合。

（5）为保证作业需要，工种组合、技术工人与壮工比例必须适当配套。

（6）尽量使劳动力均衡配置，以便于管理，使劳动资源强度适当，达到节约的目的。

2. 劳务分包合同

（1）劳务分包合同的形式。劳务分包合同的形式一般可分为以下两种：

1）按施工预算或招标价承包；

2）按施工预算中的清工承包。

（2）劳务分包合同的内容。劳务分包合同的内容应包括工程名称，工作内容及范围，提供劳务人员的数量，合同工期，合同价款及确定原则，合同价款的结算和支付，安全施工，重大伤亡及其他安全事故处理，工程质量、验收与保修，工期延误，文明施工，材料机具供应、文物保护，发包人、承包人的权利和义务，违约责任等。

3. 人力资源的培训

人力资源的培训主要是指对拟使用的人力资源进行岗前教育和业务培训。人力资源培训的内容包括管理人员的培训和工人的培训。

（1）管理人员的培训

1）岗位培训。是对一切从业人员，根据岗位或者职务对其具备的全面素质的不同需要，按照不同的劳动规范，本着干什么学什么，缺什么补什么的原则进行的培训活动。包括对项目经理的培训，对基层管理人员和安装、焊接、电气工程的培训以及其他岗位的业务、技术干部的培训。

2）继续教育。包括建立以"三总师"为主的技术、业务人员继续教育体系，采取按系统、分层次、多形式的方法，对具有中专以上学历的处级以上职务的管理人员进行继续教育。

3）学历教育。主要是有计划选派部分管理人员到高等院校深造。培养企业高层次专门管理人才和技术人才，毕业后回本企业继续工作。

（2）工人的培训

1）班组长培训。按照国家建设行政主管部门制定的班组长岗位规范，对班组长进行培训，通过培训最终达到班组长 100% 持证上岗。

2）技术工人等级培训。按照建设部颁发的《工人技术等级标准》和劳动部颁发的有关技师评聘条例，开展中、高级工人应知会考评和工人技师的评聘。

3）特种作业人员的培训。根据国家有关特种作业人员必须单独培训、持证上岗的规定，对从事电工、塔式起重机驾驶员等工种的特种作业人员进行培训，保证 100% 持证上岗。

4）对外埠施工队伍的培训。按照省、市有关外地务工人员必须进行岗前培训的规定，对所使用的外地务工人员进行培训，颁发省、市统一制发的外地务工经商人员就业专业训练证书。

4. 班组劳动力建设

具体来说，对班组的建设主要应包括以下几个方面：

（1）班组组织建设。对班组组织进行建设时，应当努力建立一个团结、合作、进取的班组领导集体。同时，加强定编、定员工作，并对班组成员进行合理配备。

（2）班组业务建设。加强班组业务建设，就是对班组成员加强技术知识学习和操作技能的培训，这要结合本班组的工作实际需要围绕现场施工进行。

（3）班组劳动纪律和规章制度建设。劳动纪律是组织集体劳动必不可少的条件，凡是存在集体劳动的地方必须具有劳动纪律的约束，否则班组建设就无法进行。

班组成员必须服从工作分配，听从工作指挥和调度，严格执行施工指令，坚守岗位，尽心尽责，并遵守企业的各项规章制度及国家相关的法律、法令和政策等。

（4）生活需求建设。做好班组建设不能忽视职工的生活需要，在进行职工劳动成果分配时要体现各尽所能，按劳分配的原则，保证职工必要的物质、文化生活条件。

此外，还要加强班组成员的政治思想建设，可通过适当的引导和教育，提高班组成员的政治思想觉悟和工作积极性，不折不扣地完成生产任务。

5. 人力资源的动态管理

（1）动态管理的原则。

劳动力动态管理是以进度计划与劳务合同为依据，以动态平衡和日常调度为手段，以企业内部市场为依托，允许劳动力在市场内作充分的合理流动，以达到劳动力优化组合和作业人员的积极性充分调动为目的。

（2）项目经理部的职责。

项目经理部是项目施工范围内劳动力动态管理的直接责任者，其主要职责如下：

1）按计划要求向公司劳务管理部门申请派遣劳务人员，并签订劳务合同。

2）按计划在项目中分配劳务人员，并下达施工任务单或承包任务书。

3）在施工中不断进行劳动力平衡、调整，解决施工要求与劳动力数量、工种、技术能力、相互配合中存在的矛盾。在此过程中按合同与企业劳务部门保持信息沟通、人员使用和管理的协调。

4）按合同支付劳务报酬。解除劳务合同后，将人员遣归内部劳务市场。

（3）劳动管理部门的职责。

由于公司劳务部门对劳动力进行集中管理，故它在动态管理中起着主导作用，它应做好以下几方面的工作：

1）根据施工任务的需要和变化，从社会劳务市场中招募和辞退劳动力。

2）根据项目经理部所提出的劳动力需要量计划与项目经理部签订劳务合同，并按合同向作业队下达任务，派遣队伍。

3）对劳动力进行企业范围内的平衡、调度和统一管理。施工项目中的承包任务完成后收回作业人员，重新进行平衡、派遣。

4）负责对企业劳务人员的工资奖金管理，实行按劳分配，兑现合同中的经济利益条款，进行合乎规章制度及合同约定的奖罚。

12.3.3 项目材料资源管理控制

1. 供应单位的选择

（1）选择和确定的方法

1）经验判断法。根据专业采购人员的以往经验和以前掌握的实际情况进行分析、比较、综合判断，择优选定供应单位。

2）采购成本比较法。当几个采购对象对所购材料在数量上、质量上、价格上均能满足，而只在个别因素上有差异时，可分别考核计算采购成本，选择成本价格低的。

3）采购招标法。由建筑施工材料采购部门提出材料需用的数量及性能、规格、价格、指标等招标条件，由各供货企业根据招标条件进行投标，材料采购部门进行综合评定比较后进行决标，与最终得标企业签订购销合同。

（2）对供应单位进行评估

对供应单位进行评估，就是对供应单位的全部服务过程进行鉴定，从而淘汰不符合公司要求的物资供方，以确保所供物资能够满足工程设计质量要求和业主的满意。

评估的内容应包括所供产品的质量、价格、供应过程、履约能力和售后服务等情况。评估工作通常由采购员牵头，组织项目物资部、机电部和项目有关人员对已供货的供方进行一次全面的评价，并填写"供应商评估表"。

使用单位的有关部门和采购部门应在"供应商评估表"中填写实际情况；由公司物资部经理根据评估的内容签署意见，确定该供应商是否继续保留在"合格供方花名册"内，最后由主管领导进行审批。

2. 订立采购供应合同

（1）材料采购供应的业务谈判

1）业务谈判的原则。材料采购业务谈判必须遵守国家和地方政府制定的物资政策、物价政策和有关法令，供需、双方应本着平等互利、协商一致、等价有偿的精神进行谈判。

一般业务谈判要经过多次反复协商，在双方取得一致意见时，业务谈判才告完成。

2）业务谈判的内容：

① 材料采购业务谈判的内容。材料采购业务谈判，首先应当明确采购材料的名称、品种、型号、规格、花色和等级，进而确定材料的数量、计量单位、价格、交货地点、交货方式、交货办法和日期、材料运输方式、质量标准及验收方法等相关内容。此外，还应确定采购材料的包装要求、包装物供应及回收等。

② 材料加工业务谈判的内容。材料加工业务谈判，首先，应当明确加工制品的名称、品种、数量和规格；其次，应确定加工制品的技术性能、质量要求、技术鉴定和验收方法；第三，应确定加工制品的加工费用和自筹材料的材料费用以及结算办法；第四，应确定加工制品的交货方式、方法、地点、日期、包装要求及运输方法。

此外，还应确定原材料的供料方式、品种、规格：质量、定额、数量、供料日期以及运输办法和费用负担。

（2）材料采购供应合同的签订

1）合同签订程序。签订合同要经过要约和承诺两个步骤：

① 要约。合同一方（要约方）当事人向对方（受要约方）明确提出签订材料采购合同的主要条款，以供对方考虑，要约通常为书面或口头形式。

② 承诺。对方（受要约方）对他方（要约方）的要约表示接受即承诺。对合同内容完全同意，合同即可签订。

2）合同签订要求：

① 材料采购负责人在与供应商商谈采购合同（订单）时，应根据材料申请计划在采购合同（订单）中注明采购材料的名称、规格型号、单位和数量、进场日期、质量标准、环保及职业健康安全执行标准要求等项内容、规定验收方式以及发生质量问题时双方所承担的责任、仲裁方式等。

② 材料采购负责人将合同（订单）文本按有关规定进行评审后，按公司权限划分，报公司主管领导批准。

③ 物资部门按照批准的合同文本与供应商签署正式合同文本。

④ 合同签订必须是企业的法人，不是企业法人的必须有企业法人签发的《授权委托书》作为合同附件。

3）材料供应合同的内容。

材料供应合同是实行材料供应承包责任制的主要形式，是完善企业内部经营机制，加强和提高企业管理水平的主要手段。

4）合同签订后的管理：

① 合同签订后，物资主管部门应建立《合同登记台账》，随时了解合同的执行情况。

② 将合同正本交企业合同管理部门及时粘贴印花税。

③ 交财务部门作为支付资金的依据。

④ 合同执行过程中发生变化，应及时与供应商沟通，进行合同变更或签订补充协议。

3. 材料出厂或进场验收

（1）材料采购质量控制

1）自供材料质量控制：

① 进入施工现场的材料，要根据工程技术部门的要求主要材料做到随货同行，证随料走，且证物相符。

② 项目经理部根据国家和地方的有关规定，对进入现场有关的材料按规定进行取样复检。对复检不合格的材料另行堆码，做好标识，及时清除出场，防止不合格材料用于工程中。

③ 项目物资人员负责材质证明的收集整理，并建立材质证明的收发台账。所有物资的材质证明或合格证的份数，应按照技术部的要求由项目物资部收集、发放。

④ 在特殊情况下，材质证明等文件不能随货同行而项目又急需使用的材料，必须由公司或项目经理部主管质量的领导签字认可后方可使用。

⑤ 项目物资管理人员应具有并熟知国家和地方物资现行规范，根据物资需用计划中的质量要求标准对进入现场的物资严格把好质量关、数量关、单据关，不合格的物资拒绝验收或另行码放，做好标识，防止用于工程中，并通告有关人员及时清退出场。

2）对分包单位采购材料的质量控制：

① 对于分包单位自行采购供应的 A、B 类材料，工程施工前，各分包单位应将材料的名称、规格、数量、单价、生产厂家（供应商）报项目物资部。

材料进场时，物资部应重点查看材料供应厂（商）和质量；对事前没报的生产厂家产品且事前又未接到通知或说明的，可拒绝验收，并及时通知项目商务人员共同解决。

② 项目物资部负责向施工分包方提供有关的物资采购《合格物资供方名册》。原则上施工分包单位采购的 A、B 类材料，必须在总包方评定的合格材料供方中采购。

③ 如提供的合格供方满足不了施工的要求，需重新选择材料供方。重新选择的材料供方经评定合格后，项目物资部方可允许施工分包方进行采购。

重新选择材料供方时，应由施工分包单位物资部将选择的材料供方有关信息资料报到项目物资部，项目物资部负责通知公司物资部有关采购业务人员对其进行评定。

④ 项目施工分包方必须按照总包方的管理要求，向项目物资部报送有关计划和质量记录。如：检测记录、采购记录、材质证明接收台账、物资保管、运输期间出现问题及处理记录、企业原材料和公司核算要求的各类报表。

3）对业主提供材料的质量控制：

① 根据招标文件和双方的约定，由业主提供的材料、设备，进场时应随货提供产品合格证明；对进口物资，还应提供产品的报关单、发货票等资料。

② 业主代表应在所供材料设备验收 24h 前将通知送达项目经理部。根据公司管理权限，公司有关人员和部门应与业主一起验收。验收后，由项目经理部妥善保管，并收取相应保管费用。

③对业主直接供应的材料和设备，或业主指定的供应商，经过对其资质和样品评定后，认为不能满足质量要求时，应与业主沟通，及时更换供应商或产品。若业主不同意改变或不同意更换，双方发生异议时，可采取备忘录的形式，书面交付业主，以明确双方的责任。

（2）材料进场验收

材料进场验收是划清企业内部和外部经济责任，防止进料中的差错事故和因供货单位、运输单位的责任事故造成企业不应有的损失。

1）进场验收要求。材料进场验收是材料自流通领域向消耗领域转移的中间环节，是保证进入现场的物资满足工程达到预定的质量标准，满足用户最终使用，确保用户生命安全的重要手段和保证。其要求如下：

① 材料验收必须做到认真、及时、准确、公正、合理。

② 严格检查进场材料的有害物质含量检测报告，按规范应复验的必须复验，无检测报告或复验不合格的应予退货。

③ 严禁使用有害物质含量不符合国家规定的材料。

④ 使用国家明令淘汰的材料，使用没有出厂检验报告的材料，应按规定对有关建筑材料有害物质含量指标进行复验。

⑤ 对于室内环境应当进行验收，如验收不合格，则工程不得竣工。为了维护用户利益，保障人民身体健康，国家质量监督检验检疫总局在 2001 年颁发了有关物资有毒有害物质限量标准。

2）进场验收方法。材料进场时，应当予以验收，其验收的主要依据是订货合同、采购计划及所约定的标准，或经有关单位和部门确认后封存的样品或样本，还有材质证明或合格证等。其常用的验收方法有如下几种：

① 双控把关。为了确保进场材料合格，对预制构件等各种制品及机电设备等大型产品，在组织送料前，由两级材料管理部门业务人员会同技术质量人员先行看货验收；进库时由保管员和材料业务人员再行一起组织验收方可入库。对于水泥、钢材、防水材料、各类外加剂实行检验双控，既要有出厂合格证，还要有试验室的合格试验单方可接收入库以备使用。

② 联合验收把关。对直接送到现场的材料及构配件，收料人员可会同现场的技术质量人员联合验收；进库物资由保管员和材料业务人员一起组织验收。

③ 收料员验收把关。收料员对地材、建材及有包装的材料及产品，应认真进行外观检验；查看规格、品种、型号是否与来料相符，宏观质量是否符合标准，包装、商标是否齐全完好。

④ 提料验收把关。总公司、分公司两级材料管理的业务人员到外单位及材料公司各仓库提送料，要认真检查验收提料的质量、索取产品合格证和材质证明书。送到现场（或仓库）后，应与现场（仓库）的收料员（保管员）进行交接验收。

3）进场验收。在对材料进行验收前，要保持进场道路畅通，以方便运输车辆进出。同时，还应把计量器具准备齐全，然后针对物资的类别、性能、特点、数量，确定物资的存放地点及必须的防护措施，进而确定材料验收方式。如现场建有样品库，对特殊物资和贵重物资采取封样，此类进场物资严格按样品（样板）进行验收。

材料验收的程序如图 12-1 所示。

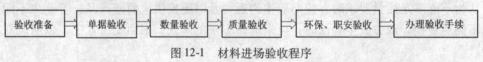

图 12-1　材料进场验收程序

① 单据验收。单据验收主要查看材料是否有国家强制性产品认证书、材质证明、装箱单、发货单、合格证等。

② 数量验收。数量验收主要是核对进场材料的数量与单据量是否一致。材料的种类不同，计量的方法也不相同。

③ 质量验收。质量验收常包括内在质量和环境质量。材料质量验收就是保证物资的质量满足合同中约定的标准。

4）验收结果处理：

① 材料进场验收后，验收人员按规定填写各类材料的进场检测记录。如资料齐全，可及时登入进料台账，发料使用。

② 材料经验收合格后，应及时办理入库手续，由负责采购供应的材料人员填写《验收单》，经验收人员签字后办理入库，并及时登账、立卡、标识。

验收单通常一式四份，计划员一份，采购员一份，保管员一份，财务报销一份。

③ 经验收不合格，应将不合格的物资单独码放于不合格品区，并进行标识，尽快退场，以免用于工程。同时做好不合格品记录和处理情况记录。

④ 已进场（进库）的材料，发现质量问题或技术资料不齐时，收料员应及时填报

《材料质量验收报告单》报上一级主管部门，以便及时处理，暂不发料，不使用，原封妥善保管。

4. 存储管理

材料的储存，应依据材料的性能和仓库条件，按照材料保管规程，采用科学方法进行保管和保养，以减少材料保管损耗，保持材料原有使用价值。

（1）材料储存的基本要求。仓库材料储存的基本要求是库存材料堆放合理，质量完好，库容整洁美观。这就要求我们必须全面规划，科学管理，制定严密的管理制度，并注意防火防盗等。

（2）材料保养的基本要求。材料保养的实质就是根据库存材料的物理、化学性能和所处的环境条件，采取措施延缓材料质量变化。

12.3.4 项目机械设备管理控制

1. 机械设备购置管理

当实施项目需要新购机械设备时，大型机械以及特殊设备应在调研的基础上，写出经济技术可行性分析报告，经有关领导和专业管理部门审批后，方可购买。中、小型机械应在调研的基础上，选择性价比较好的产品。

由于工程的施工要求，施工环境及机械设备的性能并不相同，机械设备的使用效率和产出能力也各有高低，因此，在选择施工机械设备时，应本着切合需要，实际可能，经济合理的原则进行。

2. 机械设备租赁管理

机械设备租赁是企业利用广阔社会机械设备资源装备自己，迅速提高自身形象，增强施工能力，减小投资包袱，尽快武装的有力手段。其租赁形式有内部租赁和社会租赁两种：

（1）内部租赁。指由施工企业所属的机械经营单位与施工单位之间的机械租赁。作为出租方的机械经营单位，承担着提供机械、保证施工生产需要的职责，并按企业规定的租赁办法签订租赁合同，收取租赁费用。

（2）社会租赁。指社会化的租赁企业对施工企业的机械租赁。社会租赁有以下两种形式：

1）融资性租赁。指租赁公司为解决施工企业在发展生产中需要增添机械设备而又资金不足的困难，而融通资金、购置企业所选定的机械设备并租赁给施工企业，施工企业按租赁合同的规定分期交纳租金，合同期满后，施工企业留购并办理产权移交手续。

2）服务性租赁。指施工企业为解决企业在生产过程中对某些大、中型机械设备的短期需要而向租赁公司租赁机械设备。在租赁期间，施工企业不负责机械设备的维修、操作，施工企业只是使用机械设备，并按台班、小时或施工实物量支付租赁费，机械设备用完后退还给租赁公司，不存在产权移交的问题。

3. 机械设备使用管理

（1）对进入施工现场机械设备的要求。

施工现场使用的机械设备，主要有施工单位自有或其租赁的设备等。对进入施工现场的机械设备应当检查其相关的技术文件，如设备安装、调试、使用、拆除及试验程序和详细文字说明书，各种安全保险装置及行程限位器装置调试和使用说明书，维护保养及运输说明书，安全操作规程，产品鉴定证书、合格证书，配件及配套工具目录，其他重要的注意事项等。

（2）机械设备验收。

工程项目要严格设备进场验收工作，一般中小型机械设备由施工员（工长）会同专业技术管理人员和使用人员共同验收；大型设备、成套设备需在项目经理部自检自查基础上报请公司有关部门组织技术负责人及有关部门及人员验收；对于重点设备要组织第三方具有认证或相关验收资质单位进行验收，如：塔式起重机、电动吊篮、外用施工电梯、垂直卷扬提升架等。

（3）施工现场设备管理机构。

对于大型施工现场，项目经理部应设置相应的设备管理机构和配备专职的设备管理人员，设备出租单位也应派驻设备管理人员和设备维修人员；对于中小型施工现场，项目经理部也应配备兼职的设备管理人员，设备出租单位要定期检查和不定期巡回检修。

（4）项目经理部机械设备部门业务管理：

1）坚持实行"无证不准上岗"的操作制度。设备操作和维护人员，都必须经过相关专业技术培训，考试合格取得相应的操作证后，持证上岗。专机的专门操作人员必须经过培训和统一考试，确认合格，发给驾驶证。这是保证机械设备得到合理使用的必要条件。

2）机械设备安全作业。项目经理部在机械作业前应向操作人员进行安全操作交底，使操作人员对施工要求、场地环境、气候等安全生产要素有清楚的了解。项目经理部按机械设备的安全操作要求安排工作和进行指挥，不得要求操作人员违章作业，也不得强令机械带病操作，更不得指挥和允许操作人员野蛮施工。

（5）机械设备使用中的"三定"制度。"三定"制度是指定机、定人、定岗位责任。

实行"三定"制度，有利于操作人员熟悉机械设备特性，熟练掌握操作技术，合理和正确地使用、维护机械设备，提高机械效率；有利于大型设备的单机经济核算和考评操作人员使用机械设备的经济效果；也有利于定员管理，工资管理。

4. 机械设备保养和维修管理

机械设备的管理、使用、保养与修理是几个互相影响、不可分割的方面。管好、养好、修好的目的是为了使用，但如果只强调使用，忽视管理、保养、修理，则不能达到更好的使用目的。

（1）机械设备的磨损。机械设备的磨损可分为三个阶段：

1）磨合磨损。这是初期磨损，包括制造或大修理中的磨损和使用初期的磨合磨损，这段时间较短。此时，只要执行适当的磨合期使用规定就可降低初期磨损，延长机械使用寿命。

2）正常工作磨损。这一阶段零件经过磨合磨损，表面粗糙度降低了，磨损较少，在较长时间内基本处于稳定的均匀磨损状态。这个阶段后期，条件逐渐变坏，磨损就逐渐加快，进入了第三阶段。

3）事故性磨损。此时，由于零件配合的间隙扩展而负荷加大，磨损激增，可能很快磨损。如果磨损程度超过了极限不及时修理，就会引起事故性损坏，造成修理困难和经济损失。

194

（2）机械设备的保养。保养指在零件尚未达到极限磨损或发生故障以前，对零件采取相应的维护措施，以降低零件的磨损速度，消除产生故障的隐患，从而保证机械正常工作，延长使用寿命。

保养的内容有：清洁、紧固、调整、润滑、防腐。

保养所追求的目标是提高机械效率、减少材料消耗和降低维修费用。因此，在确定保养项目内容时，应充分考虑机械类型及新旧程度，使用环境和条件，维修质量，燃料油、润滑油及材料配件的质量等因素。

（3）机械设备的修理。机械在使用的过程中，其零部件会逐渐产生磨损、变形、断裂等有形磨损现象，随着时间的增长，有形磨损会逐渐增加，使机械技术状态逐渐恶化而出现故障，导致不能正常作业，甚至停机。为维持机械的正常运转，更换或修复磨损失效的零件，并对整机或局部进行拆卸、调整的技术作业。

12.3.5 项目技术管理控制

1. 技术开发管理

确立技术开发方向和方式、根据我国国情、企业自身特点和建筑技术发展趋势确定技术开发方向，走与科研机构、大专院校联合开发的道路，但从长远来看，企业应有自己的研发机构，强化自己的技术优势，在技术上形成一定的垄断，走技术密集型道路。

2. 新产品、新材料、新工艺的应用管理

应有权威的技术检验部门关于其技术性能的鉴定书，制定出质量标准以及操作规程后，才能在工程上使用，加大推广力度。

3. 施工组织设计管理

施工组织设计是企业实现科学管理、提高施工水平和保证工程质量的主要手段，也是贯穿设计、规范、规程等技术标准组织施工，纠正施工盲目性的有力措施。要进行充分地调查研究，广泛发动技术人员、管理人员制定措施，使施工组织设计符合实际，切实可行。

4. 技术档案管理

技术档案是按照一定的原则、要求，经过移交、归档后整理，保管起来的技术文件材料。它既记录了各建筑物、构筑物的真实历史，更是技术人员、管理人员和操作人员智慧的结晶。档案管理要实行统一领导、分专业管理。资料收集做到及时、准确、完整，分类正确，传递及时，符合地方法规要求，无遗留问题。

12.3.6 项目资金管理控制

1. 资金收入与支出管理

资金收入与支出管理原则。项目资金的收入与支出管理原则主要涉及资金的回收和分配两个方面。资金的回收直接关系到工程项目能否顺利进展；而资金的分配则关系到能否合理使用资金，能否调动各种关系和相关单位的积极性。因此，为了保证项目资金的合理使用，应遵循以下两个原则：

（1）以收定支原则，即收入确定支出。这样做虽然可能使项目的进度和质量受到影响，但可以不加大项目资金成本，对某些工期紧迫或施工质量要求较高的部位，应视具体情况而采取区别对待的措施。

（2）制订资金使用计划原则，即根据工程项目的施工进度、业主支付能力、企业垫付能力、分包或供应商承受能力等制订相应的资金计划，按计划进行资金的回收和支付。

2. 资金风险管理

项目经理部应注意发包方资金到位情况，签好施工合同，明确工程款支付办法和发包方供料范围。在发包方资金不足的情况下，尽量要求发包方供应部分材料，要防止发包方把属于甲方供料、甲方分包范围的转给承包方支付。同时，要关注发包方资金动态，在已经发生垫资施工的情况下，要适当掌握施工进度，以利回收资金，如果出现工程垫资超出原计划控制幅度，要考虑调整施工方案，压缩规模，甚至暂缓施工，并积极与发包方协调，保证开发项目以利回收资金。

12.4　钢结构工程项目资源管理考核概述

12.4.1　项目资源管理考核基础知识

1. 资源管理考核分类

项目资源管理考核可分为人力资源管理考核、材料管理考核、机械设备管理考核、项目技术管理考核、资金管理考核五类。

（1）人力资源管理考核。是以劳务分包合同等为依据，对人力资源管理方法、组织规划、制度建设、团队建设、使用效率和成本管理等进行的分析和评价。

（2）材料管理考核。是对材料计划、使用、回收以及相关制度进行的效果评价。材料管理考核应坚持计划管理、跟踪检查、总量控制、节超奖罚的原则。

（3）机械设备管理考核。是对项目机械设备的配置、使用、维护以及技术安全措施、设备使用效率和使用成本等进行分析和评价。

（4）项目技术管理考核。是对技术管理工作计划的执行、施工方案的实施、技术措施的实施、技术问题的处置，技术资料收集、整理和归档以及技术开发、新技术和新工艺应用等情况进行的分析和评价。

（5）资金管理考核。是对资金分析工作，计划收支与实际收支对比，找出差异，分析原因，改进资金管理的。在项目竣工后，应结合成本核算与分析工作进行资金收支情况和经济效益分析，并上报企业财务主管部门备案。组织应根据资金管理效果对有关部门或项目经理部进行奖惩。

2. 资源管理考核办法

为加强对项目资源的标准化管理，落实各项工作责任制，充分调动员工的积极性，确保劳动力、材料、机械设备、项目技术和资金管理工作的顺利进行，应参照国家相关法规、标准、规范等，结合项目的具体情况，制定相应的考核办法。

（1）根据每个人的工作责任和完成工作责任的标准制定考核办法，设置相应的分值，并绘制"考核评分表"。

（2）各分项考核评分表中，满分为100分。表中各考核项目得分应为按规定考核内容所得分数之和；每张表总得分应为各自表内各考核项目实得分数之和。

（3）考核评分不得采用负值。各考核项目所扣分数总和不得超过该项应得分数。

（4）在考核评分中，有一项不得分或不足 75 分时，此检查评分表不应得分。

（5）汇总表满分为 100 分。汇总表总得分应为表中各分项项目实得分数之和。

（6）考核评分，应以汇总表的总得分及各分项得分达标与否，作为对一个员工工作情况的评价依据。各分项得分达标分为优、良、合格三个等级，分别为 75 分、90 分、100 分。考核项得分为 75 分或 100 分时都必须在备注中说明。

（7）考核由值班经理主持，每周考核一次，月末由项目经理考核。

3. 资源管理考核内容

对项目材料管理人员的考核内容如下：

（1）对项目物资部经理的考核内容和标准，见表 12-2。

项目物资经理的考核内容和标准　　　　　　表 12-2

序号	考 核 内 容	考 核 标 准	应得分	实得分
1	能否确保项目物资部的经营活动不发生任何违规、违章行为	发生一起扣 2 分，发生两起扣 5 分，发生三起不得分	10 分	
2	能否做到建立健全并不断完善物资系统的各项制度	缺少一项制度扣 2 分，缺两项制度扣 5 分，缺三项不得分	10 分	
3	能否做好各项工作的预测、决策、实施、检查、考核	缺少一项考核扣 2 分，缺少两项扣 5 分	10 分	
4	能否根据施工进度及时、准确地提出物资的各项计划	未能及时提出一项计划的扣 5 分	10 分	
5	能否使组织内的职责、权限得到规定和沟通	缺一项岗位职责扣 2 分	10 分	
6	能否组织好工程所需物资的合同洽谈、评审、签订工作	缺一项合同洽谈、评审、签订扣 2 分	10 分	
7	能否协助有关部门和项目经理部做好新接工程的项目	差一个项目物资部的组建工作扣 2 分	10 分	
8	能否做到配合项目经理部抓好现场材料的消耗控制工作	有一个项目现场材料消耗工作控制不好扣 2 分	10 分	
9	能否做好物资系统人员的选配与业务指导及岗位培训工作	没做好物资系统人员选配及指导工作扣 5 分	10 分	
10	能否做好按照公司物资部制定的最高采购限价表进行采购工作	超出一项采购的扣 2 分	10 分	
11	合计得分		100 分	

（2）对材料统计核算人员的考核内容和标准见表 12-3。

材料统计核算人员的考核内容和标准　　　　　　　　表 12-3

序号	考 核 内 容	考 核 标 准	应得分	实得分
1	能否做好项目物资的供应工作和物资部各类计划的编制和统计报表编制、上报工作	未做好物资供应工作扣 5 分，未做好各类计划编制统计工作扣 5 分	10 分	
2	能否根据公司下达的年度和季度的经营目标和各项进度编制物资供应计划和资金计划	缺少一项扣 2 分	10 分	
3	能否做好文件的收、发、存档等管理工作	差一项未做好扣 2 分	10 分	
4	能否做到跟公司所规定的各类计划上报时间及内容，及时准确上报各类物资备料计划、采购计划	未能做好物资备料计划扣 3 分，未能做好采购计划扣 3 分	10 分	
5	能否做好材质管理，健全材质档案，建立收发台账	缺少一项扣 2 分	10 分	
6	能否做到协助指导仓库管理，确保库内料具收、发、存准确无误	缺少一笔扣 2 分	10 分	
7	能否根据公司物资部制定的最高采购限价表的制定要求，提供采购信息	编制错误一笔扣 1 分	10 分	
8	能否做好月度供应物资收益表的编制工作	差一个月的编制工作扣 2 分	10 分	
9	能否做到根据公司及部门统计核算的需要，建立健全统计表	差一个月的统计表扣 2 分	10 分	
10	能够协助现场材料员，做好进场材料记录和码放，明确材料消耗部位，强化现场材料管理	差一项《物资消耗定额》的编制扣 2 分	10 分	
11	合计得分		100 分	

（3）对现场材料管理人员的考核内容和标准见表 12-4。

现场材料管理人员的考核内容和标准　　　　　　　　表 12-4

序号	考 核 内 容	考 核 标 准	应得分	实得分
1	能否做好物资进场后的验收工作	缺一项物资验收记录扣 2 分	10 分	

198

序号	考 核 内 容	考 核 标 准	应得分	实得分
2	能否做到在经济活动中不发生任何违法、违规现象	发生一起扣2分，发生两起扣5分	10分	
3	能否按平面布置堆放材料，设置标识	缺一项标识扣2分	10分	
4	能否指导、监督、检查、帮助施工班组合理使用材料	施工班组未能合理使用材料扣5分	10分	
5	协助项目物资部做好有关物资的选样、定价工作	有一个项目没有协助好的扣2分	10分	
6	能否负责搜集、整理、填写、分析各种记录、台账、上报有关报表	未能填写一项记录扣2分	10分	
7	能否做好所够物资的采购记录	差一笔采购记录的扣1分	10分	
8	能否根据耗料台账，测定物耗定额	未能测定扣10分	10分	
9	能否配合项目物资人员做好物资的进场验收和控制消耗工作。对进入现场的不合格物资及时清运	差一个项目扣2分	10分	
10	能否协助安全保卫人员做好物资防火、防盗等工作	丢失一项材料扣10分	10分	
11	合计得分		100分	

（4）对仓库保管人员的考核内容和标准见表12-5。

仓库保管人员的考核内容和标准 表12-5

序号	考 核 内 容	考 核 标 准	应得分	实得分
1	能否做好物资入库的验收工作	缺少一项物资验收记录扣2分	10分	
2	能否做到在经济活动中不发生任何违法、违规现象	发生一起扣2分，发生两起扣5分，发生三起不得分	10分	
3	能否做好物资的保管、保养工作	因保管、保养不善，造成一项物资受损扣5分	10分	
4	能否做好仓库物资盘点工作	未能及时进行仓库物资盘点工作不得分	10分	
5	协助项目物资部做好有关物资的选样、定价工作	有一个项目没有协助好的扣2分	10分	

序号	考 核 内 容	考 核 标 准	应得分	实得分
6	能否做到在采购过程中，遵纪守法，不索贿受贿	有受贿行为不得分	10分	
7	能否建立好各种台账、记录，按时上报工作	缺少一项记录扣2分	10分	
8	能否及时向采购供应员反映库存情况，协助统计核算员工作	未能及时向采购员提供库存情况，造成库存量大的不得分	10分	
9	能否配合项目物资人员做好物资的进场验收和控制消耗工作。对进入现场的不合格物资及时清运	差一个项目扣2分	10分	
10	能否督促采购供应员材质证明的收交	缺少一项材质证明扣2分	10分	
11	合计得分		100分	

12.4.2　项目人力资源管理考核

对职工的考核，应当公开、公平、公正，实事求是，不得徇私舞弊。应以岗位职责为主要依据，坚持上下结合、左右结合、定性与定量考核相结合的原则。

1. 人力资源管理考核评比标准

对人力资源进行考核评比时，多采取百分制和等级制考核相结合的评比办法，即设立"优"、"良"、"可"、"差"四个等级，按岗位职责划分出得分项目，累计为100分。考核时以得分多少就近套等级，得90分以上的为"优"，80分以上的为"良"，70分以上的为"可"，70分以下的为"差"。

2. 人力资源考核评比方法

目前，我国对人力资源的考核和评比工作，多采取定期考核与不定期抽查考核相结合、年终总评的方法。定期考核每月一次，由考评小组进行；不定期抽查考核由部门负责人组织，中心领导参加，随时可以进行，抽查情况要认真记录，以备集中考核时运用，年终结合评先工作进行总评。对中层干部和管理人员的考评，由服务中心领导组织职工管理委员会中的职工成员共同参与，进行年度考评。

3. 人力资源考核评比工作的实施

人力资源考核评比小组（简称考评小组）在每次对各部门、各岗位的工作情况进行全面检查考核后，要召开例会，结合平时的抽查情况、职工的考勤和日常工作表现、服务对象的满意度等综合因素，为每一名职工打分，做出综合评价。

考评小组通常由7人组成，其具体实施办法是：7名考评小组成员按照各自掌握的被考评职工的综合情况，先独立给出各自的综合评价分（综合评价分的起评标准为：优90~95分；良80~85分；可70~75分；差60~65分），在给出的这7个综合评价分中去掉最高和最低的两个分数，余下5个分数的平均数就是该职工所得的初步考评分。在此基础上运用检查考核的结果，工作质量好、完全符合工作标准的可以适当加分，但加分最多不能超过 5 分；工作质量达不到工作标准要求的，不合格的每一个单项扣 1 分，最后累计总的得分就是被考评职工的最终考评得分，这个得分所套入的等级就是该职工本次考核获得的考评等级。

4. 对管理人员的考核

（1）考核的内容

1）工作成绩。重点考核工作的实际成果，以员工工作岗位的责任范围和工作要求为标准，相同职位的职工以同一个标准考核。

2）工作态度。重点考核员工在工作中的表现，如责任心、职业道德，积极性。

3）工作能力。

（2）考核的方法

1）主观评价法。依据一定的标准对被考核者进行主观评价。在评价过程中，可以通过对比比较法，将被考核者的工作成绩与其他被考核者比较，评出最终的顺序或等级；也可以通过绝对标准法，直接根据考核标准和被考核者的行为表现进行比较。主观评价法比较简易，但也容易受考核者的主观影响，需要在使用过程中精心设计考核方案，减少考核的不确定性。

2）客观评价法。依据工作指标的完成情况进行客观评价。主要包括生产指标，如产量、销售量、废次品率、原材料消耗量、能源率等；个人工作指标，如出勤率、事故率、违规违纪次数等指标；客观评价法注重工作结果，忽略被考核者的工作行为，一般只适用于生产一线从事体力劳动的员工。

3）工作成果评价法。是为员工设定一个最低的工作成绩标准，然后将员工的工作结果与这一最低的工作成绩标准进行比较。重点考核被考核者的产出和贡献。

为保持员工的正常状况，通过奖惩、解聘、晋升、调动等方法，使员工技能水平和工作效率达到岗位要求。

12.4.3 项目材料管理考核

1. 材料管理评价

材料管理评价就是对企业的材料管理情况进行分析，发现材料供应、库存、使用中存在的问题，找出原因，采取相应的措施对策，以达到改进材料管理工作的目的。

2. 材料管理考核指标

（1）材料管理指标考核

材料管理指标，俗称软指标，是指在材料供应管理过程中，将定性的管理工作以量化的方式对物资部门进行的考核。具体考核内容应包括以下几方面：

1）材料供应兑现率

$$材料供应兑现率 = \frac{材料实际供应量}{材料计划量} \times 100\% \qquad (12\text{-}12)$$

2）材料验收合格率

$$材料验收合格率 = \frac{材料验收合格入库量}{材料进场验收数量} \times 100\% \qquad (12\text{-}13)$$

3）限额领料执行面

$$限额领料执行面 = \frac{实行限额领料材料品种数}{项目使用材料全部品种数} \times 100\% \qquad (12\text{-}14)$$

4）重大环境因素控制率

$$重大环境因素控制率 = \frac{实行控制的重大环境因素项}{全部所识别的重大因素} \times 100\% \qquad (12\text{-}15)$$

（2）材料经济指标考核

材料经济指标，俗称硬指标。它反映了材料在实际供应过程中为企业所带来的经济效益，也是管理人员最关心的一种考核指标。其考核内容主要包括以下两个方面：

1）采购成本降低率

$$某材料采购成本降低率 = \frac{该种材料采购成本降低额}{该种材料工程预算收入额} \times 100\% \qquad (12\text{-}16)$$

$$
\begin{aligned}
采购成本降低额 =\ & \binom{工程材料预算收入}{（与业主结算）单价} \times 采购数量 \\
& - 实际采购单价 \times 采购数量
\end{aligned}
\qquad (12\text{-}17)
$$

$$工程预算收入额 = 与业主结算单价 \times 采购量 \qquad (12\text{-}18)$$

2）工程材料成本降低率

$$工程材料成本降低率 = \frac{工程实际材料成本减低额}{工程实际材料收入成本} \times 100\% \qquad (12\text{-}19)$$

$$工程材料成本降低额 = 工程实际材料收入成本 - 工程实际材料发生成本 \qquad (12\text{-}20)$$

$$工程实际材料收入成本 = 与业主结算材料单价 \times 与业主结算量 \qquad (12\text{-}21)$$

$$工程实际材料发生成本 = 实际采购价 \times 实际使用量 \qquad (12\text{-}22)$$

12.4.4 项目机械设备管理考核

1. 机械设备管理考核指标体系

机械设备的考核指标体系是机械设备管理的重要内容，对于考核企业机械装备水平，施工机械化程度，以及企业在机械设备方面的综合管理水平，变化趋势，有着重要意义。具体指标见表 12-6。

机械设备的技术经济指标　　　　　　　　　　　　　　　表 12-6

技术经济指标		计算公式
机械装备水平	技术装备率	机械装备率（元/人）$= \dfrac{全能机械平均价值（元）}{全年平均人数（人）}$
	动力装备率	动力装备率（千瓦/人）$= \dfrac{全年机械平均动力数（千瓦）}{全年平均人数（人）}$
装备生产率	装备年产率（%）	装备年产率（%）$= \dfrac{全年完成的总工程量（元）}{机械设备的净值（元）} \times 100\%$

技术经济指标		计算公式
完好率、利用率、机械效率	完好率	日历完好率（%）$=\dfrac{报告期完好台日数}{报告期日历台日数}\times100\%$ 制度完好率（%）$=\dfrac{报告期完好台日数}{报告期制度台日数}\times100\%$
	利用率	日历利用率（%）$=\dfrac{报告期实作台日数}{报告期日历台日数}\times100\%$ 制度利用率（%）$=\dfrac{报告期实作台日数}{报告期制度台日数}\times100\%$
	机械效率	机械效率$=\dfrac{报告期机械实际完成的实物工程总量}{报告期机械平均总能力}$ 机械效率$=\dfrac{报告期内同种机械实作台班总数}{报告期内同种机械平均台数}$（台班/台）
主要器材、燃料等消耗率		消耗率$=\dfrac{主要器材、燃料实际消耗量}{主要器材、燃料定额消耗量}\times100\%$ 单位消耗率$=\dfrac{主要器材、燃料实际消耗量}{实际完成工作量}$
施工机械化程度	工程机械化程度	工程机械化程度（%）$=\dfrac{某工种工程利用机械完成的实物量}{某工程工程完成的实物量}$
	综合机械化程度	综合机械化程度（%）$=\dfrac{\sum\left(\begin{array}{l}各种工程用机\\械完成的实物量\end{array}\times\begin{array}{l}各该工种工程\\人工定额工日\end{array}\right)}{\sum\left(\begin{array}{l}各工种工程完成\\的总实物工程量\end{array}\times\begin{array}{l}各该工种工程\\人工定额工日\end{array}\right)}\times100\%$

2. 机械设备操作人员考核

机械设备操作人员应持证上岗、实行岗位责任制，严格按照操作规范作业，搞好班组核算，加强考核和激励。

12.4.5 项目技术管理考核

项目技术管理考核应包括对技术管理工作计划的执行，技术方案的实施，技术措施的实施，技术问题的处置，技术资料收集、整理和归档以及技术开发，新技术和新工艺应用等情况进行分析和评价。

12.4.6 项目资金管理考核

1. 对固定资产利用效果的考核

要提高固定资产的利用效果，就必须制定科学的考核指标。目前常用的考核固定资产利用效果的指标，主要有三个：

（1）固定资产占用率。固定资产占用率愈小，即完成每单位建设项目工作量占用的固定资产愈少，说明固定资产的利用效果愈好，计算公式为：

$$固定资产占用率 = \frac{固定资产全年平均原始价值}{年度完成建设项目工作量} \quad (12\text{-}23)$$

（2）固定资产产值率。固定资产产值率是固定资产占用率的倒数，每个单位固定资产完成的建设项目工作量愈多，说明固定资产的利用效果愈好，计算公式为：

$$固定资产产值率 = \frac{年度完成建设项目工作量}{固定资产全年平均原始价值} \quad (12\text{-}24)$$

（3）固定资产利润率。固定资产利润率高，表明固定资产的利用效果愈好。计算公式为：

$$固定资产利润率 = \frac{利润总额}{固定资产全年平均原始价值} \quad (12\text{-}25)$$

固定资产全年平均原始价值 = 年初固定资产的原始价值 +
本年增加固定资产平均原始价值 − 本年减少固定资产平均原始价值

$$本年增加固定资产平均原始价值 = \frac{\sum（某月份增加固定资产总产值 \times 该固定资产值使用月数）}{12}$$

2. 流动资金定额的核定方法

（1）分析调整法。分析调整法是以上年度流动资金实有额为基础，剔除其中积压和不合理部分，然后再根据计划年度生产任务的发展变化情况，考虑施工技术水平和管理水平提高等因素，进行分析调整，计算本年度的各项流动资金定额。其计算公式为：

$$流动资金定额 = \frac{（上年流动资金实有额 − 不合理占用额）\times 本年计划工作量}{上年实际工作量 \times（1 − 计划期资金节约率）}$$

（2）定额天数法。采用这种方法时，首先计算出平均每日垫支的流动资金额和该项流动资金的定额储备天数，然后将每日平均垫支的流动资金乘上定额储备天数就可求出该项流动资金的定额。

建设项目主要材料资金定额的计算公式为：

$$主要流动资金 = \frac{年度合同工程量 \times 材料比重 \times 材料额定储备天数}{施工天数}$$

式中，年度合同工程量系指建设项目当年完成的工程量总值；材料比重系指主要材料价款占当年完成工程量总值的百分比。

13 钢结构工程项目信息管理

13.1 钢结构工程项目信息管理概述

13.1.1 信息

关于信息的定义，目前说法很多。但总的归纳起来，信息一词可被定义为：信息是客观存在的一切事物通过物质载体将发生的消息、指令、数据、信号等所包含的一切经传送交换的知识。它反映事物的客观状态，向人们提供新事实的知识。应注意一点，数据虽能表现信息，但数据与信息之间既有区别又有联系，并非任何数据都能标示信息，信息是更基本直接反映现实的概念，通过数据的处理来具体反映。

13.1.2 信息系统

信息系统是由人和计算机等组成，以系统思想为依据，以计算机为手段，进行数据收集、传递、处理、存储、分发，加工产生信息，为决策、预测和管理提供依据的系统。

信息系统是一门新的多元性的学科。它引用其他各个学科中已成熟、先进的成果，集合成一些基本的概念。例如，计算机科学提供了计算及通信的基础；运筹学提供了以正确的资料来作合理决策的基础等。信息系统必须建立在管理系统之中；各种基本的管理功能，例如：人事、财会、市场以及组织、协调、控制等都是信息系统建立的基础。由此可见，信息系统是任何一个组织中都存在的一个子系统，它渗透到组织的每一个部分。区别于一般意义的子系统，它并不从事某一具体工作，但它关系到整体并使系统中各子系统协调一致，也可以说，信息系统类似于人体组织中的神经系统，它分布在人体组织中的每一个部分，关系到人体中每个子系统的动作的协调一致。

信息系统包括信息处理系统和信息传输系统两个方面。信息处理系统对数据进行处理，使它获得新的结构与形态或者产生新的数据。比如，计算机系统就是一种信息处理系统，通过它对输入数据的处理可获得不同形态的新的数据。信息传输系统不改变信息本身的内容，作用是把信息从一处传到另一处。由于信息的作用只有在广泛交流中才能充分发挥出来，因此，通信技术的进步极大地促进了信息系统的发展。

13.1.3 工程项目信息的分类

工程项目的信息量大，构成情况复杂，按照不同的类型、信息的内容、项目实施的主要工作环节以及参与项目的各个方面等，可以根据不同的情况进行分类。

1. 按项目管理的目标划分

（1）成本（投资）控制信息。它是指与成本控制直接有关的信息，如项目的成本计划、工程任务单、限额领料单、施工定额、对外分包经济合同、成本统计报表、原材料价格、机械设备台班费、人工费、运杂费等。

（2）质量控制信息。它是指与项目质量控制直接有关的信息。如国家或地方政府部门颁布的有关质量政策、法令、法规和标准等，质量目标体系和质量目标的分解，质量目标的分解图表，质量控制的工作流程和工作制度、质量保证体系的组成，质量控制的风险分析；质量抽样检查的数据、各种材料设备的合格证、质量证明书、检测报告、质量事故记录和处理报告等。

（3）进度控制信息。它是指与项目进度控制直接有关的信息。如施工定额；项目总进度计划、进度目标分解、项目年度计划、项目总网络计划和子网络计划、计划进度与实际进度偏差；网络计划的优化、网络计划的调整情况；进度控制的工作流程、进度控制的工作制度、进度控制的风险分析；材料和设备的到货计划、各分项分部工程的进度计划、进度记录等。

（4）合同管理信息。它是指工程相关的各种合同信息，如工程招投标文件；工程建设施工承包合同，物资设备供应合同，咨询、监理合同；合同的指标分解体系；合同签订、变更、执行情况；合同的索赔等。

2. 按项目信息的来源划分

（1）项目内部信息。内部信息取自建设项目本身，如工程概况、设计文件、施工方案、合同结构、合同管理制度、信息资料的编码系统、信息目录表、会议制度、监理班子的组织、项目的投资目标、项目的质量目标、项目的进度目标等。

（2）项目外部信息。外部信息是指来自项目外部环境的信息，如国家有关的政策及法规、国内及国际市场上原材料及设备价格、物价指数、类似工程造价、类似工程进度、投标单位的实力、投标单位的信誉、毗邻单位情况等。

3. 按项目的稳定程度划分

（1）固定信息。它是指在一定时间内相对稳定不变的信息，包括标准信息、计划信息和查询信息。标准信息主要指各种定额和标准，如施工定额、原材料消耗定额、生产作业计划标准、设备和工具的耗损程度等。计划信息反映在计划期内已定任务的各项指标情况。查询信息主要指国家和行业颁发的技术标准、不变价格、监理工作制度、监理工程师的人事卡片等。

（2）流动信息。它是指流动储息是指在不断地变化着的信息。如项目实施阶段的质量、投资及进度的统计信息，就是反映在某一时刻项目建设的实际进度及计划完成情况。又如，项目实施阶段的原材料消耗量、机械台班数、人工工日数等，也都属于流动信息。

4. 按其他标准划分

（1）按照信息范围的不同，可以把建设工程项目信息分为精细的信息和摘要的信息两类。

（2）按照信息时间的不同，可以把建设工程项目信息分为历史性信息、即时信息和预测性信息三大类。

（3）按照监理阶段的不同，可以把建设工程项目信息分为计划的、作业的、核算的、报告的信息。在监理开始时，要有计划的信息；在监理过程中，要有作业的和核算的信息；在某一项目的监理工作结束时，要有报告的信息。

（4）按照对信息的期待性不同，可以把建设工程项目信息分为预知的和突发的信息两类。预知的信息是监理工程师可以估计到的，它产生在正常情况下；突发的信息是监理工程师难以预计的，它发生在特殊情况下。

项目信息是一个庞大、复杂的系统，不同的项目、不同的实施方式，其信息的构成也往往有相当大的差异。因而，对项目信息的分类和处理必须具体考虑，考虑项目的具体情况，考虑项目实施的实际工作需要。

13.1.4 项目信息管理的概述

1. 项目信息管理的概述

信息管理是指对信息的收集、整理、处理、储存、传递与应用等一系列工作的总称。建设工程项目的信息管理，应根据其信息的特点，有计划地组织信息沟通，以保证能及时、准确获得各级管理者所需要的信息，达到能正确作出决策的目的。

工程项目信息管理的根本作用在于为各级管理人员及决策者提供所需要的各种信息。通过系统管理工程建设过程中的各类信息，信息的可靠性、广泛性更高，使业主能对项目的管理目标进行较好的控制，较好协调各方的关系。

工程项目信息管理的任务主要包括以下几个方面：

（1）组织项目基本情况的信息，并系统化，编制项目手册。项目管理的任务之一是，按照项目的任务、项目的实施要求设计项目实施和项目管理中的信息和信息流，确定它们的基本要求和特征，并保证在实施过程中信息流通畅。

（2）项目报告及各种资料的规定，例如资料的格式、内容、数据结构要求。

（3）按照项目实施、项目组织、项目管理工作过程建立项目管理信息系统流程，在实际工作中保证这个系统正常运行，并控制信息流。

（4）文件档案管理工作。

2. 项目信息管理的基本要求

为了能够全面、及时、准确地向项目管理人员提供有关信息，工程项目信息管理应满足以下几方面的基本要求。

（1）要有严格的时效性。一项信息如果不严格注意时间，那么信息的价值就会随之消失。因此，能适时提供信息，往往对指导工程施工十分有利，甚至可以取得很大的经济效益。

（2）要有针对性和实用性。信息管理的重要任务之一，就是如何根据需要，提供针对性强、十分适用的信息。如果仅仅能提供细部资料，其中又只能反映一些普通的、并不重要的变化，这样，会使决策者不仅要花费许多时间去阅览这些作用不大的繁琐细状，而且仍得不到决策所需要的信息，使得信息管理起不到应有的作用。

（3）要有必要的精确度。要使信息具有必要的精确度，需要对原始数据进行认真的审查和必要的校核，避免分类和计算的错误。即使是加工整理后的资料，也需要做细致的复核。这样，才能使信息有效可靠。但信息的精度应以满足使用要求为限，并不一定是越精确越好，因为不必要的精度，需耗用更多的精力、费用和时间，容易造成浪费。

（4）要考虑信息成本。各项资料的收集和处理所需要的费用直接与信息收集的多少有关，如果要求愈细、愈完整，则费用将愈高。例如，如果每天都将施工项目上的进度信息收集完整，则势必会耗费大量的人力、时间和费用，这将使信息的成本显著提高。因此，在进行施工项目信息管理时，必须要综合考虑信息成本及信息所产生的收益，寻求最佳的切入点。

3. 项目信息管理的方法

在工程项目信息管理的过程中，应重点抓好对信息的采集与筛选、信息的处理与加工、信息的利用与扩大，以便业主能利用信息，对投资目标、质量目标、进度目标实施有效控制。

（1）信息的采集与筛选。必须在施工现场建立一套完善的信息采集制度，通过现场代表或监理的施工记录、工程质量纪录及各方参加的工地会议纪要等方式，广泛收集初始信息，并对初始信息加以筛选、整理、分类、编辑、计算等，变换为可以利用的形式。

（2）信息的处理与加工。信息处理的要求应符合及时、准确、适用、经济，处理的方法包括信息的收集、加工、传输、存储、检索与输出。信息的加工，既可以通过管理人员利用图表数据来进行手工处理，也可以利用电子计算机进行数据处理。

（3）信息的利用与扩大。在管理中必须更好地利用信息、扩大信息，要求被利用的信息应具有如下特性：

1）适用性：

① 必须能为使用者所理解。

② 必须为决策服务。

③ 必须与工程项目组织机构中的各级管理相联系。

④ 必须具有预测性。

2）及时性。信息必须能适时作出决策和控制。

3）可靠性。信息必须完整、准确，不能导致决策控制的失误。

13.2 钢结构工程项目信息管理计划编制流程

13.2.1 项目信息需求分析

在工程施工阶段，为了能更好地、按时地完成施工，需要获得施工进程中的动态信息，主要表现在以下几个方面：

（1）项目的施工准备期间：施工图设计及施工图预算、施工合同、施工单位项目经理部组成、进场人员资质；进场设备的规格型号、保修记录；施工场地的准备情况；施工单位质量保证体系及施工单位的施工组织设计，特殊工程的技术方案施工进度网络计划图表；进场材料、构件管理制度；安全保安措施；数据和信息管理制度；检测和检验、试验程序和设备；承包单位和分包单位的资质；建设工程场地的地质、水文、测量、气象数据；地上、地下管线，地下洞室，地上原建筑物及周围建筑物、树木、道路；建筑红线，标高、坐标；水、电、气管道的引入标志；地质勘察报告、地形测量图及标桩；施工图的会审和交底记录。

（2）开工前的监理交底记录；对施工单位提交的施工组织设计按照项目监理部要求进行修改的情况；施工单位提交的开工报告及实际准备情况；工程相关建筑法律、法规和规范、规程，有关质量检验、控制的技术法、质量验收标准等。

（3）项目施工实施期间：施工过程中随时产生的数据，如施工单位人员、设备、水、

208

电、气等能源的动态；施工期气象的中长期趋势及同期历史数据、气象报告；工程原材料的相关问题；项目经理部管理方向技术手段；工地文明施工及安全措施；施工中需要执行的国家和地方规范、规程、标准；施工合同情况；工程材料相关事宜等。

13.2.2 项目信息编码

1. 项目信息编码原则

信息编码是信息管理的基础，进行项目信息编码时应遵循以下原则：

（1）唯一性。每一个代码仅代表唯一的实体属性或状态。

（2）合理性。编码的方法必须是合理的，能够适合使用者和信息处理的需要，项目信息编码结构应与项目信息分类体系相适应。

（3）可扩充性和稳定性。代码设计应留出适当的扩充位置，以便当增加新的内容时，可直接利用原代码扩充，而无需更改代码系统。

（4）逻辑性与直观性。代码不但要具有一定的逻辑含义，以便于数据的统计汇总；而且要简明直观，便于识别和记忆。

（5）规范性。国家有关编码标准是代码设计的重要依据，要严格遵照国家标准及行业标准进行代码设计，以便于系统的拓展。

（6）精练性。代码的长度不仅会影响所占据的存储空间和信息处理的速度，而且也会影响代码输入时出错的概率及输入输出的速度，因而要适当压缩代码的长度。

2. 项目信息编码方法

（1）顺序编码法。顺序编码法是一种按对象出现的顺序进行编码的方法，就是从001（或0001，00001等）开始依次排下去，直至最后。如目前各定额站编制的定额大多采用这种方法。该法简单，代码较短。但这种代码缺乏逻辑基础，本身不说明任何特征。此外，新数据只能追加到最后，删除数据又会产生空码。所以此法一般只用来作为其他分类编码后进行细分类的一种手段。

（2）分组编码法。这种方法也是从头开始，依次为数据编号。但在每批同类型数据之后留有一定余量，以备添加新的数据。这种方法是在顺序编码基础上的改动，也存在逻辑意义不清的问题。

（3）多面编码法。一个事物可能具有多个属性，如果在编码的结构中能为这些属性各规定一个位置，就形成了多面码。该法的优点是逻辑性能好，便于扩充。但这种代码位数较长，会有较多的空码。

（4）十进制编码法。该方法是先把编码对象分成若干大类，编以若干位十进制代码，然后将每一大类再分成若干小类，编以若干位十进制代码，依次下去，直至不再分类为止。例如，图13-1所示的工程材料编码体系所采用的就是这种方法。

图13-1 工程材料编码体系

采用十进制编码法，编码、分类比较简单，直观性强，可以无限扩充下去。但代码位数较多，空码也较多。

（5）文字编码法。这种方法是用文字表明对象的属性，而文字一般用英文编写或用汉语拼音的字头。这种编码的直观性较好，记忆使用也都方便。但当数据过多时，单靠字头很容易使含义模糊，造成错误的理解。

上述几种编码方法，各有其优缺点，在实际工作中可以针对具体情况而选用适当的方法。有时甚至可以将它们组合起来使用。

13.2.3 项目信息流程

1. 项目内部信息流

工程项目管理组织内部存在着三种信息流。一是自上而下的信息流；二是自下而上的信息流；三是各管理职能部门横向间的信息流。这三种信息流都应畅通无阻，以保证项目管理工作的顺利实施。

（1）自上而下的信息流。自上而下的信息流是指自主管单位、主管部门、业主以及项目经理开始，流向项目工程师、检查员，乃至工人班组的信息，或在分级管理中，每一个中间层次的机构向其下级逐级流动的信息。即信息源在上，接受信息者是其下属。这些信息主要指监理目标、工作条例、命令、办法及规定、业务指导意见等。

（2）自下而上的信息流。自下而上的信息流通常是指各种实际工程的情况信息，由下逐渐向上传递，这个传递不是一般的叠合（装订），而是经过归纳整理形成的逐渐浓缩的报告。项目管理者就是做这个浓缩工作，以保证信息浓缩而不失真。通常信息太详细会造成处理量大、没有重点，且容易遗漏重要说明；而太浓缩又会存在对信息的曲解，或解释出错的问题。

（3）横向间的信息流。横向流动的信息指项目监理工作中，同一层次的工作部门或工作人员之间相互提供和接受的信息。这种信息一般是由于分工不同而各自产生的，但为了共同的目标又需要相互协作、互通有无或相互补充，以及在特殊、紧急情况下，为了节省信息流动时间而需要横向提供的信息。

2. 项目与外界的信息交流

项目作为一个开放系统，它与外界有大量的信息交换。这里包括以下两种信息流：

（1）由外界输入的信息。例如，环境信息、物价变动的信息、市场状况信息，以及外部系统（如公司、政府机关）给项目的指令、对项目的干预等。

（2）项目向外界输出的信息，如项目状况的报告、请示、要求等。

13.3 钢结构工程项目信息过程管理

13.3.1 项目信息的收集

1. 建设工程信息的收集

施工项目参建各方对数据和信息的收集是不同的，有不同的来源，不同的角度，不同的处理方法。同时，施工项目参建各方在不同的时期对数据和信息收集要求和方式也是不同的。

（1）施工准备期

1）工程场地环境信息。

2）工程工作环境信息。

3）工程合同环境信息。

（2）施工阶段

1）资源信息。

2）气象信息。

3）材料信息。

4）技术法规、规范。

5）管理程序和制度。

6）质量检验数据。

7）设备试运行资料。

8）施工安全信息。

9）施工进展情况。

10）合同执行情况。

11）索赔信息。

（3）施工保修期

传统工程管理和现代化工程管理最大的区别在于传统工程管理不重视信息的收集和规范化，往往采取事后补做。在竣工保修期，要按建设单位的分工和要求，按照现行《建设工程文件归档整理规范》（GB/T 50328—2001）收集、汇总和归类整理。信息主要包括：

1）按规范规定范围的施工资料。

2）竣工图。按设计图和实际竣工的资料绘制，但有的项目竣工图由设计院出图。

3）竣工验收资料。工程竣工总结，竣工验收备案表，施工过程中的验收、验评记录、施工记录、电子档案等。

2. 图纸供应信息的收集

图纸信息分图纸内容信息和图纸供应信息两方面。图纸内容信息用计算机储存处理是很方便的，供应信息是设计单位用计算机生成的图和文档可以用网络传送图纸供应信息，就是图纸连同其他技术文档、资料、说明书、计算书等一切工程建设过程所要用到的东西的供应计划，实际到达情况、质量状况、变动情况、预期情况等信息。图纸是项目准备和实施的依据，也是进度、质量、造价控制的根据。

3. 设备供应信息的采集处理和利用

工程设备数量大、品种多、供货期长，往往是工程进展的制约因素。设备的订货周期长、运输环节多，因此，设备资源信息的采集、处理和利用在工程信息管理中首先要给予充分注意。项目经理部和监理单位要取得设备订货的第一手资料，即供货单位、交货地点、运输方式、装箱装车（船）的规格数量的详细清单，再与实际到货验收入库规格数量对照，据此决定进度安排和催交、催运措施。对实际领用情况和丢失损坏情况也要加以收集。

4. 材料供应信息的采集和处理

材料资源信息，分通用材料资源信息和工程材料资源信息两类，两者对建设单位都是有用的。通用材料资源信息包括生产厂家、供应厂商、订货渠道和方式、交货周期、批量限制价格、运费、质量、信誉、中间商、市场走向等。工程材料资源信息是本工程采购或订货的材料的有关信息，交货期与进度有关，质量与工程质量有关，一些材料的价格与结算造价有关。应当用计算机将它管理起来，为监理工作服务。

通用材料资源信息的采集主要靠从物资公共信息库或相应服务机构取得，联网或联机录入，按需要进行处理利用。这方面的来源有；地方建委、地方预算定额站、各级物资供应商、国家和地方信息中心等服务部门，以及各行业各城市的众多的信息服务组织。

工程订购的材料的资源信息的采集主要应来自直接采购订货单位或部门，如包工包料的施工单位、供应物资的工厂公司、从事采购工作的工作人员等。最好是能建立提供计算机数据的渠道，直接转录输入。

工程材料资源信息的内容应根据三项控制的需要来确定。除了有计划量，还要有实际量；除了有库存量，还应有预计到货量；除了有数量，还应有质量。这些信息应由直接采购订货单位或部门和仓库提供。

5. 其他资源信息的收集

（1）现场人力信息的收集。各施工单位在工程投标时都报出了项目进度计划和相应配备劳力和管理人员分期投入量计划。按需要实际投入充足的人力是完成计划的前提条件。为控制进度、及时全面地掌握动态因素，对投入人力信息进行管理，定期采集、录入投入人力的数量质量数据，加以统计对比、处理、利用，是很有效的措施。

投入人力信息管理主要是建立工程投入人力数据库，按月储存影响工程大局的各承包单位的各种各级人力的计划数（投标书计划和年季计划）、实际数、分布情况、相关项目等数据。

（2）资金供应信息的收集。按计划注入工程资金，及时足额支付材料设备、劳务及其他各项费用，这是工程顺利进行的必要条件。监理单位帮助业主进行资金信息管理，采集、录入工程资金的筹措、拨付、实收、支出、结存、待收及未来异动信息，作了内部分析比较处理，从而可以提出合理的催缴、分配利用和节约建议，及时提醒和帮助业主更好地使用投资。

（3）外部施工条件信息的收集。工程外部施工条件指场地征用、外部交通运输、供水供电供气、外部工程配合、电网送出、试运燃料等非工地解决事项，这些事项的进度直接影响工程。应由监理单位通过一定的渠道或方法获得这类信息，进行汇总协调，这将有利于工程的顺利完成。

13.3.2 项目信息的加工、整理与储存

1. 信息的优化选择

由于受客观条件的限制，或者是受人的主观因素的影响，人们收集到的部分信息经常会出现信息失真、信息老化甚至信息混乱等问题。所以，要想精简信息数量，提高信息质量，并控制信息的流速流向，就必须对从各类信息源采集来的信息进行优化选择。

（1）信息优化选择标准

一般说来，信息优化选择的标准主要有以下几点：

212

1）相关性。主要是指信息内容与用户提问的关联程度。相关性选择就是在社会信息流中挑选出与用户提问有关的信息，同时排除无关信息的过程。

2）真实性。即信息内容能否正确地反映客观现实。真实性判断也就是要鉴别信息所描述的事物是否存在，情况是否属实，数据是否准确，逻辑是否严密，反映是否客观等。

3）适用性。主要是指信息适合用户需要、便于当前使用的程度，是信息使用者作出的价值判定。由于用户及其信息需要的多样性，信息的适用性在很大程度上是随机多变的，它受用户所处的自然与社会环境、科技与经济发展水平、人的因素、资源条件以及组织机构的管理水平等很多因素的制约。不注意这些方面的差异，就很难使信息达到适用性的要求。

4）先进性。表现在时间上，主要指信息内容的新颖性，即创造出新理论、新方法、新技术、新应用，更符合科学的一般规律，能够更深刻地解释自然或社会现象，从而能更正确地指导人类社会实践活动；表现在空间上，主要指信息成果的领先水平，即按地域范围划分的级别，如世界水平、国家水平、地区水平等。先进性是人们不断追求的目标，但先进性的衡量标准因人因时因地而异，没有统一的固定的尺度。

（2）信息优化选择方法

信息优化选择的方法主要有以下几种：

1）分析法。通过对信息内容的分析而判断其正确与否、质量高低、价值大小等。例如，对某事件的产生背景、发展因果、逻辑关系或构成因素、基础水平和效益功能等进行深入分析，说明其先进性和适用性，从而辨清优劣，达到选择的目的。

2）比较法。比较就是对照事物，以揭示它们的共同点和差异点。通过比较，判定信息的真伪，鉴别信息的优劣，从而排除虚假信息，去掉无用信息。可分为时间、空间、来源、形式等方法。

① 时间比较。同类信息按时间顺序比较其产生的时间，应选择时差小的较新颖的信息，对于明显陈旧过时的信息应及时剔除。

② 空间比较。从信息产生的场所和空间范围看，在较大的区域，比如说在全国乃至全世界都引起了普遍注意或产生了广泛影响的事件具有更大的可靠性。

③ 来源比较。从信息来源看，学术组织与权威机构发布的信息可信度较高。

④ 形式比较。从信息产生与传播方式看，不同类型的信息，如口头信息、实物信息和文献信息的可靠性有很大不同。即使同为文献信息，如图书、期刊论文、会议文献等，因其具有不同出版发行方式，质量也各不相同。

3）核查法。通过对有关信息所涉及的问题进行审核查对来优化信息的质量。可以从以下三方面入手：

① 核对有关原始材料或主要论据，检查有无断章取义或曲解原意等情况。

② 按该信息所述方法、程序进行可重复性检验。

③ 深入实际对有关问题进行调查核实。

4）专家评估法。对于某些内容专深且又不易找到佐证材料的信息，可以请有关专家学者运用指标评分法、德尔斐法、技术经济评估法等方法进行评价，以估测其水平价值，判断其可靠性、先进性和适用性。

5）引用摘录法。引用表明了各信息单元之间的相互关系，一般来说，被引次数较多或被本学科专业权威出版物引用过的信息质量较高。

2. 项目信息的加工整理

经过优化选择的信息要进行加工整理，确定信息在社会信息流这一时空隧道中的"坐标"，以便使人们在需要时能够通过各种方便的形式查寻、识别并获取该信息。

在信息加工时，往往要求按照不同的需求，分层进行加工。不同的使用角度，加工方法是不同的。监理人员对数据的加工要从鉴别开始，一种数据是自己收集的，可靠度较高；而对由施工单位提供的数据就要从数据采样系统是否规范，采样手段是否可靠，提供数据的人员素质如何，数据的精度是否达到所要求的精度入手，对施工单位提供的数据要加以选择、核对，加以必要的汇总，对动态的数据要及时更新，对于施工中产生的数据要按照单位工程、分部工程、分项工程组织在一起，每一个单位、分部、分项工程又把数据分为：进度、质量、造价三个方面分别组织。

（1）信息加工整理的内容

在建设工程项目的施工过程中，信息加工整理的内容主要有以下几个方面：

1）工程施工进展情况。监理工程师每月、每季度都要对工程进度进行分析对比并做出综合评价，包括当月（季）整个工程各方面实际完成量，实际完成数量与合同规定的计划数量之间的比较。如果某些工作的进度拖后，应分析其原因、存在的主要困难和问题，并提出解决问题的建议。

2）工程质量情况。监理工程师应系统地将当月（季）施工过程中的各种质量情况在月报（季报）中进行归纳和评价，包括现场监理检查中发现的各种问题、施工中出现的重大事故，对各种情况、问题、事故的处理意见。如有必要的话，可定期印发专门的质量情况报告。

3）工程结算情况。工程价款结算一般按月进行。监理工程师要对投资耗费情况进行统计分析，在统计分析的基础上做一些短期预测，以便为业主在组织资金方面的决策提供可靠依据。

4）施工索赔情况。在工程施工过程中，由于业主的原因或外界客观条件的影响使承包商遭受损失，承包商提出索赔；或由于承包商违约使工程蒙受损失，业主提出索赔，监理工程师可提出索赔处理意见。

（2）信息加工整理

原始数据收集后，需要将其进行加工整理以使它成为有用的信息。一般的加工整理操作步骤如下：

1）依据一定的标准将数据进行排序或分组。

2）将两个或多个简单有序数据集按一定顺序连接、合并。

3）按照不同的目的计算求和或求平均值等。

4）为快速查找建立索引或目录文件等。

（3）信息加工整理的分级

根据不同管理层次对信息的不同要求，工程信息的加工整理从浅到深分为三个级别：

1）初级加工：如滤波、整理等，如图 13-2 所示。

图 13-2　工程信息的初级加工

2）综合分析：将基础数据综合成决策信息，供有关监理人员或高层决策人员使用，如图 13-3 所示。

3）数学模型统计、推断：采用特定的数学模型进行统计计算和模拟推断，为监理提供辅助决策服务，如图 13-4 所示。

图 13-3　工程信息的综合分析处理　　　　图 13-4　数学模型统计、推断

3. 项目信息的传输与检索

信息在通过对收集的数据进行分类加工处理产生信息后，要及时提供给需要使用数据和信息的部门，信息和数据的传输要根据需要来分发，信息和数据的检索则要建立必要的分级管理制度，一般由使用软件来保证实现数据和信息的传输、检索，关键是要决定传输和检索的原则。

（1）信息传输与检索的原则

1）需要的部门和使用人，有权在需要的第一时间，方便地得到所需要的、以规定形式提供的一切信息和数据。

2）保证不向不该知道的部门（人）提供任何信息和数据。

（2）信息传输设计内容

1）了解使用部门的使用目的、使用周期、使用频率、得到时间、数据的安全要求。

2）决定分发的项目、内容、分发量、范围、数据来源。

3）决定分发信息和数据的数据结构、类型、精度和如何组合成规定的格式。

4）决定提供的信息和数据介质（纸张、显示器显示、磁盘或其他形式）。

（3）信息检索设计内容

1）允许检索的范围、检索的密级划分、密码的管理。

2）检索的信息和数据能否及时、快速地提供，采用什么手段实现（网络、通信、计算机系统）。

3）提供检索需要的数据和信息输出形式、能否根据关键字实现智能检索。

4. 项目信息的储存

信息的储存是将信息保留起来以备将来应用。对有价值的原始资料、数据及经过加工整理的信息，要长期积累以备查阅。信息的存储一般需要建立统一的数据库，各类数据以文件的形式组织在一起，组织的方法一般由单位自定，但要考虑规范化。

（1）数据库的设计

基于数据规范化的要求：数据库在设计时需满足结构化、共享性、独立性、完整性、一致性、安全性等几个特点。同时，还要注意以下事项：

1）应按照规范化数据库设计原理进行设计，设置备选项目、建筑类型、成本费用、可行方案（财务指标）、盈亏平衡分析、敏感性分析、最优方案等数据库。

2）数据库相互调用结合系统的流程，分析数据库相互调用及数据库中数据传递情况，可绘出数据库相互调用及数据传递关系。

（2）文件的组织方式

根据建设工程实际情况，可以按照下列方式对文件进行组织：

1）按照工程进行组织，同一工程按照投资、进度、质量、合同的角度组织，各类进一步按照具体情况细化。

2）文件名规范化，以定长的字符串作为文件名。例如合同以 HT 开头，该合同为监理合同 J，工程为 2007 年 6 月开工，工程代号为 08，则该监理合同文件名可以用 HTJ080706 表示。

3）各建设方协调统一存储方式，在国家技术标准有统一的代码时尽量采用统一代码。

4）有条件时可以通过网络数据库形式存储数据，达到建设各方数据共享，减少数据冗余，保证数据的唯一性。

13.3.3 项目信息的输出与反馈

1. 项目信息的输出

信息处理的主要任务是为用户提供所需要的信息，因而输出信息的内容和格式是用户最关心的问题。

（1）信息输出内容设计

根据数据的性质和来源，信息输出内容可分为三类。

1）原始基础数据类，如市场环境信息等，这类数据主要用于辅助企业决策，其输出方式主要采用屏幕输出，即根据用户查询、浏览和比较的结果来输出，必要时也可打印。

2）过程数据类，主要指由原始基础数据推断、计算、统计、分析而得，如市场需求量的变化趋势、方案的收支预测数、方案的财务指标、方案的敏感性分析等，这类数据采用以屏幕输出为主、打印输出为辅的输出方式。

3）文档报告类，主要包括市场调查报告、经济评价报告、投资方案决策报告等，这类数据主要是存档、备案、送上级主管部门审查之用，因而采取打印输出的方式，而且打印的格式必须规范。

（2）信息输出格式设计

信息输出格式设计、输出信息的表格设计应以满足用户需要及习惯为目标。格式形式主要由表头、表底和存放正文的"表体"三部分组成。

打印输出主要是由 OLE 技术实现完成的。首先在 Word 软件中设计好打印模板，然后，把数据传输到 Word 模板中，利用 Word 软件的打印功能从后台输出。这样，方便了日后用户对打印格式的修改和维护，也方便了程序的设计。

2. 项目信息的反馈

信息反馈在工程项目管理过程中起着十分重要的作用。信息反馈就是将输出信息的作用结果再返送回来的一种过程，也就是施控系统将信息输出，输出的信息对受控系统作用的结果又返回施控系统，并对施控系统的信息再输出发生影响的这样一种过程。

（1）信息反馈的特征

1）及时性。在某项决策实施以后，要及时反馈真实情况，如果不及时，会使反馈的情况失去价值，不能对决策过程中出现的不妥当之处进行进一步完善，对决策本身造成不良影响，甚至导致决策的失败。

2）针对性。信息反馈具有很强的针对性，它是针对特定决策所采取的主动采集和反映，而不同于一般的反映情况。

3）连续性。对某项决策的实施情况必须进行连续、有层次的反馈，否则，不利于认识的深化，会影响到决策的进一步完善和发展。

4）滞后性。虽然信息反馈始终贯穿于信息的收集、加工、存储、检索、传递等众多环节之中，但它主要还是表现在这些环节之后的信息的"再传递"和"再返送"上。

（2）信息反馈的基本原则

1）真实、准确的原则。科学正确的决策只能建立在真实、准确的信息反馈基础之上。反馈客观实际情况要尽量做到真实、准确，不能任意夸大事实，脱离实际。

2）全面、完整的原则。只有全面、完整、系统地反馈各种信息，才能有利于建立科学、正确的决策。因此，反馈的信息一定要有深度和广度，尽可能地系统完整。

3）及时的原则。反馈各种相关信息要以最快的速度进行，以纠正决策过程中出现的偏差。

4）集中和分流相结合的原则。决策者在运用反馈方法时需要掌握好信息资源的流向，一方面要把某类事物的各个方面集中反馈给决策系统，使管理者能够掌握全局的情况；另一方面要把反馈信息根据内容的不同分别流向不同的方向。

5）适量的原则。在决策实施过程中要合理控制信息正负两方面的反馈量，过量的负反馈会助长消极情绪，怀疑决策的正确性，影响决策的顺利实施；而过量的正反馈会助长盲目乐观，忽视存在的问题和困难，阻碍决策的完善和发展。

6）反复的原则。反馈过程中，经过一次反馈后，制订出纠偏措施；纠偏措施实施之后的效果需要再次反馈给决策系统，使实施效果与决策预期目标基本吻合。

（3）信息反馈的方式

1）前馈。主要是指在某项决策实施过程中，将预测中得出的将会出现偏差的信息返送给决策机构，使决策机构在出现偏差之前采取措施，从而防止偏差的产生和发展。

2）正反馈。主要是指将某项决策实施后的正面经验、做法和效果反馈给决策机构，决策机构分析研究以后，总结推广成功经验，使决策得到更全面、更深入的贯彻。

3）负反馈。主要是指将某项决策实施过程中出现的问题或者造成的不良后果反馈给决策机构，决策机构分析研究以后，修正或者改变决策的内容，使决策的贯彻更加稳妥和完善。

（4）信息反馈的方法

1）跟踪反馈法。主要是指在决策实施过程中，对特定主题内容进行全面跟踪，有计划、分步骤地组织连续反馈，形成反馈系列。跟踪反馈法具有较强的针对性和计划性，能够围绕决策实施主线，比较系统地反映决策实施的全过程，便于决策机构随时掌握相关情况，控制工作进度，及时发现问题，实行分类领导。

2）典型反馈法。主要是指通过某些典型组织机构的情况、某些典型事例、某些代表性人物的观点言行，将其实施决策的情况以及对决策的反映反馈给决策者。

3）组合反馈法。主要是指在某一时期将不同阶层、不同行业和单位对决策的反映，通过一组信息分别进行反馈。由于每一反馈信息着重突出一个方面、一类问题，故将所有反馈信息组合在一起，便可以构成一个完整的面貌。

4）综合反馈法。主要是指将不同地区、阶层和单位对某项决策的反映汇集在一起，通过分析归纳，找出其内在联系，形成一套比较完整、系统的观点与材料，并加以集中反馈。

14 钢结构工程项目风险管理

14.1 钢结构工程项目风险管理概述

14.1.1 项目风险

风险，是指一种客观存在的、损失的发生具有不确定性的状态。而工程项目中的风险则是指在工程项目的筹划、设计、施工建造以及竣工后投入使用各个阶段可能遭受的风险。

风险在任何项目中都存在。风险会造成项目实施的失控现象，如工期延长、成本增加、计划修改等，最终导致工程经济效益降低，甚至项目失败。现代工程项目的特点是规模大、技术新颖、持续时间长、参加单位多、与环境接口复杂，可以说在项目过程中危机四伏。许多项目，由于它的风险大、危害性大，例如国际工程承包、国际投资和合作，所以被人们称为风险型项目。

14.1.2 项目风险管理

风险管理是指人们对潜在的意外损失进行辨识、评估，并根据具体情况采取相应的措施进行处理，即在主观上尽可能做到有备无患，或在客观上无法避免时亦能寻求切实可行的补救措施，从而减少意外损失或化解风险为我所用。

建设工程项目风险管理是指参与工程项目的各方，包括发包方、承包方和勘察、设计、监理单位等在工程项目的筹划、设计、施工建造以及竣工后投入使用等各阶段采取的辨识、评估、处理项目风险的措施和方法。

14.2 钢结构工程项目风险因素分析

风险因素分析是确定一个项目的风险范围，即有哪些风险存在，将这些风险因素逐一列出，以作为工程项目风险管理的对象。在工程建设不同阶段，由于目标设计、项目的技术设计和计划，环境调查的深度不同，人们对风险的认识程度也不相同，需经历一个由浅入深逐步细化的过程。风险因素分析是基于人们对项目系统风险的基本认识上的，通常首先罗列对整个工程建设有影响的风险，然后再注意对自己有重大影响的风险。罗列风险因素通常要从多角度、多方面进行，形成对项目系统风险的多方位的透视。风险因素分析通常可以从以下几个角度进行分析。

14.2.1 按项目系统要素进行分析

1. 项目环境要素风险

项目环境系统结构的建立和环境调查对风险分析是有很大帮助的。从这个角度，最常见的风险因素为：

（1）政治风险。例如，政局的不稳定性，战争状态、动乱、政变的可能性，国家的对外关系，政府信用和政府廉洁程度，政策及政策的稳定性，经济的开放程度或排外性，国有化的可能性，国内的民族矛盾，保护主义倾向等。

（2）经济风险。国家经济政策的变化，产业结构的调整，银根紧缩，项目产品的市场变化；项目的工程承包市场、材料供应市场、劳动力市场的变动，工资的提高，物价上涨，通货膨胀速度加快，原材料进口价格和外汇汇率的变化等。

（3）法律风险。如法律不健全，有法不依、执法不严，相关法律的内容的变化，法律对项目的干预；人们可能对相关法律未能全面、正确理解，工程中可能有触犯法律的行为等。

（4）社会风险。包括宗教信仰的影响和冲击、社会治安的稳定性、社会的禁忌、劳动者的文化素质、社会风气等。

（5）自然条件。如地震、风暴、特殊的未预测到的地质条件，如泥石流、河塘、垃圾场、流沙、泉眼等，反常的恶劣的雨、雪天气，冰冻天气，恶劣的现场条件，周边存在对项目的干扰源，工程项目的建设可能造成对自然环境的破坏，不良的运输条件可能造成供应的中断。

2. 项目系统结构风险

它是以项目结构图上项目单元作为对象确定的风险因素，即各个层次的项目单元，直到工作包在实施以及运行过程中可能遇到的技术问题，人工、材料、机械、费用消耗的增加，在实施过程中可能的各种障碍、异常情况。

3. 项目行为主体产生的风险

它是从项目组织角度进行分析的，主要有以下几种情况：

（1）业主和投资者

1）业主的支付能力差，企业的经营状况恶化，资信不好，企业倒闭，撤走资金，或改变投资方向，改变项目目标。

2）业主不能完成他的合同责任，如不及时供应他负责的设备、材料，不及时交付场地，不及时支付工程款。

3）业主违约、苛求、刁难、随便改变主意，但又不赔偿，发出错误的行为和指令，非程序地干预工程。

（2）承包商（分包商、供应商）

1）技术能力和管理能力不足，没有适合的技术专家和项目经理，不能积极地履行合同，由于管理和技术方面的失误，造成工程中断。

2）没有有效的措施来保证进度、安全和质量要求。

3）财务状况恶化，无力采购和支付工资，企业处于破产境地。

4）工作人员罢工、抗议或软抵抗。

5）错误理解业主意图和招标文件，方案错误，报价失误，计划失误。

6）设计单位设计错误，工程技术系统之间不协调、设计文件不完备、不能及时交付图纸，或无力完成设计工作。

（3）项目管理者

1）项目管理者的管理能力、组织能力、工作热情和积极性、职业道德、公正性差。

2）他的管理风格、文化偏见可能会导致他不正确地执行合同，在工程中苛刻要求。

3）在工程中起草错误的招标文件、合同条件，下达错误的指令。

（4）其他

例如，中介人的资信、可靠性差；政府机关工作人员、城市公共供应部门（如水、电等部门）的干预、苛求和个人需求；项目周边或涉及的居民或单位的干预、抗议或苛刻的要求等。

14.2.2 按风险对目标的影响进行分析

由于项目管理上层系统的情况和问题存在不确定性，目标的建立是基于对当时情况和对将来的预测之上，所以会有许多风险。这是按照项目目标系统的结构进行分析的，是风险作用的结果。从这个角度看，常见的风险因素有：

（1）工期风险。即造成局部的（工程活动、分项工程）或整个工程的工期延长，不能及时投入使用。

（2）费用风险。包括财务风险、成本超支、投资追加、报价风险、收入减少、投资回收期延长或无法收回、回报率降低。

（3）质量风险。包括材料、工艺、工程不能通过验收，工程试生产不合格，经过评价工程质量未达标准。

（4）生产能力风险。项目建成后达不到设计生产能力，可能是由于设计、设备问题，或生产用原材料、能源、水、电供应问题。

（5）市场风险。工程建成后产品未达到预期的市场份额，销售不足，没有销路，没有竞争力。

（6）信誉风险。即造成对企业形象、职业责任、企业信誉的损害。

（7）法律责任。即可能被起诉或承担相应法律的或合同的处罚。

14.2.3 按管理的过程进行分析

按管理的过程进行风险分析包括极其复杂的内容，常常是分析责任的依据。具体情况为：

（1）战略风险，如指导方针、战略思想可能有错误而造成项目目标设计错误。

（2）环境调查和预测的风险。

（3）决策风险，如错误的选择、错误的投标决策、报价等。

（4）项目策划风险。

（5）计划风险，包括对目标（任务书、合同、招标文件）理解错误，合同条款不准确、不严密、错误、二义性，过于苛刻的单方面约束性的、不完备的条款，方案错误、报价（预算）错误、施工组织措施错误。

（6）技术设计风险。

（7）实施控制中的风险，例如：

1）合同风险。合同未履行，合同伙伴争执，责任不明，产生索赔要求。

2）供应风险。如供应拖延、供应商不履行合同、运输中的损坏以及在工地上的损失。

3）新技术新工艺风险。

4）由于分包层次太多，造成计划的执行和调整、实施控制的困难。

5）工程管理失误。

（8）运营管理风险。如准备不足，无法正常营运，销售渠道不畅，宣传不力等。

在风险因素列出后，可以采用系统分析方法，进行归纳整理，即分类、分项、分目及细目，建立项目风险的结构体系，并列出相应的结构表，作为后面风险评价和落实风险责任的依据。

14.3 钢结构工程项目风险评估步骤

14.3.1 项目风险评估的内容

1. 风险因素发生的概率

风险发生的可能性有其自身的规律性，通常可用概率表示。既然被视为风险，则它必然在必然事件（概率＝1）和不可能事件（概率＝0）之间。它的发生有一定的规律性，但也有不确定性。所以，人们经常用风险发生的概率来表示风险发生的可能性。风险发生的概率需要利用已有数据资料和相关专业方法进行估计。

2. 风险损失量的估计

（1）风险损失量是个非常复杂的问题，有的风险造成的损失较小，有的风险造成的损失很大，可能引起整个工程的中断或报废。风险之间常常是有联系的，某个工程活动受到干扰而拖延，则可能影响它后面的许多活动，例如：

1）经济形势的恶化不但会造成物价上涨，而且可能会引起业主支付能力的变化；通货膨胀引起的物价上涨，会影响后期的采购、人工工资及各种费用支出，进而影响整个后期的工程费用。

2）由于设计图纸提供不及时，不仅会造成工期拖延，而且会造成费用提高（如人工和设备闲置、管理费开支），还可能在原来本可以避开的冬季雨期施工，造成更大的拖延和费用增加。

（2）风险损失量的估计应包括下列内容：

1）工期损失的估计。

2）费用损失的估计。

3）对工程的质量、功能、使用等方面的影响。

（3）由于风险对目标的干扰常常首先表现在对工程实施的干扰上，所以风险损失量估计，一般通过以下分析过程：

1）考虑正常状况下（没有发生该风险）的工期、费用、收益。

2）将风险加入这种状态，分析实施过程、劳动效率、消耗、各个活动有什么变化。

3）两者的差异则为风险损失量。

3. 风险等级评估

风险因素非常多，涉及各个方面，但人们并不是对所有的风险都予以十分重视。否则将大大提高管理费用，干扰正常的决策过程。所以，组织应根据风险因素发生的概率和损失量，确定风险程度，进行分级评估。

（1）风险位能的概念。通常对一个具体的风险，它如果发生，则损失为 RH，发生的可能性为 EW，则风险的期望值 RW 为：

$$RW = RH \cdot EW \qquad\qquad (14-1)$$

例如，一种自然环境风险如果发生，则损失达 20 万元，而发生的可能性为 0.1，则损失的期望值 $RW = 20 \times 0.1 = 2$ 万元

引用物理学中位能的概念，损失期望值高的，则风险位能高。

（2）A、B、C 分类法：不同位能的风险可分为不同的类别。

1）A 类：高位能，即损失期望很大的风险。通常发生的可能性很大，而且一旦发生损失也很大。

2）B 类：中位能，即损失期望值一般的风险。通常发生可能性不大，损失也不大的风险，或发生可能性很大但损失极小，或损失比较大但可能性极小的风险。

3）C 类：低位能，即损失期望极小的风险，发生的可能性极小，即使发生损失也很小的风险。

在工程项目风险管理中，A 类是重点，B 类要顾及到，C 类可以不考虑。另外，也有不用 ABC 分类的形式，而用级别的形式划分，例如 1 级、2 级、3 级等，其意义是相同的。

14.3.2 项目风险评估分析的步骤

1. 收集信息

风险评估分析时必须收集的信息主要有：承包商类似工程的经验和积累的数据；与工程有关的资料、文件等；对上述两来源的主观分析结果。

2. 对信息的整理加工

根据收集的信息和主观分析加工，列出项目所面临的风险，并将发生的概率和损失的后果列成一个表格，风险因素、发生概率、损失后果、风险程度一一对应，见表 14-1。

风险程度（R）分析 表 14-1

风险因素	发生概率 P（%）	损失后果 C（万元）	风险程度 R（万元）
物价上涨	10	50	5
地质特殊处理	30	100	30
恶劣天气	10	30	3
工期拖延罚款	20	50	10
设计错误	30	50	15
业主拖欠工程款	10	100	10
项目管理人员不胜任	20	300	60
合计	——	——	133

3. 评价风险程度

风险程度是风险发生的概率和风险发生后的损失严重性的综合结果。其表达式为：

$$R = \sum_{i=1}^{n} R_i = \sum_{i=1}^{n} P_i \times C_i \qquad (14-2)$$

式中　R——风险程度；

　　　R_i——每一风险因素引起的风险程度；

　　　P_i——每一风险发生的概率；

　　　C_i——每一风险发生的损失后果。

4. 提出风险评估报告

风险评估分析结果必须用文字、图表进行表达说明，作为风险管理的文档，即以文字、表格的形式作出风险评估报告。评估分析结果不仅作为风险评估的成果，而且应作为人们风险管理的基本依据。

风险评估报告中所用表的内容可以按照分析的对象进行编制，例如，以项目单元（工作包）作为对象进行编制，见表 14-2。对以下两类风险，可以按风险的结构进行分析研究，见表 14-3。

工作包编号　　　　　　　　　　　　　　　　　　　　　　　　　表 14-2

工作包编号	风险名称	风险会产生的影响	原因	损失		可能性	损失期望	预防措施	评价等级 A、B、C
				工期	费用				

按风险结构进行分析研究　　　　　　　　　　　　　　　　　　　表 14-3

风险编号	风险名称	风险的影响范围	导致原因发生的边界条件	损失		可能性	损失期望	预防措施	评价等级 A、B、C
				工期	费用				

（1）在项目目标设计和可行性研究中分析的风险。

（2）对项目总体产生影响的风险，例如通货膨胀影响、产品销路不畅、法律变化及合同风险等。

14.4　钢结构工程项目风险的应对措施

14.4.1　风险规避

风险规避是指承包商设法远离、躲避可能发生的风险的行为和环境，从而达到避免风险发生的可能性，其具体做法有以下三种：

1. 拒绝承担风险

承包商拒绝承担风险大致有以下几种情况：

（1）对某些存在致命风险的工程拒绝投标。

（2）利用合同保护自己，不承担应该由业主承担的风险。

224

（3）不接受实力差、信誉不佳的分包商和材料、设备供应商，即使是业主或者有实权的其他任何人的推荐。

（4）不委托道德水平低下或其他综合素质不高的中介组织或个人。

2. 承担小风险回避大风险

这在建设工程项目决策时要注意，放弃明显可能亏损的项目。对于风险超过自己的承受能力，成功把握不大的项目，不参与投标，不参与合资。甚至有时在工程进行到一半时，预测后期风险很大，必然有更大的亏损，不得不采取中断项目的措施。

3. 为了避免风险而损失一定的较小利益

利益可以计算，但风险损失是较难估计的，在特定情况下，采用此种做法。如在建材市场有些材料价格波动较大，承包商与供应商提前订立购销合同并付一定数量的定金，从而避免因涨价带来的风险；采购生产要素时应选择信誉好、实力强的分包商，虽然价格略高于市场平均价，但分包商违约的风险减小了。

规避风险虽然是一种风险相应策略，但应该承认这是一种消极的防范手段。因为规避风险固然避免损失，但同时也失去了获利的机会。如果企业想生存、图发展，又想回避其预测的某种风险，最好的办法是采用除规避以外的其他策略。

14.4.2 风险减轻

承包商的实力越强，市场占有率越高，抵御风险的能力也就越强，一旦出现风险，其造成的影响就相对显得小些。如承包商承担一个项目，出现风险会使他难以承受；若承包若干个工程，其中一旦在某个项目上出现了风险损失，还可以有其他项目的成功加以弥补。这样，承包商的风险压力就会减轻。

在分包合同中，通常要求分包商接受建设单位合同文件中的各项合同条款，使分包商分担一部分风险。有的承包商直接把风险比较大的部分分包出去，将建设单位规定的误期损失赔偿费如数订入分包合同，将这项风险分散。

14.4.3 风险转移

风险转移是指承包商不能回避风险的情况下，将自身面临的风险转移给其他主体来承担。风险的转移并非转嫁损失，有些承包商无法控制的风险因素，其他主体却可以控制。风险转移一般指对分包商和保险机构而言。

1. 转移给分包商

工程风险中的很大一部分可以分散给若干分包商和生产要素供应商。例如，对待业主拖欠工程款的风险，可以在分包合同中规定在业主支付给总包后若干日内向分包方支付工程款。

承包商在项目中投入的资源越少越好，以便一旦遇到风险，可以进退自如。可以租赁或指令分包商自带设备等措施来减少自身资金、设备沉淀。

2. 工程保险

购买保险是一种非常有效的转移风险的手段，将自身面临的风险很大一部分转移给保险公司来承担。

工程保险是指业主和承包商为了工程项目的顺利实施，向保险人（公司）支付保险费，保险人根据合同约定对在工程建设中可能产生的财产和人身伤害承担赔偿保险金责任。

3. 工程担保

工程担保是指担保人（一般为银行、担保公司、保险公司以及其他金融机构、商业团体或个人）应工程合同一方（申请人）的要求向另一方（债权人）作出的书面承诺。工程担保是工程风险转移的一项重要措施，它能有效地保障工程建设的顺利进行。

14.4.4 风险自留

风险自留是指承包商将风险留给自己承担，不予转移。这种手段有时是无意识的，即当初并不曾预测的，不曾有意识地采取种种有效措施，以致最后只好由自己承受；但有时也可以是主动的，即经营者有意识、有计划地将若干风险主动留给自己。

决定风险自留必须符合以下条件之一：

（1）自留费用低于保险公司所收取的费用。

（2）企业的期望损失低于保险人的估计。

（3）企业有较多的风险单位，且企业有能力准确地预测其损失。

（4）企业的最大潜在损失或最大期望损失较小。

（5）短期内企业有承受最大潜在损失或最大期望损失的经济能力。

（6）风险管理目标可以承受年度损失的重大差异。

（7）费用和损失支付分布于很长的时间里，因而导致很大的机会成本。

（8）投资机会很好。

（9）内部服务或非保险人服务优良。

如果实际情况与以上条件相反，则应放弃风险自留的决策。

14.5 钢结构工程项目风险控制与应急方案

14.5.1 风险预警

建设工程项目进行中会遇到各种风险，要做好风险管理，就要建立完善的项目风险预警系统，通过跟踪项目风险因素的变动趋势，测评风险所处状态，尽早地发出预警信号，及时向业主、项目监管方和施工方发出警报，为决策者掌握和控制风险争取更多的时间，尽早采取有效措施防范和化解项目风险。

在建设工程中需要不断地收集和分析各种信息。捕捉风险前奏的信号，可通过以下几条途径进行：

（1）天气预测警报。

（2）股票信息。

（3）各种市场行情、价格动态。

（4）政治形势和外交动态。

（5）各投资者企业状况报告。

（6）在工程中通过工期和进度的跟踪、成本的跟踪分析、合同监督、各种质量监控报

226

告、现场情况报告等手段，了解工程风险。

（7）在工程的实施状况报告中应包括风险状况报告。

14.5.2 风险监控

在建设工程项目推进过程中，各种风险在性质和数量上都是在不断变化的，有可能会增大或者衰退。因此，在项目整个生命周期中，需要时刻监控风险的扩大与变化情况，并确定随着某些风险的消失而带来的新的风险。

1. 风险监控的目的

风险监控的目的有三个：

（1）监视风险的状况，例如风险是已经发生、仍然存在还是已经消失。

（2）检查风险的对策是否有效，监控机制是否在运行。

（3）不断识别新的风险并制定对策。

2. 风险监控的任务

风险监控的任务主要包括以下几方面：

（1）在项目进行过程中跟踪已识别风险、监控残余风险并识别新风险。

（2）保证风险应对计划的执行并评估风险应对计划执行效果。评估的方法可以是项目周期性回顾、绩效评估等。

（3）对突发的风险或"接受"风险采取适当的权变措施。

3. 风险监控的方法

风险监控常用的方法有以下三种：

（1）风险审计。专人检查监控机制是否得到执行，并定期作风险审核。例如在大的阶段点重新识别风险并进行分析，对没有预计到的风险制定新的应对计划。

（2）偏差分析。与基准计划比较，分析成本和时间上的偏差。例如，未能按期完工、超出预算等都是潜在的问题。

（3）技术指标。比较原定技术指标和实际技术指标差异。例如，测试未能达到性能要求，缺陷数大大超过预期等。

14.5.3 风险应急计划

在建设工程项目实施的过程中必然会遇到大量未曾预料到的风险因素，或风险因素的后果比已预料的更严重，使事先编制的计划不能奏效，所以，必须重新研究应对措施，即编制附加的风险应急计划。

建设工程项目风险应急计划应当清楚地说明当发生风险事件时要采取的措施，以便可以快速、有效地对这些事件做出响应。

1. 风险应急计划的编制依据

（1）中华人民共和国国务院第 373 号《特种设备安全监察条例》。

（2）《职业健康安全管理体系规范》（GB/T 18001—2001）。

（3）《环境管理体系系列标准》（GB/T 24000）。

（4）《施工企业安全生产评价标准》（JGJ/T 77—2003）。

2. 风险应急计划的编制程序

（1）成立预案编制小组。

（2）制订编制计划。

（3）现场调查，收集资料。

（4）环境因素或危险源的辨识和风险评价。

（5）控制目标、能力与资源的评估。

（6）编制应急预案文件。

（7）应急预案评估。

（8）应急预案发布。

3．风险应急计划的编写内容

（1）应急预案的目标。

（2）参考文献。

（3）适用范围。

（4）组织情况说明。

（5）风险定义及其控制目标。

（6）组织职能（职责）。

（7）应急工作流程及其控制。

（8）培训。

（9）演练计划。

（10）演练总结报告。

15 钢结构工程项目沟通管理

15.1 钢结构工程项目沟通管理概述

15.1.1 项目沟通管理的概念

沟通是组织协调的手段，是解决组织成员间障碍的基本方法。组织协调的程度和效果常常依赖于各项目参加者之间沟通的程度。通过沟通，不但可以解决各种协调的问题，如在技术、过程、逻辑、管理方法和程序中的矛盾、困难和不一致，而且还可以解决各参加者心理的和行为的障碍和争执。

工程项目沟通管理就是要确保项目信息及时、正确地提取、收集、传播、存储，以及最终进行处置所需实施的二系列过程，最终保证项目组织内部的信息畅通。项目组织内部信息的沟通直接关系到组织的目标、功能和结构，对于项目的成功有着重要的意义。

15.1.2 项目沟通管理的特征

工程项目沟通管理具有以下特征：

（1）复杂性。任何项目的建立都关系到大量的组织机构和单位。另外，多数项目都是由特意为其建立的项目组织实施的，具有临时性。因此，项目沟通管理必须协调各部门以及部门与部门之间的关系，以确保项目顺利实施。

（2）系统性。项目是开放的复杂系统，涉及社会政治、经济、文化等诸多方面，对生态环境、能源将产生或大或小的影响。所以，项目沟通管理应从整体利益出发，运用系统的思想和分析方法，进行有效的管理。

15.1.3 项目沟通管理的作用

在工程项目管理中，信息沟通管理的作用主要表现在以下几个方面：

（1）决策和计划的基础。项目组织要想作出正确的决策，必须以准确、完整、及时的信息作为基础。

（2）组织和控制管理过程的依据和手段。只有通过信息沟通，掌握项目组织内的各方面情况，才能为科学管理提供依据，才能有效地提高项目组织的管理效能。

（3）有利于建立和改善人际关系。信息沟通可以将许多独立的个人、团体组织贯通起来，成为一个整体。畅通的信息沟通，可以减少人与人的冲突，改善项目组织内、外部的关系。

（4）保证项目经理成功领导。项目经理需要通过各种途径将意图传递给下级人员，并使下级人员理解和执行。如果沟通不畅，下级人员就不能正确理解和执行领导意图，项目就不能按经理的意图进行，最终导致项目混乱，甚至失败。

15.1.4　项目沟通的程序

一般说来，组织进行项目沟通时，应按以下程序进行：

（1）根据项目的实际需要，预见可能出现的矛盾和问题，制定沟通与协调计划，明确原则、内容、对象、方式、途径、手段和所要达到的目标。

（2）针对不同阶段出现的矛盾和问题，调整沟通计划。

（3）运用计算机信息处理技术，进行项目信息收集、汇总、处理、传输与应用，进行信息沟通与协调，形成档案资料。

工程项目沟通的基本流程如图 15-1 所示。

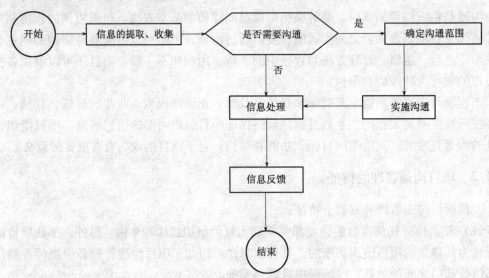

图 15-1　项目沟通基本流程示意图

15.1.5　项目沟通的内容

工程项目沟通的内容涉及与项目实施有关的所有信息，主要包括项目各相关方共享的核心信息，以及项目内部和相关组织产生的有关信息，具体可归纳为以下几个方面：

（1）核心信息应包括单位工程施工图纸、设备的技术文件、施工规范、与项目有关的生产计划及统计资料、工程事故报告、法规和部门规章、材料价格和材料供应商、机械设备供应商和价格信息、新技术及自然条件等。

（2）取得政府主管部门对该项建设任务的批准文件、取得地质勘探资料及施工许可证、取得施工用地范围及施工用地许可证、取得施工现场附近区域内的其他许可证等。

（3）项目内部信息主要有工程概况信息、施工记录信息、施工技术资料信息、工程协调信息、工程进度及资源计划信息、成本信息、资源需要计划信息、商务信息、安全文明施工及行政管理信息、竣工验收信息等。

（4）监理方信息主要有项目的监理规划、监理大纲、监理实施细则等。

（5）相关方包括社区居民、分承包方、媒体等提出的重要意见或观点等。

15.2 钢结构工程项目沟通计划的编制与实施

15.2.1 项目沟通计划的编制依据

工程项目沟通计划的编制依据主要包括：沟通要求、沟通技术、制约与假设因素三个方面。

1. 沟通要求

沟通要求是指项目涉及人信息需求的总和。信息需求结合信息类型和格式定义。信息的类型和格式在信息的数值分析中是必需的。项目资源只有通过信息沟通才能获得扩展。决定项目沟通通常所需要的信息有：

（1）项目组织和项目涉及人责任关系。

（2）涉及项目的纪律，行政部门、专业。

（3）项目所需人员的推算以及应分配的位置。

（4）外部信息需求（例如，同媒体的沟通）。

2. 沟通技术

在项目的基本单位之间来回传递信息，所能使用的技术和方法有时会差异很大。例如：从简短的谈话到长期的会议；从简单的书面文件到即时查询的在线的进度表和数据库。项目沟通技术的影响因素有：

（1）信息需求的即时性：项目的成功是取决于即时通知频繁更新的信息，还是通过定期发行的报告已足够？

（2）技术的有效性：已到位的系统运行良好吗？还是系统要做一些变动？

（3）预期的项目人员配置：计划中的沟通系统是否同项目参与方的经验和知识相兼容？还是需要大量的培训和学习？

（4）项目工期的长短：现有技术在项目结束前是否已变化以至于必须采用更新的技术？

3. 制约与假设因素

（1）制约因素。制约因素是限制项目管理小组作出选择的因素。例如，如果需要大量地采购项目资源，那么处理合同的信息就需要更多考虑。当项目按照合同执行时，特定的合同条款也会影响沟通计划。

（2）假设因素。对计划中的目的来说，假设因素是被认为真实的确定的因素。假设通常包含一定程度的风险。

15.2.2 项目沟通计划的内容

项目沟通计划主要指建设工程项目的沟通管理计划，应包括下列内容：

（1）信息沟通方式和途径。主要说明在项目的不同实施阶段，针对不同的项目相关组织及不同的沟通要求，拟采用的信息沟通方式和沟通途径。即说明信息（包括状态报告、数据、进度计划、技术文件等）流向何人、将采用什么方法（包括书面报告、文件、会议等）分发不同类别的信息。

（2）信息收集归档格式。用于详细说明收集和储存不同类别信息的方法。应包括对先前收集和分发材料、信息的更新和纠正。

（3）信息的发布和使用权限。

（4）发布信息说明。包括格式、内容、详细程度以及应采用的准则或定义。

（5）信息发布时间。即用于说明每一类沟通将发生的时间，确定提供信息更新依据或修改程序，以及确定在每一类沟通之前应提供的现时信息。

（6）更新和修改沟通管理计划的方法。

（7）约束条件和假设。

15.2.3 项目沟通计划的执行规定

项目组织应根据项目沟通管理计划规定沟通的具体内容、对象、方式、目标、责任人、完成时间、奖罚措施等，采用定期或不定期的形式对沟通管理计划的执行情况进行检查、考核和评价，并结合实施结果进行调整，确保沟通管理计划的落实和实施。

15.3 钢结构工程项目沟通依据与方式

15.3.1 项目沟通依据

1. 项目内部沟通依据

项目内部沟通应包括项目经理部与公司管理层、项目经理部内部的各部门和相关成员之间的沟通与协调。

（1）项目经理部与公司管理层之间的沟通与协调，主要依据《项目管理目标责任书》，由组织管理层下达责任目标、指标，并实施考核、奖惩。

（2）项目经理部与内部作业层之间的沟通与协调，主要依据《劳务承包合同》和项目管理实施规划。

（3）项目经理部各职能部门之间的沟通与协调，重点解决业务环节之间的矛盾，应按照各自的职责和分工，顾全大局、统筹考虑、相互支持、协调工作。特别是对人力资源、技术、材料、设备、资金等重大问题，可通过工程例会的方式研究解决。

（4）项目经理部人员之间的沟通与协调，通过做好思想政治工作，召开党小组会和职工大会，加强教育培训，提高整体素质来实现。

2. 项目外部沟通依据

项目外部沟通应由公司与项目相关方进行沟通。外部沟通应依据项目沟通计划、有关合同和合同变更资料、相关法律法规、伦理道德、社会责任和项目具体情况等进行。

（1）施工准备阶段：项目经理部应要求建设单位按规定时间履行合同约定的责任，并配合做好征地拆迁等工作，为工程顺利开工创造条件；要求设计单位提供设计图纸、进行设计交底，并搞好图纸会审；引入竞争机制，采取招标的方式，选择施工分包和材料设备供应商，签订合同。

（2）施工阶段：项目经理部应按时向建设、设计、监理等单位报送施工计划、统计报表和工程事故报告等资料，接受其检查、监督和管理；对拨付工程款、设计变更、隐蔽工程签证等关键问题，应取得相关方的认同，并完善相应手续和资料。对施工单位应按月下达施工计划，定期进行检查、评比。对材料供应单位严格按合同办事，根据施工进度协商调整材料供应数量。

（3）竣工验收阶段：按照建设工程竣工验收的有关规范和要求，积极配合相关单位做好工程验收工作，及时提交有关资料，确保工程顺利移交。

15.3.2 项目沟通方式

1. 项目沟通方式的类型

沟通方式可分为正式沟通和非正式沟通；上行沟通、下行沟通和平行沟通；单向沟通与双向沟通；书面沟通和口头沟通；言语沟通和体语沟通等类型。

（1）正式沟通与非正式沟通

1）正式沟通是通过项目组织明文规定的渠道进行信息传递和交流的方式。它的优点是沟通效果好，有较强的约束力。缺点是沟通速度慢。

2）非正式沟通指在正式沟通渠道之外进行的信息传递和交流。这种沟通的优点是沟通方便，沟通速度快，且能提供一些正式沟通中难以获得的信息，缺点是容易失真。

（2）上行沟通、下行沟通和平行沟通

1）上行沟通。上行沟通是指下级的意见向上级反映，即自下而上的沟通。

2）下行沟通。下行沟通是指领导者对员工进行的自上而下的信息沟通。

3）平行沟通。平行沟通是指组织中各平行部门之间的信息交流。在项目实施过程中，经常可以看到各部门之间发生矛盾和冲突，除其他因素外，部门之间互不通气是重要原因之一。保证平行部门之间沟通渠道畅通，是减少部门之间冲突的一项重要措施。

（3）单向沟通与双向沟通

1）单向沟通。单向沟通是指发送者和接受者两者之间的地位不变（单向传递），一方只发送信息，另一方只接受信息方式。这种方式信息传递速度快，但准确性较差，有时还容易使接受者产生抗拒心理。

2）双向沟通。双向沟通中，发送者和接受者两者之间的位置不断交换，且发送者是以协商和讨论的姿态面对接受者，信息发出以后还需及时听取反馈意见，必要时双方可进行多次重复商谈，直到双方共同明确和满意为止，如交谈、协商等。其优点是沟通信息准确性较高，接受者有反馈意见的机会，产生平等感和参与感，增加自信心和责任心，有助于建立双方的感情。

（4）书面沟通和口头沟通

1）书面沟通。书面沟通大多用来进行通知、确认和要求等活动，一般在描述清楚事情的前提下尽可能简洁，以免增加负担而流于形式。书面沟通一般在以下情况使用：项目团队中使用的内部备忘录，或者对客户和非公司成员使用报告的方式，如正式的项目报告、年报、非正式的个人记录、报事贴。

2）口头沟通。口头沟通包括会议、评审、私人接触、自由讨论等。这一方式简单有效，更容易被大多数人接受，但是不像书面形式那样"白纸黑字"留下记录，因此不适用于类似确认这样的沟通。口头沟通过程中应该坦白、明确，避免由于文化背景、民族差异、用词表达等因素造成理解上的差异，这是特别需要注意的。沟通的双方一定不能带有想当然或含糊的心态，不理解的内容一定要表示出来，以求对方的进一步解释，直到达成共识。

（5）言语沟通和体语沟通

言语沟通是指用有言语的形式进行沟通。体语沟通是指用形体语言进行沟通。像手势、图形演示、视频会议都可以用来作为体语沟通方式。它的优点是摆脱了口头表达的枯燥，在视觉上把信息传递给接受者，更容易理解。

2. 项目沟通方式的选择

（1）项目内部沟通可采用委派、授权、会议、文件、培训、检查、项目进展报告、思想工作、考核与激励及电子媒体等方式进行。

（2）项目外部沟通可采用电话、传真、召开会议、联合检查、宣传媒体和项目进展报告等方式。

各种项目内外部沟通方式的选择，应按照项目沟通计划的要求进行，并协调相关事宜。

3. 项目进展报告

项目经理部应编写项目进展报告。项目进展报告应包括下列内容：

（1）项目的进展情况。应包括项目目前所处的位置、进度完成情况、投资完成情况等。

（2）项目实施过程中存在的主要问题以及解决情况，计划采取的措施。

（3）项目的变更。应包括项目变更申请、变更原因、变更范围及变更前后的情况、变更的批复等。

（4）项目进展预期目标。预期项目未来的状况和进度。

15.3.3 项目沟通渠道

沟通渠道是指项目成员为解决某个问题和协调某一方面的矛盾而在明确规定的系统内部进行沟通协调工作时，所选择和组建的信息沟通网络。沟通渠道分为正式沟通渠道和非正式沟通渠道两种。每一种沟通渠道都包含多种沟通模式。

（1）正式沟通渠道及其比较见表15-1。

正式沟通渠道及其比较 表15-1

沟通模式 指　标	链式	Y型	轮式	环式	全通道式
解决问题的速度	适中	适中	快	慢	快
正确性	高	高	高	低	适中
领导者的突出性	相当显著	非常显著	非常显著	不发生	不发生
士气	适中	适中	低	高	高

（2）非正式沟通渠道有：单线式、偶然式、留言式、集束式几种形式。

15.4 钢结构工程项目沟通障碍与冲突管理

15.4.1 项目沟通的障碍

在项目沟通过程中，沟通双方所具有的不同心态、表达能力、理解能力以及所处的环境和所采取的沟通方式，都会影响到沟通的效果。进而造成语义理解、知识经验水平的限制、知觉的选择性、心理因素的影响、组织结构的影响、沟通渠道的选择、信息量过大等障碍。

1. 项目沟通障碍的表现形式

工程项目沟通障碍的表现形式主要有：

（1）沟通的延迟。即基层信息在向上传递时过分缓慢。一些下属在向上级反映问题时犹豫不决，因为当工作完成不理想时，向上汇报就可能意味着承认失败。于是，每一层的人都可能延迟沟通，以便设法决定如何解决问题。

（2）信息的过滤。这种信息被部分筛除的现象之所以发生，是因为员工有一种自然的倾向，即在向主管报告时，只报告那些他们认为主管想要听的内容。不过，信息过滤也有合理的原因。所有的信息可能非常广泛，或者有些信息并不确实，需要进一步查证；或者主管要求员工仅报告那些事情的要点。因此，过滤必然成为沟通中潜在的问题。

为了设法防止信息的过滤，人们有时会采取短路而绕过主管，也就是说他们越过一个甚至更多个沟通层级。从积极的一面来看，这种短路可以减少信息的过滤和延迟；但其不利的一面是，由于它属于越级反映，管理中通常不鼓励这种做法。另一个问题涉及员工需要得到答复。由于员工向上级反映情况，他们作为信息的传递者，通常强烈地期望得到来自上级的反馈，而且希望能及时得到反馈。如果管理者提供迅速的响应；就会鼓励进一步的向上的沟通。

（3）信息的扭曲。这是指有意改变信息以便达到个人目的的信息。有的项目组织成员为了得到更多的表扬和更多的获取，故意夸大自己的工作成绩；有些人则会掩饰部门中的问题。任何信息的扭曲都使管理者无法准确了解情况，不能做出明智的决策。而且扭曲事实是一种不道德的行为，会破坏双方彼此的信任。

2. 项目沟通障碍的解决方法

工程项目沟通障碍的解决可采用下列方法：

（1）应重视双向沟通与协调方法，尽量保持多种沟通渠道的利用、正确运用文字语言等。

（2）信息沟通后必须同时设法取得反馈，以弄清沟通方是否已经了解，是否愿意遵循并采取了相应的行动等。

（3）项目经理部应自觉以法律、法规和社会公德约束自身行为，在出现矛盾和问题时，首先应取得政府部门的支持、社会各界的理解，按程序沟通解决；必要时借助社会中介组织的力量，调节矛盾、解决问题。

（4）为了消除沟通障碍，应熟悉各种沟通方式的特点，确定统一的沟通语言或文字，以便在进行沟通时能够采用恰当的交流方式。

15.4.2 项目冲突的管理

1. 项目冲突的概念

冲突是双方感知到矛盾与对立，是一方感觉到另一方对自己关心的事情产生或将要产生消极影响，因而与另一方产生互动的过程。

工程项目冲突是组织冲突的一种特定表现形态，是项目内部或外部某些关系难以协调而导致的矛盾激化和行为对抗。

2. 项目冲突的类型

在项目管理中，冲突无时不在，从项目发生的层次和特征的不同，项目冲突可以分为以下几种类型：

（1）人际冲突。人际冲突是指群体内的个人之间的冲突，主要指群体内两个或两个以上个体由于意见、情感不一致而相互作用时导致的冲突。

（2）群体或部门冲突。群体或部门冲突是指项目中的部门与部门、团体与团体之间，由于各种原因发生的冲突。

（3）个人与群体或部门之间的冲突。这种冲突不仅包括个人与正式组织部门的规则制度要求及目标取向等方面的不一致，也包括个人与非正式组织团体之间的利害冲突。

（4）项目与外部环境之间的冲突。项目与外部环境之间的冲突主要表现在项目与社会公众、政府部门、消费者之间的冲突。如社会公众希望项目承担更多的社会责任和义务，项目的组织行为与政府部门约束性的政策法规之间的不一致和抵触，项目与消费者之间发生的纠纷等等。

3. 项目冲突的来源

在项目管理过程中，冲突涉及项目组的所有成员和项目的各个阶段。建设工程项目冲突的来源主要包括以下几个方面：

（1）工作的内容。一个项目中，在将采用的技术、工作量、工作完成后的质量标准方面都可能存在冲突，不同的成员可能都有自己的看法。

（2）任务分配。项目组的成员在具体任务分配方面可能也会产生冲突。项目过程中，每个任务在工作量、难度、成员的兴趣、成员的专长等方面可能有很大的差别，冲突可能会由于分配某个成员从事某项具体的工作任务而产生。

（3）计划进度。冲突可能来源于完成任务的所需时间的长短、完成任务的次序等方面存在不同意见。项目经理在指定项目计划时，会经常碰到这方面的问题。

（4）任务的先后次序。当一个成员同时在多个项目中工作，或者忽然有新的任务，就会使正常的工作量突然增加，同时一个工作进程受到干扰。这时，在任务完成的先后次序方面就会产生冲突。

（5）项目组织。如果项目的组织和行为规范不合理，就会使项目过程缺乏沟通、成员对问题表述含糊导致理解出现分歧、出现问题无法及时做出决策。当项目到了最后阶段，就会发现所有的问题都逐渐显现出来，而解决起来就很困难，涉及面太多。

（6）成员差异。项目组成员在思维方式、对待问题的态度方面的不同也会导致冲突。例如，某个功能的处理，有人喜欢这样，有人喜欢那样。

4. 项目冲突的解决方法

项目管理过程中，人们也许会认为冲突是没有好处的，所以，总是尽量避免。然而，冲突又是不可避免的，不同的意见存在是正常的。试图压制冲突是一种错误的做法，因为冲突可能带来新的信息、新的方法，帮助项目组另辟蹊径，制定更好的问题解决方案。

对建设工程项目实施各阶段出现的冲突，项目经理部应根据沟通的进展情况和结果，按程序要求通过各种方式及时将信息反馈给相关各方，实现共享，提高沟通与协调效果，以便及早解决冲突。项目冲突的解决可采用以下方法：

（1）灵活地采用协商、让步、缓和、强制和退出等方式。

（2）使项目的相关方了解项目计划，明确项目目标。

（3）及时做好变更管理。

16 钢结构工程项目收尾管理

16.1 钢结构工程项目收尾管理概述

16.1.1 项目收尾管理的概念

收尾阶段是项目生命周期的最后阶段，没有这个阶段，项目就不能正式投入使用。如果不能做好必要的收尾工作，项目各关系人就不能终止他们为完成本项目所承担的义务和责任，也不能及时从项目获取应得的利益。因此，当项目的所有活动均已完成，或者虽然未完成，但由于某种原因而必须停止并结束时，项目经理部应当做好项目收尾管理工作。

工程项目收尾管理是指对项目的收尾、试运行、竣工验收、竣工结算、竣工决算、考核评价、回访保修等进行的计划、组织、协调和控制等活动。

16.1.2 项目收尾管理的内容

项目收尾管理是项目管理全过程的最后阶段。没有这个阶段，项目就不能顺利交工，就不能生产出符合设计规定的合格项目产品，就不能投入使用，就不能最终发挥投资效益。

项目收尾管理内容，是指项目收尾阶段的各项工作内容，主要包括竣工收尾、验收、结算、决算、回访保修、管理考核评价等方面的管理。工程项目收尾管理工作的具体内容如图 16-1 所示。

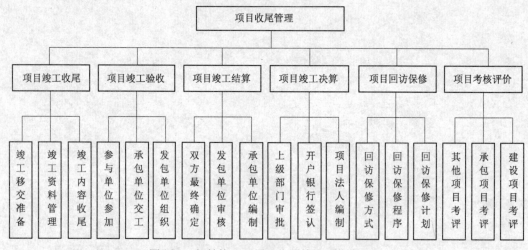

图 16-1　钢结构工程项目收尾管理工作内容图

238

16.1.3 项目收尾管理的要求

项目收尾阶段的工作内容多，项目经理部应制订涵盖各项工作的计划，并提出要求将其纳入项目管理体系进行运行控制。工程项目收尾阶段各项管理工作应符合下列要求：

（1）项目竣工收尾。在项目竣工验收前，项目经理部应检查合同约定的哪些工作内容已经完成，或完成到什么程度，并将检查结果记录并形成文件；总分包之间还有哪些连带工作需要收尾接口，项目近外层和远外层关系还有什么工作需要沟通协调等，以保证竣工收尾顺利完成。

（2）项目竣工验收。项目竣工收尾工作内容按计划完成后，除了承包人的自检评定外，应及时地向发包人递交竣工工程申请验收报告。实行建设监理的，则监理人还应当签署工程竣工审查意见。发包人应按竣工验收法规，向参与项目各方发出竣工验收通知单，组织进行项目竣工验收。

（3）项目竣工结算。项目竣工验收条件具备后，承包人应按合同约定和工程价款结算的规定，及时编制并向发包人递交项目竣工结算报告及完整的结算资料，经双方确认后，按有关规定办理项目竣工结算。办完竣工结算，承包人应履约按时移交工程成品，并建立交接记录，完善交工手续。

（4）项目竣工决算。项目竣工决算是由项目发包人（业主）编制的项目从筹建到竣工投产或使用全过程的全部实际支出费用的经济文件。竣工决算综合反映竣工项目建设成果和财务情况，是竣工验收报告的重要组成部分。按国家有关规定，所有新建、扩建、改建的项目竣工后都要编制竣工决算。

（5）项目回访保修。项目竣工验收后，承包人应按工程建设法律、法规的规定，履行工程质量保修义务，并采取适宜的回访方式为顾客提供售后服务。项目回访与质量保修制度，应纳入承包人的质量管理体系，明确组织和人员的职责，提出服务工作计划，按管理程序进行控制。

（6）项目考核评价。项目结束后，应对项目管理的运行情况进行全面评价。项目考核评价是项目关系人对项目实施效果从不同角度进行的评价和总结。通过定量指标和定性指标的分析、比较，从不同的管理范围总结项目管理经验，找出差距，提出改进处理意见。

16.2 钢结构工程项目竣工收尾技术

16.2.1 竣工收尾工作小组

工程项目进入竣工收尾阶段，项目经理部要有的放矢地组织配备好竣工收尾工作小组，明确分工管理责任制，做到因事设岗、以岗定责、以责考核、限期完成。收尾工作小组要由项目经理亲自领导，成员包括技术负责人、生产负责人、质量负责人、材料负责人、班组负责人等多方面的人员参加，收尾项目完工要有验证手续，建立完善的收尾工作制度，形成目标管理保证体系。

16.2.2 项目竣工计划的编制

项目竣工收尾是项目结束阶段管理工作的关键环节，项目经理部应编制详细的竣工收尾工作计划，采取有效措施逐项落实，保证按期完成任务。

1. 项目竣工计划的编制程序

工程项目竣工计划的编制应按以下程序进行：

（1）制订项目竣工计划。项目收尾应详细清理项目竣工收尾的工程内容，列出清单，做到安排的竣工计划有切实可靠的依据。

（2）审核项目竣工计划。项目经理应全面掌握项目竣工收尾条件，认真审核项目竣工内容，做到安排的竣工计划有具体可行的措施。

（3）批准项目竣工计划。上级主管部门应调查核实项目竣工收尾情况，按照报批程序执行，做到安排的竣工计划有目标可控的保证。

2. 项目竣工计划的内容

工程项目竣工计划的内容，应包括现场施工和资料整理两个部分，两者缺一不可，两部分都关系到竣工条件的形成，具体包括以下几个方面：

（1）竣工项目名称。

（2）竣工项目收尾具体内容。

（3）竣工项目质量要求。

（4）竣工项目进度计划安排。

（5）竣工项目文件档案资料整理要求。

项目竣工计划的内容编制格式见表16-1。

项目竣工计划   表 16-1

序号	收尾项目名称	简要内容	起止时间	作业队组	班组长	竣工资料	整理人	验证人

项目经理：　　　　　　　　　　　技术负责人：　　　　　　　　编制人：

3. 项目竣工计划的检查

项目竣工收尾阶段前，项目经理和技术负责人应定期和不定期地组织对项目竣工计划进行反复的检查。有关施工、质量、安全、材料、内业等技术、管理人员要积极协作配合，对列入计划的收尾、修补、成品保护、资料整理、场地清扫等内容，要按分工原则逐项检查核对，做到完工一项、验证一项、消除一项，不给竣工收尾留下遗憾。

项目竣工计划的检查应依据法律、行政法规和强制性标准的规定严格进行，发现偏差要及时进行调整、纠偏，发现问题要强制执行整改。竣工计划的检查应满足下列要求：

（1）全部收尾项目施工完毕，工程符合竣工验收条件的要求。

（2）工程的施工质量经过自检合格，各种检查记录、评定资料齐备。

（3）水、电、气、设备安装、智能化等经过试验、调试，达到使用功能的要求。

（4）建筑物室内外做到文明施工，四周2m以内的场地达到了"工完、料净、场地清"。

（5）工程技术档案和施工管理资料收集、整理齐全，装订成册，符合竣工验收规定。

16.2.3 项目竣工自检

项目经理部完成项目竣工计划，并确认达到竣工条件后，应按规定向所在企业报告，进行项目竣工自查验收，填写工程质量竣工验收记录、质量控制资料核查记录、工程质量观感记录表，并对工程施工质量作出合格结论。

工程项目竣工自检的步骤如下：

（1）属于承包人一家独立承包的施工项目，应由企业技术负责人组织项目经理部的项目经理、技术负责人、施工管理人员和企业的有关部门对工程质量进行检验评定，并做好质量检验记录。

（2）依法实行总分包的项目，应按照法律、行政法规的规定，承担质量连带责任，按规定的程序进行自检、复检和报审，直到项目竣工交接报验结束为止。建设工程项目总分包竣工报检的一般程序如图16-2所示。

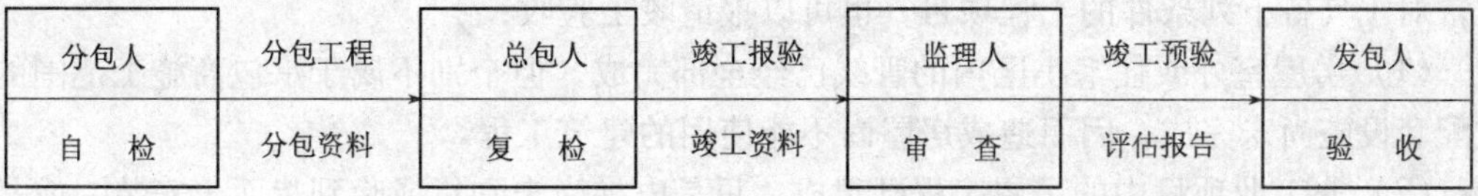

分包人	分包工程	总包人	竣工报验	监理人	竣工预验	发包人
自　检	分包资料	复　检	竣工资料	审　查	评估报告	验　收

图16-2　钢结构工程项目总分包竣工报检程序

（3）当项目达到竣工报验条件后，承包人应向工程监理机构递交工程竣工报验单，提请监理机构组织竣工预验收，审查工程是否符合正式竣工验收条件。

16.3　钢结构工程项目竣工验收的内容与流程

16.3.1 项目竣工验收的概念

工程项目竣工验收是指承包人按施工合同完成了项目全部任务，经检验合格，由发承包人组织验收的过程。项目的交工主体应是合同当事人的承包主体。验收主题应是合同当事人的发包主体，其他项目参与人则是项目竣工验收的相关组织。

16.3.2 项目竣工验收的依据

工程项目竣工验收的主要依据包括以下几方面：

（1）上级主管部门对该项目批准的各种文件。包括可行性研究报告、初步设计，以及与项目建设有关的各种文件。

（2）工程设计文件。包括施工图纸及说明、设备技术说明书等。

（3）国家颁布的各种标准和规范。包括现行的"工程施工质量验收规范"、"工程施工技术标准"等。

（4）合同文件包括施工承包的工作内容和应达到的标准，以及施工过程中的设计修改变更通知书等。

16.3.3 项目竣工验收的条件

工程项目必须达到以下基本条件，才能组织竣工验收：

（1）建设项目按照工程合同规定和设计图纸要求已全部施工完毕，达到国家规定的质量标准，能够满足生产和使用的要求。

（2）交工工程达到窗明地净，水通灯亮及采暖通风设备正常运转。

（3）主要工艺设备已安装配套，经联动负荷试车合格，构成生产线，形成生产能力，能够生产出设计文件中所规定的产品。

（4）职工公寓和其他必要的生活福利设施，能适应初期的需要。

（5）生产准备工作能适应投产初期的需要。

（6）建筑物周围 2m 以内的场地清理完毕。

（7）竣工决算已完成。

（8）技术档案资料齐全，符合交工要求。

为了尽快发挥建设投资的经济效益和社会效益，在坚持竣工验收基本条件的基础上，通常对于具备下列条件的工程项目，也可以报请竣工验收：

（1）房屋室外或住宅小区内的管线已经全部完成，但个别不属于承包商施工范围的市政配套设施尚未完成，因而造成房屋尚不能使用的建筑工程。

（2）非工业项目中的房屋工程已建成，只是电梯尚未到货或晚到货而未安装，或是虽已安装但不能与房屋同时使用。

（3）工业项目中的房屋建筑已经全部建成，只是因为主要工艺设计变更或主要设备未到货，只剩下设备基础未做的工程。

16.3.4 项目竣工验收的范围与内容

1. 项目竣工验收的范围

工程项目的竣工验收是资产转入生产的标志，是全面考核和检查建设工程是否符合设计要求和工程质量的重要环节，是建设单位会同设计、施工单位向国家（或投资者）汇报建设成果和交付新增固定资产的过程。建设单位对已符合竣工验收条件的建设工程项目，要按照国家有关部门关于《建设项目竣工验收办法》的规定，及时向负责验收的主管单位提出竣工验收申请报告，适时组织建设项目正式进行竣工验收，办理固定资产移交手续。建设工程项目竣工验收的范围如下：

（1）凡列入固定资产投资计划的新建、扩建、改建、迁建的建设工程项目或单项工程按批准的设计文件规定的内容和施工图纸要求全部建成符合验收标准的，必须及时组织验收，办理固定资产移交手续。

（2）使用更新改造资金进行的基本建设或属于基本建设性质的技术改造工程项目，也应按国家关于建设项目竣工验收规定，办理竣工验收手续。

（3）小型基本建设和技术改造项目的竣工验收，可根据有关部门（地区）的规定适当简化手续，但必须按规定办理竣工验收和固定资产交付生产手续。

2. 项目竣工验收的内容

（1）隐蔽工程验收。隐蔽工程是指在施工过程中上一工序的工作结束，被下一工序所掩盖，而无法进行复查的部位。对这些工程在下一道工序施工以前，建设单位驻现场人员（监理工程师）应按照设计要求及施工规范规定，及时签署隐蔽工程记录手续，以便承包单位继续施工下一道工序，同时，将隐蔽工程记录交承包单位归入技术资料；如不符合有关规定，应以书面形式告诉承包单位，令其处理，符合要求后再进行隐蔽工程验收与签证。

隐蔽工程验收项目及内容。对于基础工程要验收地质情况、标高尺寸、基础断面尺寸，桩的位置、数量。对于钢筋混凝土工程，要验收钢筋的品种、规格、数量、位置、形状、焊接尺寸、接头位置、预埋件的数量及位置以及材料代用情况。对于防水工程要验收屋面、地下室、水下结构的防水层数、防水处理措施的质量。

（2）分项工程的验收。对于重要的分项工程，建设单位代表（监理工程师）应按照工程合同的质量等级要求，根据该分项工程施工的实际情况，参照质量评定标准进行验收。在分项工程验收中，必须严格按照有关验收规范选择检查点数，然后计算检验项目和实测项目的合格或优良的百分比，最后确定出该分项工程的质量等级，从而确定能否验收。

（3）分部工程验收。在分项工程验收的基础上，根据各分项工程质量验收结论，对照分部工程的质量等级，以便决定可否验收。另外，对单位或分部工程完工后交转其他工程施工前，均应进行中间验收，承包单位得到建设单位验收认可的凭证后，才能继续施工。

（4）单位工程竣工验收。在分项工程的分部工程验收的基础上，通过对分项、分部工程质量等级的统计推断，结合直接反映单位工程结构及性能质量保证资料，便可系统地核查结构是否安全，是否达到设计要求；再结合观感等直观检查以及对整个单位工程进行全面的综合评定，从而决定是否验收。

（5）全部验收。全部是指整个建设项目已按设计要求全部建设完成，并已符合竣工验收标准，施工单位预验通过，建设单位初验认可。有设计单位、施工单位、档案管理机关、行业主管部门参加，由建设单位主持的正式验收。

进行全部验收时，对已验收过的单项工程，可以不再进行正式验收和办理验收手续，但应将单项工程验收单独作为全部建设项目验收的附件而加以说明。

16.3.5 项目竣工验收的程序与方式

1. 项目竣工验收的程序

工程项目竣工验收工作，通常按图 16-3 所示程序进行。

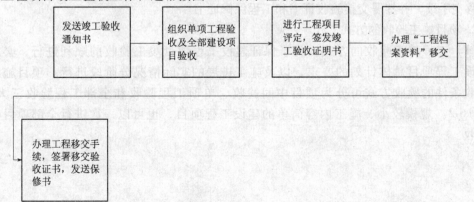

图 16-3 钢结构工程项目竣工验收程序

（1）发送《竣工验收通知书》。项目完成后，承包人应在检查评定合格的基础上，向发包人发出预约竣工验收的通知书，提交工程竣工报告，说明拟交工程项目的情况，商定有关竣工验收事宜。

《交付竣工验收通知书》的内容格式如下。

交付竣工验收通知书

××××（发包单位名称）：

根据施工合同的约定，由我单位承建的××××工程，已于××××年××月××日竣工，经自检合格，监理单位审查签认，可以正式组织竣工验收。请贵单位接到通知后，尽快洽商，组织有关单位和人员于××××年××月××日前进行竣工验收。

附件：1）工程竣工报验单

2）工程竣工报告

××××（单位公章）
年　月　日

（2）正式验收。项目正式验收的工作程序一般分为两个阶段进行：

1）单项工程验收。指建设项目中一个单项工程，按设计图纸的内容和要求建成，并能满足生产或使用要求、达到竣工标准时，可单独整理有关施工技术资料及试车记录等，进行工程质量评定，组织竣工验收和办理固定资产转移手续。

2）全部验收。指整个建设项目按设计要求全部建成，并符合竣工验收标准时，组织竣工验收，办理工程档案移交及工程保修等移交手续。在全部验收时，对已验收的单项工程不再办理验收手续。

（3）进行工程质量评定，签发《竣工验收证明书》。验收小组或验收委员会，根据设计图纸和设计文件的要求，以及国家规定的工程质量检验标准，提出验收意见，在确认工程符合竣工标准和合同条款规定之后，应向施工单位签发《竣工验收证明书》。

（4）进行工程档案资料移交。工程档案资料是建设项目施工情况的重要记录，工程竣工后，应立即将全部工程档案资料按单位工程分类立卷，装订成册，然后，列出工程档案资料移交清单，注册资料编号、专业、档案资料内容、页数及附注。移交清单一式两份，双方各自保存一份，以备查对。

（5）办理工程移交手续。工程验收完毕，施工单位要向建设单位逐项办理工程和固定资产移交手续，并签署交接验收证书和工程保修证书。

2. 项目竣工验收的方式

（1）工程竣工验收的方式。为了保证建设工程项目竣工验收的顺利进行，必须按照建设工程项目总体计划的要求，以及施工进展的实际情况分阶段进行。项目施工达到验收条件的验收方式可分为项目中间验收、单项工程验收和全部工程验收三大类，见表16-2。规模较小、施工内容简单的建设工程项目，也可以一次进行全部项目的竣工验收。

类型	验收条件	验收组织
中间验收	按照施工承包合同的约定，施工完成到某一阶段后要进行中间验收。 重要的工程部位施工已完成了隐蔽前的准备工作，该工程部位即将置于无法查看的状态	由监理单位组织，业主和承包商派人参加。该部位的验收资料将作为最终验收的依据
单项工程验收 （交工验收）	建设项目中的某个合同工程已全部完成。 合同内约定有分步分项移交的工程已达到竣工标准，可移交给业主投入使用	由业主组织，合同承包商、监理单位、设计单位及使用单位等有关部门共同进行
全部工程竣工验收 （动用验收）	建设项目按设计规定全部建成，达到竣工验收条件。 初验结果全部合格。 竣工验收所需资料乙准备齐全	大中型和限额以上项目由原国家计委或由其委托项目主管部门或地方政府部门组织验收，小型和限额以下项目由项目主管部门组织验收。验收委员会由银行、物资、环保、劳动、统计、消防等有关部门组成，业主、监理单位、施工单位、设计单位和使用单位参加验收

（2）工程竣工验收报告的格式。根据专业特点和工程类别不同。各地工程竣工验收报告编制的格式也有所不同，《工程竣工验收报告》的常用格式见表 16-3。

工程概况	工程名称		建设面积	
	工程地址		结构类型	
	层数	地上层：地下层	总高	
	电梯	台	自动扶梯	台
	开工日期		竣工日期	
	建设单位		施工单位	
	勘察单位		监理单位	
	设计单位		质量监督	
	完成设计与合同约定内容情况			
验收组织形式				
验收组组成情况	专业			
	建筑工程			
	建筑给水排水与采暖工程			
	建筑电气安装工程			
	通风与空调工程			
	电梯安装工程			
	建筑智能化工程			
	工程竣工资料审查			

竣工验收			
工程竣工验收意见	建设单位执行基本建设程序情况：		
	对工程勘察方面的评价：		
	对工程设计方面的评价：		
	对工程施工方面的评价：		
	对工程监理方面的评价：		
建设单位	项目负责人：		（单位公章） 年　月
勘察单位	勘察负责人：		（单位公章） 年　月
设计单位	设计负责人：		（单位公章） 年　月
施工单位	项目经理： 企业技术负责人：		（单位公章） 年　月
监理单位	总监理工程师：		（单位公章） 年　月

（3）竣工验收报告附件：

1）施工许可证。

2）施工图设计文件审查意见。

246

3）勘察单位对工程勘察文件的质量检查报告。

4）设计单位对工程设计文件的质量检查报告。

5）施工单位对工程施工质量的检查报告，包括工程竣工资料明细、分类目录、汇总表。

6）监理单位对工程质量的评估报告。

7）地基与勘察、主体结构分部工程以及单位工程质量验收记录。

8）工程有关质量检测和功能性试验资料。

9）建设行政主管部门、质量监督机构责令整改问题的整改结果。

10）验收人员签署的竣工验收原始文件。

11）竣工验收遗留问题处理结果。

12）施工单位签署的质量保证书。

13）法律、行政法规、规章规定必须提供的其他文件

16.4 工程文件的归档管理分类与审核

工程文件是建设工程的永久性技术资料，是施工项目进行竣工验收的主要依据，也是建设工程施工情况的重要记录。因此，工程文件的准备必须符合有关规定及规范的要求，必须做到准确、齐全，能够满足建设工程进行维修、改造、扩建时的需要。

16.4.1 工程文件归档整理基本规定

工程文件的归档整理按国家发布的现行标准、规定执行，主要有《建设工程文件归档整理规范》（GB/T 50328）、《科学技术档案案卷构成的一般要求》（GB/T 11822）等。承包人向发包人移交工程文件档案应与编制的清单目录保持一致，须有交接签认手续，符合移交规定。

16.4.2 工程文件资料的内容

工程文件资料主要包括：

（1）工程项目开工报告。

（2）工程项目竣工报告。

（3）分项、分部工程和单位工程技术人员名单。

（4）图纸会审和设计交底记录。

（5）设计变更通知单。

（6）技术变更核实单。

（7）工程质量事故发生后调查和处理资料。

（8）水准点位置、定位测量记录、沉降及位移观测记录。

（9）材料、设备、构件的质量合格证明资料。

（10）试验、检验报告。

（11）隐蔽验收记录及施工日志。

（12）竣工图。

（13）质量检验评定资料。

（14）工程竣工验收资料。

16.4.3 工程文件的交接程序

（1）承包人，包括勘察、设计、施工必须对工程文件的质量负全面责任，对各分包人做到"开工前有交底，实施中有检查，竣工时有预验"，确保工程文件达到一次交验合格。

（2）承包人，包括勘察、设计、施工根据总分包合同的约定，负责对分包人的工程文件进行中检和预验，有整改的待整改完成后，进行整理汇总一并移交发包人。

（3）承包人根据建设工程合同的约定，在项目竣工验收后，按规定和约定的时间，将全部应移交的工程文件交给发包人，并符合档案管理的要求。

（4）根据工程文件移交验收办法，建设工程发包人应组织有关单位的项目负责人、技术负责人对资料的质量进行检查，验证手续应完备，应移交的资料不齐全，不得进行验收。

16.4.4 工程文件的审核

项目竣工验收时，应对以下几方面进行审核：

（1）材料、设备构件的质量合格证明材料。

（2）试验检验资料。

（3）核查隐蔽工程记录及施工记录。

（4）审查竣工图。建设项目竣工图是真实地记录各种地下、地上建筑物等详细情况的技术文件，是对工程进行交工验收、维护、扩建、改建的依据，也是使用单位长期保存的技术资料。监理工程师必须根据国家有关规定对竣工图绘制基本要求进行审核，以考查施工单位提交竣工图是否符合要求，一般规定如下：

1）凡按图施工没有变动的，则由施工单位（包括总包和分包施工单位）在原施工图上加盖"竣工图"标志后即作为竣工图。

2）凡在施工中，虽有一般性设计变更，但能将原施工图加以修改补充作为竣工图的，可不重新绘制，由施工单位负责在原施工图（必须是新蓝图）上注明修改部分，并附以设计变更通知单和施工说明，加盖"竣工图"标志后，即作为竣工图。

3）如果设计变更的内容很多，如改变平面布置、改变工艺、改变结构形式等，就必须重新绘制改变后的竣工图。由于设计原因造成，由设计单位负责重新绘图；由于施工原因造成的，由施工单位负责重新绘图；由于其他原因造成的，由建设单位自行绘图或委托设计单位绘图，施工单位负责在新图上加盖"竣工图"标志附以有关记录和说明，作为竣工图。

4）各项基本建设工程，特别是基础、地下建筑物、管线、结构、井巷、洞室、桥梁、隧道、港口、水坝以及设备安装等隐蔽部位都要绘制竣工图。

在审查施工图时，应注意以下方面：

1）审查施工单位提交的竣工图是否与实际情况相符。若有疑问，及时向施工单位提出质询。

2）竣工图图面是否整洁，字迹是否清楚，是否用圆珠笔和其他易于褪色的墨水绘制，

248

若不整洁，字迹不清，使用圆珠笔绘制等，必须让施工单位按要求重新绘制。

3）审查中发现施工图不准确或短缺时，要及时让施工单位采取措施修改和补充。

（5）工程文件的签证。

项目竣工验收文件资料经审查，认为已符合工程承包合同及国家有关规定，而且资料准确、完整、真实，监理工程师便可签署同意竣工验收的意见。

16.5 钢结构工程项目竣工结算内容与流程

16.5.1 项目竣工结算的概念

项目竣工结算是承包人在所承包的工程按照合同规定的内容全部完工，并通过竣工验收之后，与发包人进行的最终工程价款的结算。这是建设工程施工合同双方围绕合同最终总的结算价款的确定所开展的工作。

16.5.2 项目竣工结算的编制

1. 项目竣工结算编制的依据

项目竣工结算应由承包人编制，发包人审查，双方最终确定。工程项目竣工结算编制可依据下列资料：

（1）合同文件。

（2）竣工图纸和工程变更文件。

（3）有关技术核准资料和材料代用核准资料。

（4）工程计价文件、工程量清单、取费标准及有关调价规定。

（5）双方确认的有关签证和工程索赔资料。

2. 项目竣工结算编制的方法

工程项目竣工结算编制的编制方法，是在原工程投标报价或合同价的基础上，根据所收集、整理的各种结算资料，如设计变更、技术核定、现场签证、工程量核订单等，进行直接费用的增减调整计算，按取费标准的规定计算各项费用，最后汇总为工程结算造价。

16.5.3 项目竣工结算的程序

工程项目竣工结算的程序可按以下三种方式进行：

（1）一般工程结算程序，如图 16-4 所示。

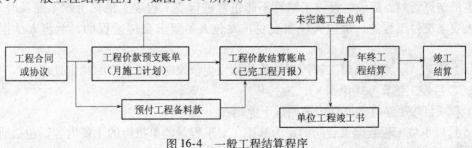

图 16-4　一般工程结算程序

（2）竣工验收一次结算程序，如图 16-5 所示。

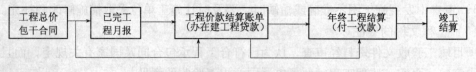

图 16-5　竣工验收工程结算程序

（3）分包工程结算程序，如图 16-6 所示。

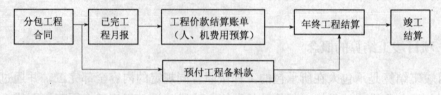

图 16-6　分包工程结算程序

16.5.4　项目竣工结算的办理

1. 项目竣工结算办理规定

工程项目竣工结算的办理应符合下列规定：

（1）工程竣工验收报告经发包人认可后 28d 内，承包人向发包人递交竣工结算报告及完整的结算资料，双方按照协议书约定的合同价款及专用条款约定的合同价款调整内容，进行工程竣工结算。

（2）发包人收到承包人递交的竣工结算报告及结算资料后 28d 内进行核实，给予确认或提出修改意见。发包人确认竣工结算报告后通知经办银行向承包人支付工程竣工结算价款。承包人收到竣工价款后 14d 内将竣工工程交付发包人。

（3）发包人收到竣工结算报告及结算资料后 28d 内无正当理由不支付工程竣工结算价款，从第 29d 起按承包人同期向银行贷款利率支付拖欠工程价款的利息，并承担违约责任。

（4）发包人收到竣工结算报告及结算资料后 28d 内不支付工程竣工结算价款，承包人可以催告发包人支付结算价款。发包人在收到竣工结算报告及结算资料后 56d 内仍不支付的，承包人可以与发包人协议将该工程折价转让，也可以由承包人申请人民法院将该工程依法拍卖，承包人就该工程折价或者拍卖的价款优先受偿。

（5）工程竣工验收报告经发包人认可后 28d 内，承包人未向发包人递交竣工结算报告及完整的结算资料，造成工程竣工结算不能正常进行或工程竣工结算价款不能及时支付，发包人要求交付工程的，承包人应当交付；发包人不要求交付工程的，承包人承担保管责任。

（6）发包人、承包人对工程竣工结算价款发生争议时，按争议的约定处理。

2. 项目竣工结算办理原则

工程项目竣工结算的办理应遵循以下原则：

（1）以单位工程或施工合同约定为基础，对工程量清单报价的主要内容，包括项目名称、工程量、单价及计算结果，进行认真地检查和核对，若是根据中标价订立合同的，应对原报价单的主要内容进行检查和核对。

（2）在检查和核对中若发现有不符合有关规定，单位工程结算书与单项工程综合结算书有不相符的地方，有多算、漏算或计算误差等情况时，均应及时进行纠正调整。

（3）建设工程项目由多个单项工程构成的，应按建设项目划分标准的规定，将各单位工程竣工结算书汇总，编制单项工程竣工综合结算书。

（4）若建设工程是由多个单位工程构成的项目，实行分段结算并办理了分段验收计价手续的，应将各单项工程竣工综合结算书汇总编制成建设项目总结算书，并撰写编制说明。

参 考 文 献

[1] 《建设工程项目管理规范》编写委员会. 建设工程项目管理规范实施手册. 2版. 北京: 中国建筑工业出版社, 2006.

[2] 国家标准. 建设工程项目管理规范 (GB/T 50326—2006). 北京: 中国建筑工业出版社, 2006.

[3] 赵顺福. 项目法施工管理实用手册. 北京: 中国建筑工业出版社, 2001.

[4] 上海市建筑业联合会. 项目经理安全知识读本. 北京: 中国建筑工业出版社. 2002.

[5] 张检身. 建设项目管理指南. 北京: 中国计划出版社, 2002.

[6] 魏连雨. 建设项目管理. 北京: 中国建材工业出版社, 2000.

[7] 田振郁. 工程项目管理实用手册. 2版. 北京: 中国建筑工业出版社, 2000.

[8] 编写委员会. 项目经理一本通. 北京: 中国建筑工业出版社, 2008.

[9] 刘伊生. 建设项目管理. 北京: 北方交通大学出版社, 2001.

[10] 建筑施工手册编写组. 建筑施工手册. 4版. 北京: 中国建筑工业出版社, 2001.

[11] 成虎. 工程项目管理. 北京: 中国建筑工业出版社, 2001.

[12] 胡志根, 黄建平. 工程项目管理. 武汉: 武汉大学出版社, 2004.

[13] 郭汉丁. 业主建设工程项目管理指南. 北京: 机械工业出版社, 2005.

[14] 吴涛. 施工项目经理工作手册. 北京: 地震出版社, 1998.

[15] 宫立鸣, 孙正茂. 工程项目管理. 北京: 化学工业出版社, 2005.

[16] 张月娴, 田以章. 建设项目业主管理手册. 北京: 中国水利水电出版社, 1998.

[17] 丛培经. 实用工程项目管理手册. 北京: 中国建筑工业出版社, 1999.

[18] 冯州, 张颖. 项目经理安全生产管理手册. 北京: 中国建筑工业出版社, 2004.

[19] 杜晓玲. 建设工程项目管理. 北京: 机械工业出版社, 2006.

[20] 全国建筑行业项目经理培训教材编写委员会. 工程招投标与合同管理 (修订版). 北京: 中国建筑工业出版社, 2001.

[21] 武育秦, 赵彬. 建筑工程经济与管理 (第二版). 武汉: 武汉理工大学出版社, 2002.

[22] 编写委员会. 工程项目招投标与合同管理 (第二版). 北京: 中国建筑工业出版社, 2001.

[23] 危道军. 招投标与合同管理实务. 北京: 高等教育出版社, 2005.